DAVID JORDAN

FLUGZEUGTRÄGER

DAVID JORDAN

FLUGZEUGTRÄGER

Von den Anfängen bis heute

tosa

INHALT

ERSTES KAPITEL

DIE GEBURTS-STUNDE DER TRÄGER

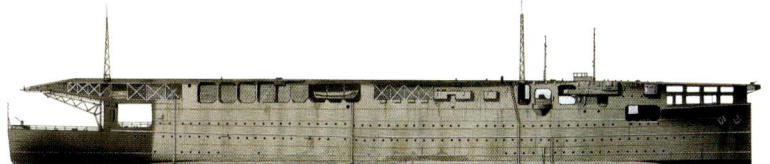

Der Beginn der Marineluftfahrt ist, anders als bei vielen anderen historischen Entwicklungen, leicht zu definieren. Die britische Royal Navy zeigte in den ersten Jahren des 20. Jahrhunderts Interesse an Fluggeräten. Sie sah den Vorteil eines unerschrocken über der Flotte schwebenden Beobachters, der Feinde, Minen und U-Boote frühzeitig ausmachen konnte.

DOCH DIESE FLUGDRACHEN waren von so einfacher Bauart, dass man die in den Tests zwischen 1903 und 1908 laufenden Schiffe kaum als die ersten Flugzeugträger bezeichnen kann. Gegen Ende der Versuchsreihe wies die Royal Navy ein Angebot der Brüder Wright, die ihre Patente verkaufen wollten, zurück. Die Wrights waren vom Wert ihrer Erfindung zu sehr überzeugt,

LINKS: Squadron Commander Edwin Dunning absolviert am 2. August 1917 die erste erfolgreiche Landung auf einem Flugzeugträger. Dunning flog so extrem langsam, dass die Deckmannschaft (in diesem Fall aus Offizieren gebildet) an der Maschine befestigte Bänder ergreifen und ihn an Bord ziehen konnte.

der geforderte Preis war so hoch, dass die Admiralität lieber bei der Ansicht blieb, Flugzeuge seien für die Verwendung auf See ohnehin zu zerbrechlich. Man wandte die Aufmerksamkeit den Luftschiffen zu, deren Ausdauer und Steigvermögen perfekte Aufklärer für die Flotte versprach. Teilweise war dies eine Reaktion auf die Entwicklung des deutschen Zeppelins, in dem viele Offiziere der Royal Navy eine ernste Bedrohung Großbritanniens sahen. Im Juli 1908 schlug Captain RHS Bacon, Leiter der Marine-Artillerie, dem First Sea Lord, damals der herausragende und unkonventionelle Admiral „Jackie" Fisher, vor, einen Beauftragten zur Beschaffung von Luftschiffen zu ernennen. Fisher stimmte zu, die Royal Navy begann mit der Konstruktion. Das Luftschiff, mit einem Schuss Ironie *Mayfly* (Eintagsfliege) getauft, lief am 22. September 1911 vom Stapel. Beim Jungfernflug zwei Tage später brach sein Strebwerk, dessen Struktur zu fragil angelegt worden war. Die Verlegenheit der Admiralität war so groß, dass das gesamte Luftschiffprogramm eingestellt wurde, zumal Ereignisse in den USA die Ansicht, dass Luftschiffe die einzige Möglichkeit wären, der Flotte effektive Luftunterstützung zu geben, obsolet machten.

DER ALBANY FLYER

1910 erregte eine Serie von Flugrennen sowie ein Flug über die damals beachtliche Strecke von 241 km breites öffentliches Aufsehen. Flugzeugkonstrukteur Glenn Curtiss sah für die Luftfahrt eine glänzende Zukunft und demonstrierte an einer vor Hammonds-

port im Leuka See ankernden Schlachtschiff-Attrappe die Möglichkeit von Bombardements. Daraufhin untersuchte die US Navy auf Anregung von Admiral George Dewey den Wert von Flugzeugen für die Flotte, Captain Washington I. Chambers wurde im September 1910 zum Kommandeur der Luftstreitkräfte der US Navy ernannt. Chambers erkundete auf mehreren Flugshows das Potenzial von Flugzeugen und traf bei einer dieser Veranstaltungen auf Curtiss und dessen Vertragspiloten, Eugene Ely. Der Enthusiasmus dieser Pioniere der Luftfahrt ließ Chambers eine Möglichkeit sehen, Flugzeuge auf Schiffen einzusetzen. Nun musste auch die US Navy überzeugt werden. Chambers' Fragen nach Budgetmitteln wurden ebenso zurückgewiesen, wie sein Vorschlag, jeden neuen Kreuzer mit einem zweisitzigen Aufklärungsflugzeug auszustatten. Trotzdem gab er nicht auf. Sein Budget reichte, um einige bereits vorhandene Kriegsschiffe nachzurüsten, und er erwirkte die Erlaubnis, die USS *Birmingham* für Flugoperationen umzubauen. Er nutze Meldungen über den Plan der Deutschen-Hamburg-Amerika-Dampfschiffgesellschaft, ein Postflugzeug von einem ihrer Schiffe starten zu lassen, um die patriotische Gesinnung der Führung aufzuheizen, sodass sie seinen Vorhaben zustimmte. Die *Birmingham* erhielt eine 25,3 m lange, um 5° gegen den Bug versetzte Rampe, Curtiss sollte eine Maschine beistellen. Dieser sandte ein Flugzeug, mit dem er einen Ausdauerrekord aufgestellt hatte, den *Albany Flyer*, und Ely als Piloten. Am 14. November 1910 lief die

RECHTS: Ein Short 184 Seeflugzeug wird in der Anfangsphase des Ersten Weltkriegs von Bord seines Trägers gehievt (der Union Jack an der Seite der Maschine wurde bald durch das Rundwappen als Erkennungszeichen ersetzt). Die 184 war weit verbreitet und kam bei spektakulären Bombenattacken auf deutsche Zeppelinbasen zum Einsatz. Zwar wurde die 184 wegen dieser Angriffe berühmt, sie diente aber hauptsächlich als Aufklärer oder wurde mit einem Torpedo bestückt verwendet.

LINKS: Eine Sopwith Pup (Welpe) wird aus dem vorderen Hangar der HMS *Furious* an Deck gehoben. Die Pup war das optimale Flugzeug für den Einsatz als erster trägergestützter Jäger. Da man ursprünglich Landungen an Bord für schwierig oder gar unmöglich hielt, waren die hervorragenden Notwasserungseigenschaften der Pup wichtig. Aufgrund ihres idealen Handlings konnte die Pup aber auch an Bord eines Schiffes landen – ein Meisterstück, das 1917 erstmals gelang.

Birmingham zum ersten Startversuch aus. Dem katastrophalen Wetter zum Trotz wollte Ely unbedingt fliegen, er fürchtete, dass die Deutschen als Erste mit einem Start von Bord erfolgreich sein könnten. (Tatsächlich verschoben diese wegen eines Flugzeugschadens den Versuch.) Aufgrund seines kurzen Startdecks hatte der Kreuzer mit 20 Knoten gegen den Wind zu laufen, um die erforderliche Startgeschwindigkeit zu erreichen. Trotz des Wetters entschloss sich Ely um 15 Uhr zum Start und ließ den Motor an. Die Besatzung der *Birmingham* holte den Anker ein, doch Ely startete bereits um 15:16 Uhr, obwohl das Schiff noch nicht Fahrt aufgenommen hatte. Beinahe hätte der Mangel an Fahrtwind desaströse Folgen gehabt: Das Flugzeug geriet viel zu langsam über das Deck hinaus. Doch Ely nutze die nur 11,3 m Abstand

zwischen Flugzeug und Wasserspiegel geschickt zur Beschleunigung. Obwohl Räder und Propeller das Wasser berührten, behielt Ely die Maschine unter Kontrolle. Ohne Hilfe eines einzigen Instruments flog er wenige Fuß über der Oberfläche, versuchte seine böse vibrierende Maschine unter Kontrolle zu halten und eine Landemöglichkeit zu finden. Bald machte er den Strand aus und setzte nach 3,2 km Flugstrecke auf.

PENNSYLVANIA

Dank Ely konnte Chambers seine Arbeit fortsetzen, allerdings stellte ihm die Navy nur 500 $ für den nächsten Schritt zur Verfügung: den Versuch, mit einem Flugzeug an Bord zu landen. Der Kreuzer *Pennsylvania* erhielt einen einfachen, 36,6 m langen Aufbau als Landebahn. Die recht interessante Herausforderung einer solchen Landung wurde nur noch durch die Aufgabe übertroffen, das Flugzeug auch zum Stillstand zu bringen. Hölzerne Leitschienen sollten verhindern, dass die Maschine über die Seite ausbrach, eine große Barriere aus Segeltuch den *Albany Flyer* stoppen, bevor er in die Aufbauten des Schiffes krachte. Einmal mehr wählte man Ely als Pilot, aber dieser war besorgt. Obwohl man den *Flyer* modifiziert hatte, um seine Landegeschwindigkeit zu drosseln, war Ely alles andere als sicher, dass er das Flugzeug vor der Segeltuchbarriere stoppen könnte, denn, so unglaublich es heute erscheinen mag, die Maschine besaß keine Bremsen. Die Lösung war so elegant wie einfach: Drei Haken unter dem Fahrwerk würden eines (oder mehrere) von 22 Seilen erfassen, welche, an den Enden mit Sandsäcken beschwert, wie Stolperdrähte über das Deck gespannt waren. Ely testete das System an Land, bevor er einen Versuch auf See wagte.

Er ließ die Umrisse des Decks der *Pennsylvania* mit Kalk auf einer Wiese markieren, spannte ein Seil über diese „Landebahn" und übte, bis er zufrieden war. Bald wurde klar, dass die Aufhängung der Gewichte an den Enden der Seile zu modifizieren war, um das Flugzeug nicht seitlich wegzuziehen. Ely musste aber auch entdecken, dass die Haken gerne über die Seile hüpften, ohne sich darin zu fangen. Die erste Hakengarnitur wurde durch eine federgelagerte ersetzt, worauf Ely bei nahezu jedem Versuch das einzelne Seil aufnehmen

konnte. Da an Deck der *Pennsylvania* noch 21 weitere gespannt sein würden, war er sich einer ausreichenden Sicherheitsreserve gewiss. Ely und der Kapitän der *Pennsylvania* (Captain C. F. Pond) hatten die gesamten Ausrüstungskosten aus Eigenem zu bezahlen, die von der Navy zur Verfügung gestellten Mittel reichten nur für den Bau des Flugdecks. Anfang Januar 1911 waren die Vorbereitungen abgeschlossen, Ely sah wie Captain Pond in einer Landung auf einem ankernden Schiff die vernünftigste Variante. Unbefriedigender Weise erlaubten geänderte Wetterverhältnisse erst am 18. des Monats einen Flug. Ely entschied sich für einen Versuch um 11 Uhr morgens und nahm vom kalifornischen Flugfeld Tanforan aus Kurs auf das Schiff. Tausende waren gekommen, um Zeugen dieses Experiments zu werden, sie wurden nicht enttäuscht. Obwohl Ely in von den Aufbauten des Schiffes verursachte Turbulenzen geriet, landete er sicher. Die Curtiss nahm das elfte und alle dahinter liegenden Fangseile auf und kam mit 15 m Spielraum zum Stillstand. Nach einem Moment der Stille, als Ely den Motor stoppte, feierten ihn der Jubel der Zuschauer und die Sirenen des Schiffs. Mit dem darauf folgenden Medienrummel ging der Pilot bescheiden um. Er, der alle Tests ohne Bezahlung geflogen war, kehrte zur Schaufliegerei zurück. Er starb nur neun Monate später bei einem Absturz vor den Augen der entsetzten Besucher der Staatsausstellung in Macon, Georgia. Der erste Marinepilot der

HMS *Eagle*

Wasserverdrängung:	27.229 Tonnen (bei voller Beladung)	**Geschwindigkeit:**	24 Knoten
Länge:	203,43 m (gesamt)	**Bewaffnung:**	neun 152,4-mm-, fünf 102-mm-Geschütze und vier Dreipfünder
Größte Breite	32,06 m		
Tiefgang:	6,63 m	**Besatzung:**	834
Antrieb:	Dampfturbinen; 32 Kessel, 4 Wellen	**Flugzeuge:**	24

LINKS: Der Anblick dieser Fairey IIIF nach einem Deckunfall verdeutlicht, wie risikobeladen Einsätze auf Trägern waren. Die Maschine hatte die Fangseile verfehlt, nur die seitlichen Fangnetze bewahrten das Flugzeug vor einem Sturz über die Seite des Trägers. Anders als die Sopwith Pup war die Fairey IIIF eine große Allzweckmaschine. Sie erfreute sich bei der Royal Navy einer langen, relativ unspektakulären Karriere, einige Maschinen taten noch beim Ausbruch des Zweiten Weltkriegs Dienst.

Welt wurde nur 24 Jahre alt, aber seine Verdienste sind enorm.

BRITISCHE VERSUCHE

Nach dem Debakel mit der *Mayfly* nahm die Admiralität ein Angebot des Royal Aeronautical Club an, vier Marineoffiziere gratis auszubilden. Man wandte sich aber nicht nur wegen der Befürchtungen bezüglich der Luftschiffe den Flugzeugen zu. Im nächsten Krieg wäre die Strategie der Royal Navy, Feindküsten durch Nahblockaden abzuriegeln, kaum mehr durchführbar, vor allem,

weil man seit 1910 nahezu gewiss war, dass der Feind Deutschland hieße. Die Deutschen verfügten über zahllose Minen, Torpedo- und U-Boote – ernsthafte Hindernisse für Aufklärungsmissionen von Überwassereinheiten. Als Lösung boten sich Flugzeuge an. First Sea Lord Sir Arthur Wilson war zurecht der Ansicht, dass Luftschiffe von der Küstenverteidigung leicht auszuschalten wären, die beweglichen Flugzeuge sollten sich Bodenfeuer entziehen können.

Die vier ausgewählten Offiziere schlossen im September 1911 ihre Ausbildung ab. Der

HMS *Argus*

Wasserverdrängung:	17.272 Tonnen (bei voller Beladung)	**Antrieb:**	Dampfturbinen; 12 Kessel, 4 Wellen
Größte Länge:	172,2 m	**Geschwindigkeit:**	20,25 Knoten
Größte Breite:	20,88 m	**Bewaffnung:**	sechs 102-mm-Geschütze
Tiefgang:	6,4 m	**Besatzung:**	373
		Flugzeuge:	20

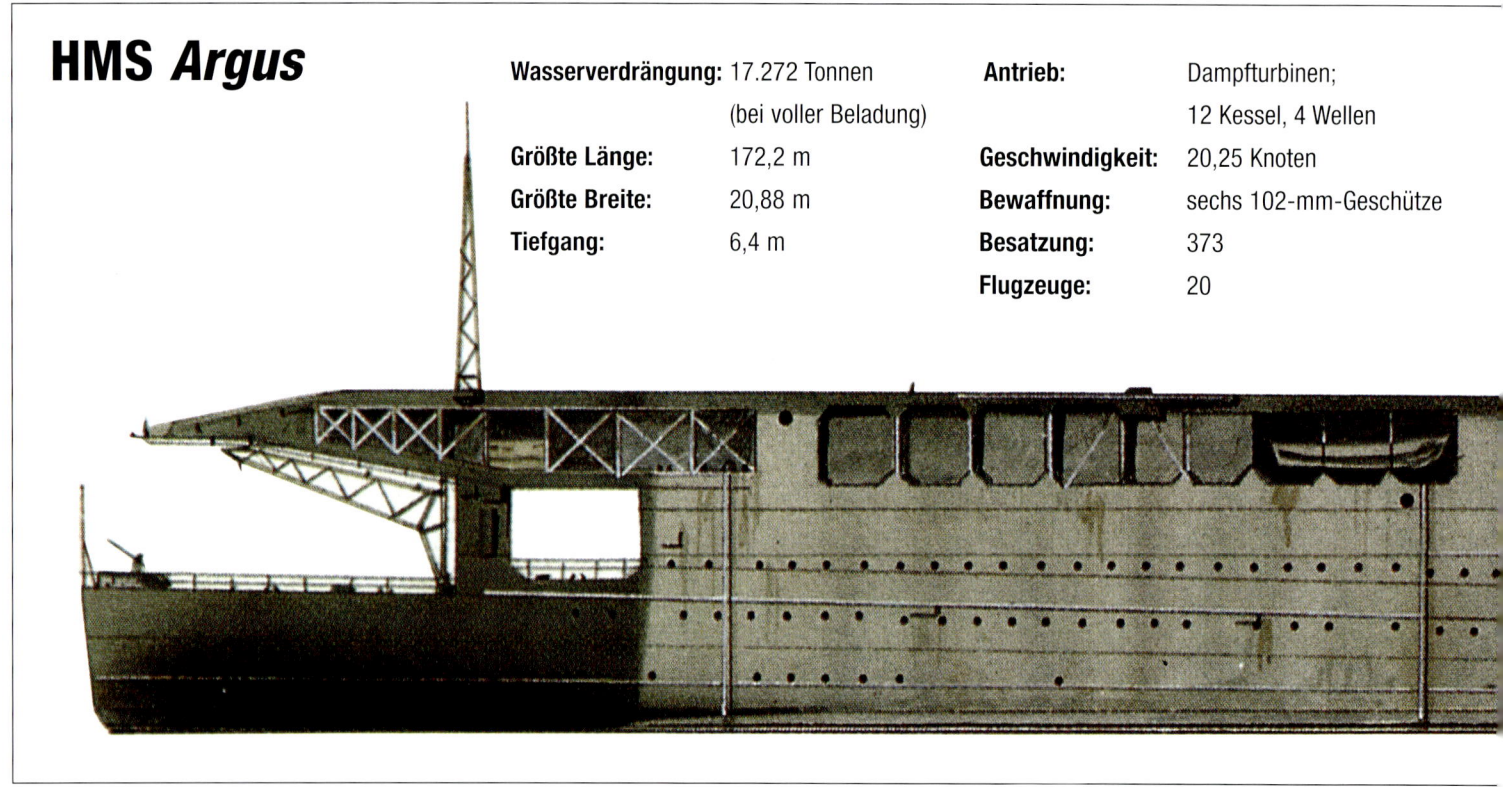

Dienstälteste, Lieutenant Charles Rumney Samson, erbat von Wilson eine Basis in Eastchurch, um Techniken für den Einsatz auf Schiffen zu erproben. Am 10. Jänner 1912 hob, mit Samson am Steuer, erstmals ein britisches Flugzeug von Bord eines Schiffes ab. Fairerweise muss festgestellt werden, dass die Lords der Admiralität nie zu überschwänglicher Begeisterung neigten, an Samsons Erfolgen aber waren sie durchaus interessiert. Unter Murray Sueter startete man weitere Experimente, darunter Versuche auf Kreuzern der Home Fleet sowie Starts von Schiffen auf hoher See.

Die Tests waren erfolgreich, ermutigten aber Samson nicht dazu, auch eine Landung zu versuchen. Er hielt dies auf einem sich schnell bewegenden Schiff für zu schwierig, zudem gab es Alternativen: Seeflugzeuge. Anfangs waren diese kaum mehr als konventionelle, landgestützte Maschinen mit Schwimmern anstatt des Fahrwerks. Deren Strömungswiderstand reduzierte zwar die Leistung der Maschinen, aber die Vorteile überwogen. Da Seeflugzeuge wassern konnten, bestand kein Bedarf für Landeplattformen auf den Trägern. Dies war wichtig, denn bei der *Pennsylvania* und der *Birmingham* hatte das experimentelle Flugdeck die Hauptbewaffnung abgedeckt. Eine gute Lösung für Versuche, im Kriegsfall aber könnten diese Schiffe viele ihrer Kanonen nicht benutzen. Theoretisch hätten Seeflugzeuge auch ohne Flugdecks starten können, aber Samson sah in Starts auf offenem Meer ein hohes Risiko, besonders bei rauem See-

gang. Zu Kriegsbeginn verfügte die Royal Navy über Träger für Seeflugzeuge mit relativ kurzer Startbahn und einem Kran zur Bergung der gewasserten Maschinen.

Allerdings erwog die Royal Navy zu dieser Zeit nicht nur Träger für Seeflugzeuge.

Murray Sueter, seit Juli 1912 Leiter des Air Department, gab die Spezifikation für einen Flugzeugträger mit einem 61-m-Flugdeck (vorwiegend für Starts, kaum für Landungen) heraus. Doch mangels Mittel wurde das Schiff nicht gebaut. So waren Seeflugzeugträger, beginnend mit dem umgerüsteten alten Kreuzer *Hermes*, jene Schiffe, die der Royal Naval Air Service 1914 einsetzen konnte. Die Geschichte der Marineluftfahrt begann zweifelsohne mit Eugene Ely, wann die Geburtsstunde der Flugzeugträger schlug, ist schwerer zu definieren. Möglichkeiten und Lösungen waren bekannt, aber keine Marine der Welt besaß 1914 einen echten Flugzeugträger. Zwar gab es Schiffe, von deren Bord Flugzeuge operieren konnten, diese waren jedoch weit von allem entfernt, was heute als Flugzeugträger gilt.

DER ERSTE WELTKRIEG

Zu Beginn des Ersten Weltkriegs, am 4. August 1914, besaß die Royal Navy nur die *Hermes*, die drei Seeflugzeuge an Bord nehmen konnte. Als diese am 30. Oktober 1914 von einem deutschen U-Boot im Ärmelkanal versenkt wurde, fehlte jede Möglichkeit zum Einsatz bordgestützter Flugzeuge. Dies war allerdings zu jener Zeit kaum von Bedeutung, da das RNAS unter dem uner-

schütterlichen Charles Samson in Frankreich und Belgien beschäftigt war, wo es mit ungewöhnlichen Mitteln unter den Deutschen und deren gepanzerten Fahrzeugen Verwirrung stiftete und gelegentlich reiche Ernte fand. Landgestützte Flugzeuge führten auch einige wagemutige Angriffe gegen Zeppelinhangars durch. Eine von Flight

Lieutenant Reggie Marix gesteuerte Sopwith Tabloid flog eine Bombenattacke auf die Hangars von Düsseldorf und zerstörte den Zeppelin Z9. Bei einem noch tollkühneren Angriff am 20. November wurde die Hauptbasis der Zeppeline in Friedrichshafen schwer beschädigt. Die Einsätze zur See waren weit weniger beeindruckend, vor

UNTEN: Die Eagle kam 1920 zur Flotte und verbrachte den Großteil der Zwischenkriegszeit in Fernost. Im Zweiten Weltkrieg diente sie im Indischen Ozean und im Mittelmeer, wo sie Flugzeuge nach Malta brachte.

allem, nach dem Verlust der *Hermes*. Da dieAdmiralität den Bedarf an weiteren Trägerschiffen erkannte, erwarb sie 1913 einen Rumpf, der ursprünglich für einen Trampdampfer auf Kiel gelegt worden war. Man taufte das Schiff *Ark Royal*, ein Name, der lange mit britischen Flugzeugträgern verbunden bleiben sollte. Die *Ark* erhielt ein 39,6 m langes Flugdeck, aber ihr Bau ging langsam voran. 1915 endlich einsatzbereit, reichten ihre maximal 10 Knoten nicht aus, um Flugzeugen Starts von Deck zu ermöglichen, dies erforderte ein deutlich höheres Tempo gegen den Wind. Daher fungierte die *Ark Royal* nur als einfaches Transportschiff für Seeflugzeuge, die sie vor dem Start per Kran zu Wasser ließ und nach einem Einsatz auf demselben Weg wieder aufnahm. Doch die *Ark Royal* bleib nicht allein: Ab August 1914 wurden drei Kanalfähren, *Engadine*, *Riviera* und *Empress*, zu Transportern für Seeflugzeuge umgerüstet. Mit ihrer Geschwindigkeit von 21 Knoten konnten sie mit dem Rest der Flotte mithalten, sodass erstmals die Möglichkeit von Angriffen seegestützter Flugzeuge bestand.

Im November 1914 entschloss sich die Royal Navy zu einem Angriff gegen die Zeppelinbasis in Cuxhaven. Die Operation hatte zwei Ziele. Das wichtigste war, Teile der deutschen Flotte zum Kampf zu veranlassen, der andere, die Seeflugzeuge zu erproben. Ihren Erfolg hätte man als Bonus betrachtet. Am Angriff waren drei Seeflugzeugträger mit einer Eskorte aus Kreuzern, Zerstörern und U-Booten beteiligt. Am ersten Weihnachtstag des Jahres 1914 erreichte die Kampfeinheit um 6 Uhr die Startposition. Die Flugzeuge wurden auf die ruhige See gehievt und erhielten um 7 Uhr den Befehl, ihre Motoren zu starten. Bittere

Kälte machte das Unterfangen schwieriger, als es klingen mag, zwei der neun Maschinen weigerten sich trotz größter Anstrengungen ihrer Mechaniker hartnäckig zu starten. Zwei Mechaniker verloren den Halt und mussten nach einem eisigen Bad gerettet werden, bevor der Einsatz beginnen konnte. Trotzdem waren die Maschinen nach 15 Minuten startklar. Nahezu unmittelbar nachdem sie außer Sicht geraten waren, erschien ein aufdringlicher Zeppelin, L6, der einige Bomben auf die *Empress* warf. Diese verfehlten ihr Ziel und die Eskorte HMS *Undaunted* eröffnete mit ihren Sechs-Zoll-Geschützen das Feuer. L6 fand, dass es nun genug sei und floh außer Reichweite.

Während die Schiffe mit dem unerwünschten Besucher beschäftigt waren, kämpften die Piloten gegen immer dichter werdenden Nebel. Da die Besatzungen unter diesen Umständen ihr Ziel nicht finden würden, brachen sie diesen Teil der Aktion ab. Ihren Zusatzauftrag, die deutsche Flotte vor Wilhelmshaven zu erkunden, führten sie jedoch durch und belegten bei dieser Gelegenheit einen Kreuzer und eine Seeflugzeugbasis mit ihren Bomben. Der Angriff war ein Misserfolg, die Erkenntnisse der Aufklärungsarbeit nützlich. Alles in allem deutete die Mission die wichtige Rolle der Flugzeuge in der Seekriegsführung an, so nur besseres Wetter und etwas Glück zusammenträfen. Squadron Commander Cecil l'Estrange hatte den Angriff auf Cuxhaven geplant und brachte das Ergebnis auf den Punkt: Wären die Flugzeuge mit Torpedos bestückt gewesen, hätten sie den Schiffen vor Wilhelmshaven weit größeren Schaden zufügen können, als mit einigen leichten Bomben. Dies fiel bei der Admiralität, die sich verständlicherweise mehr auf

UNTEN: Die Short 184 wurde nach einer Ausschreibung der Admiralität für ein torpedotragendes Seeflugzeug gebaut und tat während des gesamten Ersten Weltkriegs Dienst. Nach beachtlichen Anfangserfolgen wurde sie meist nur noch als Aufklärer eingesetzt. Die hier abgebildete Maschine zählt zu den drei der HMS *Vindex* zugeteilten Flugzeugen.

Short 184

Fairey Flycatcher

Schiffe, denn auf Flugzeuge konzentrierte, auf fruchtbaren Boden und man schenkte dem Problem des Einsatzes von Flugzeugen zur See mehr Aufmerksamkeit.

Bald war klar, dass Seeflugzeug nicht eben ideal für Offensivoperationen waren. Sie mussten robust gebaut sein, um auf rauer, offener See starten und landen zu können. Daher waren sie (auch wegen des von den Schwimmern erzeugten Luftwiderstands) deutlich schwerer, langsamer und schlechter zu manövrieren als landgestützte Flugzeuge, hatten eine geringere Dienstgipfelhöhe und konnten weniger Bomben oder Torpedos tragen. Dies wurde 1915 bei der missglückten Dardanellen-Expedition deutlich. Luftoperationen zur Unterstützung der Landung bei Gallipoli wurden zwar durch die geringe Zahl verfügbarer Flugzeuge behindert, trotzdem brachte der 12. August interessante Erkenntnisse, als Flight Commander C. H. K. Edmonds mit seiner Short 184, zwischen deren Schwimmern ein 14-Zoll-Torpedo vertäut war, nach einem extrem langen Startvorgang abhob. Er machte ein türkisches Versorgungsschiff aus und torpedierte es. Zwar war das Schiff schon von einem britischen U-Boot versenkt worden und lag in extrem flachem Wasser auf Grund, das war jedoch ohne Bedeutung. Was zählte, war der Beweis, dass ein Torpedoflugzeug Schiffe bedrohen konnte. Fünf Tage später gelang Edmonds ein neuerlicher Beweis: Er torpedierte und versenkte noch ein türkisches Versorgungsschiff und Flight

Lieutenant G. B. Dacre am selben Tag ein drittes. Allerdings bedeutete dies nicht den Beginn eines Trends, Dacres Angriff war der letzte erfolgreiche Torpedoeinsatz während des gesamten Kriegs. Die Gründe waren klar. Der Treibstoffvorrat von mit Torpedos beladenen Seeflugzeugen war äußerst begrenzt. Überdies musste die See fast spiegelglatt sein, damit eine Maschine abheben konnte. Seeflugzeugen waren offensichtlich enge Grenzen gesetzt.

BEDROHUNG DURCH ZEPPELINE

Während die Seeflugzeuge ihre begrenzten Erfolge feiern konnten, begann man bei der Royal Navy, sich verstärkt mit der Abwehr von Zeppelinen auseinander zu setzen. Um Luftschiffe abfangen zu können, brauchte man Jäger mit gutem Steigvermögen, eine Bedingung, die Seeflugzeuge ausschloss. Das RNAS experimentierte mit einem Bristol Scout Eindecker, dessen Aktionsradius aber unbefriedigend war. Als Lösung wollte man ihn per Schiff näher an die Zeppelinbasen bringen. Zum Beweis startete Flight Lieutenant H.F. Towler am 3. November 1915 mit einer Bristol Scout von Deck des Seeflugzeugträgers *Vindex* und landete später an der Küste. Das Kernproblem trat zutage: Das Landflugzeug würde zwar vom Deck eines Schiffes starten können, nach Abschluss seiner Mission aber irgendwo in Nähe eines Schiffs wassern müssen. Zwar hatte Ely die Landung auf Schiffen vorgezeigt, allerdings nicht unter Kampfbedingungen. So zwang

OBEN: Die Fairey Flycatcher (Schnäpper), ein bei Piloten sehr beliebtes Flugzeug, diente von 1923 bis 1934 beim Fleet Air Arm. Diese Flycatcher I des 405. Flight, Fleet Air Arm, der an Bord der HMS *Glorious* stationiert war, trägt am Seitenruder die blau-weißen Bänder des Flight-Kommandanten.

OBEN: Die Hawker Nimrod, ein elegantes, träger-gestütztes Jagdflugzeug, ersetzte die Fairey Flycatcher ab Oktober 1931. Die Nimrod war eng mit der Hawker Fury der RAF verwandt, allerdings drosselte das Gewicht der Zusatzausrüstung für den Einsatz an Bord ihre Geschwindigkeit.

die Bedrohung durch die deutschen Luft-schiffe, welche die Grand Fleet fast ohne jedes Risiko beobachten konnten, die Royal Navy zum Einsatz von „Einweg"-Flugzeugen gegen die Zeppeline. Obwohl man das Problem erkannt hatte, geschah bis zum 31. Mai 1916, dem Tag der Schlacht vor dem Skagerrak, praktisch nichts.

SKAGERRAK UND DIE FOLGEN

Die Schlacht vor dem Skagerrak, ein strategi-scher Erfolg für die Royal Navy, war keines-wegs jener entscheidende Sieg, den Navy und Bevölkerung erwartet hatten. Aber man konnte daraus ermutigende Lehren ziehen, insbesondere, welche Vorteile Luftbeobach-ter für das Zielfeuer der Schiffsgeschütze brachten. Da es augenscheinlich an Flugzeu-gen gefehlt hatte, um den Vorteil voll auszu-schöpfen, forderte Admiral Sir John Jellicoe für die Flotte zwei Schiffe, von deren Bord aus Flugzeuge starten konnten. Die Flugzeu-ge sollten seiner Flotte die Fähigkeit zur Zer-störung von Zeppelinen geben und sie vor deutschen U-Booten warnen. Zusätzlich ver-langte der schlechte Zustand des Seeflug-zeugträgers *Campania* dringend Ersatz. Der

Bau zweier brandneuer Schiffe würde weit länger dauern, als die Umrüstung vorhande-ner, diese war aber ebenso problematisch: Der Abzug jedes ausreichend dimensionier-ten Kampfschiffs (Kreuzer oder größer) würde die Feuerkraft der Flotte schmälern. Doch bald war die Lösung gefunden. Zu Kriegsausbruch hatte man den Bau mehre-rer Schiffe gestoppt. Zwei für Italien be-stimmte Linienschiffe, die *Conte Rosso* und die *Guilio Cesare*, seit August 1914 „einge-wintert", waren taugliche Kandidaten.

Die Schwierigkeiten der Seeflugzeuge bei Einsätzen in rauer See legten nahe, dass die Schiffe den Jägern den Start von Deck er-lauben mussten. Da man annahm, dass die Jäger nicht wieder an Bord landen könnten, hätten die Schiffe auch genügend Transport-kapazität für eine große Zahl an Maschinen haben müssen. Aber diese Annahme wich bald der Idee von Landungen an Bord, die immer breitere Unterstützung fand (auch wenn man vom Wie noch keinesfalls eine Ahnung hatte). Daraus wiederum folgte, dass man nur Schiffe in Betracht ziehen konnte, deren Länge auch die Konstruktion eines Landedecks erlaubte, und das waren im Grunde nur hochseetüchtige Linienschiffe.

Im September 1916 wurde die Erlaubnis zum Umbau der *Conte Rosso* zum Flugzeugträger gegeben. Gleichzeitig nahm man auf der Marineluftwaffenbasis Grain Tests mit Fanghaken auf, ähnlich jenen, die Ely verwendet hatte. Die ermutigenden Ergebnisse trieben die Entwicklung der Flugzeugträger von diesem Moment an deutlich voran. Als Ende 1916 David Lloyd George das Amt des Premiers übernahm, gab er der Schiffbauindustrie wesentliche, Richtung weisende Impulse, welche unter Herbert Asquith gefehlt hatten. Flugzeugträger erhielten besondere Priorität. Das Kriegskabinett genehmigte den Bau zweier hochseetüchtiger Träger sowie von zwei weiteren auf Basis der ehemaliger Kanalfähren *Nairana* und *Pegasus* (früher *Stockholm*).

Diese Entwicklung entsprach den Wünschen der Marine. Anfang 1917 stellte ein Ausschuss der Admiralität Bedarf an mehr Schiffsraum zur Beförderung von Flugzeugen fest. Das Kommitee sah im Umbau bestehender Schiffe den schnellsten Weg zur Deckung dieses Bedarfs und schlug vor, den Kreuzer *Furious* zum Träger umzurüsten. Das Ergebnis war seltsam, das Schiff erhielt zwar ein Flugdeck, behielt aber einen Heckturm mit einem riesigen 18-Zoll-Geschütz.

Während die *Furious* noch umgebaut wurde, bewies Squadron Commander Frederick Rutland, RNAS, die Tauglichkeit kurzer, hölzerner Plattformen auf dem Turm leichter Kreuzer als Übergangslösung. Am 26. Juni 1917 hob Rutland mit einer Sopwith Pup von einer nur 6,1 m langen Plattform auf der HMS *Yarmouth* ab. Diese Konstruktion behinderte die Schiffsgeschütze

nicht – so konnten Flugzeuge von einer weit größeren Zahl an Schiffen gestartet werden. Zwar löste das noch nicht das Problem der Landungen, aber auch dieses bekam man nur einen Monat später in dem Griff. In ihrer neuen Funktion als Träger trat die HMS *Furious*, mit drei Seeflugzeugen und fünf Sopwith Pups, am 4. Juli 1917 ihren Dienst an. Unmittelbar begann der Seniorpilot an Bord des Schiffes, Squadron Commander Edwin Dunning, mit Versuchen zu einer Landung an Deck.

Das war schwieriger, als es klingt. Dunning musste mit geringer Geschwindigkeit um die Aufbauten des Schiffs einkurven und mit abgestellten Motoren landen. Eine Deckmannschaft sollte am Flugzeug angebrachte Knebel ergreifen und es, bildlich gesprochen, auf Deck ziehen. Am 2. August gelang Dunning die erste Landung eines Kampfflugzeugs auf einem Flugzeugträger. Er setzte die Tests fort – mit tragischem Ergebnis. Als er am 8. August einmal mehr auf der *Furious* landete, war er zu schnell. Seine Sopwith Pup ging über die Seite des Schiffs, er wurde aus der Maschine geschleudert, als diese auf dem Wasser aufschlug. Als ein Rettungsboot das Flugzeug erreichte, war er bereits ertrunken. Die Tragödie löste eine Kette von Fragen um die Sicherheit von Landungen auf der *Furious* aus. Man entschied, das Schiff mit einem 91,4 m langen Flugdeck hinter den Aufbauten nachzurüsten und sandte die *Furious* im November 1917 für diese Arbeiten ins Dock.

FLUGZEUGTRÄGEREINSATZ 1918
Im März 1918 kehrte die *Furious* zurück, im Mai begannen die Landetests. Etwa ein Dutzend Landungen waren erfolgreich,

UNTEN: Die Nimrod war, wie die meisten britischen Jäger dieser Zeit, mit zwei 7,7-mm-Maschinengewehren bewaffnet und konnte mit leichten Bomben bestückt werden. Einige Maschinen dienten bei Aufgaben in der zweiten Linie bis zum Jahr 1941, dann wurde der Typ endgültig für veraltet erklärt.

Hawker Nimrod

Sprechfunk und Funk-
verkehr erforderte eine
Vielzahl von Masten entlang
des Decks der *Ark Royal*.
Diese Masten wurden in
horizontale Position
geklappt, wenn sie nicht in
Gebrauch waren, sodass sie
den Flugzeugen nicht
gefährlich werden konnten.

Ein Funkleitsystem vom
782 wies den heimkehre
den Flugzeugen den Weg
zum Träger. Allerdings
konnte dieses mit keiner
anderen Antenne kombin
werden, sodass die *Ark
Royal* ohne Suchradar
auskommen musste,
welches unter gewissen
Umständen durchaus
nützlich gewesen wäre.

Als Teil ihrer Flugabwehrbewaffnung
trug die *Ark Royal* 0,91-kg-„Pom-
Pom"-Kanonen. Die Erfahrung zeigte
bald, dass man zur Unterstützung der
an sich nützlichen Pom-Poms zusätzlich
schnell feuernde Kanonen brauchte.

Die drei Aufzüge der *Ark Royal*
waren recht problematisch.
Manchmal überrollte ein Flugze
nach der Landung die Halteseile
und war früher im Hangar, als e
dem Piloten lieb gewesen wäre

HMS *Ark Royal*

Die dritte *Ark Royal* erwarb sich im Zweiten Weltkrieg einen legendären Ruf. Während sie im Atlantik und im Mittelmeer operierte, zeichneten ihre Flugzeuge verantwortlich für jene Torpedoattacke gegen die *Bismarck*, die letztendlich zur Zerstörung des deutschen Schiffs durch britische Überwassereinheiten führte.

Um das Flugdeck zu verlängern, konstruierte man einen Überhang. Dieser Überhang war nach unten abgerundet, sodass darauf keine Flugzeuge abgestellt werden konnten: aufgrund des steigenden Bedarfs an Maschinen, wurde die Konstruktion bei späteren Trägern abgeflacht.

Die *Ark Royal* trug einige größere Waffen. Mit ihren 114-mm-Geschützen sollten Küstenziele bombardiert werden. Die Idee, dass die Flugzeuge als Offensivwaffen ausreichten, hatte sich zu diesem Zeitpunkt noch nicht durchgesetzt.

RECHTS: Die Shark (Hai) war die letzte einer langen Reihe von Doppeldeckern, die bei Blackburn als Torpedobomber gefertigt wurden. Die 1934 von der Royal Navy in Auftrag gegebene Shark trug einen einzelnen Torpedo oder bis zu 680 kg Bomben sowie zwei Maschinengewehre. Obwohl der Typ sehr beliebt war, kam das Kampfflugzeug nur begrenzt zum Einsatz, da sein Nachfolger, die Fairey Swordfish, bereits ab 1936 ausgeliefert wurde.

doch viele Versuche endeten im Fangnetz hinter den Aufbauten oder jenseits der Bordkante. Untersuchungen zeigten von den Aufbauten ausgelöste Turbulenzen als Ursache der Probleme. Maschinen, welche über die Längsseite gingen, konnte man mit Hilfe von in der Längsachse gespannten Fangleinen aufhalten, die Turbulenzen wären nur durch den grundlegenden Umbau der Aufbauten in den Griff zu bekommen – unmöglich während des Kriegs. Dies hielt die *Furious* nicht von Kampfeinsätzen fern – deren bemerkenswertester: der Angriff gegen die Zeppelinhangars in Tondern. Sieben Sopwith Camels starteten, mit leichten Bomben bestückt, am Morgen des 19. Juli 1918. Sie zerstörten nicht nur die Zeppelins L54 und L60 in ihren Hangars, sondern beschädigten auch die Basis selbst.

Aber die Admiralität wollte höher hinaus und beschäftigte sich den Großteil des Jahres 1918 mit Plänen, die Flotte mit Flugzeugträgern und Torpedobombern hochzurüsten. Das Torpedoflugzeug war bei Sopwith schnell beschafft und erhielt den Namen „Cuckoo" (Kuckuck – wohl wegen dessen Eigenart, Eier in fremde Nester zu legen). Träger waren nicht so leicht zu haben. Die Admiralität war sicher, einen Massenangriff mit Torpedos gegen die deutsche Flotte starten zu können, aber bevor dies möglich wurde, war der Krieg vorbei. Im November 1918 besaß die Royal Navy eine klare Vorstellung von der Marineluftfahrt. Die Praxis hatte gezeigt, dass

Flugzeuge von Trägern starten und, noch wichtiger, wieder auf diesen landen konnten. Sie hatten bewiesen, dass sie wichtige Beiträge zu Operationen leisten und sogar unabhängig von Oberflächeneinheiten eingesetzt werden konnten. Es sollte aber kaum 10 Jahre dauern, bis die Briten ihre Führungsrolle an die USA abtreten mussten.

DIE ENTWICKLUNG IN DER ZWISCHENKRIEGSZEIT

Der Verlust der Führungsrolle der Royal Navy auf dem Gebiet der trägergestützten Luftfahrt läßt sich nicht auf eine einzige Ursache zurückführen, ist aber eng mit der Aufstellung der unabhängigen Royal Airforce im April 1918 verbunden. Praktisch alle Mannschaften wurden der neuen Waffe unterstellt, man verlor das Herzstück der Marineluftfahrt. Zudem zeigte die RAF, welche das Kommando über alle Flugzeuge und die mit ihnen verbundenen Einrichtungen erhielt, nur sehr zurückhaltendes Interesse an der Marineluftfahrt, der Dienst bei einem Marinegeschwader war der Karriere eines Offiziers eher abträglich. Beide Faktoren ermutigten die Navy kaum, in Flugzeugträger zu investieren. Die Befürworter der Marineluftwaffe waren nahezu alle an die RAF überstellt worden, die sich vor allem als strategisches Bomberkommando verstand, sodass jenen Kräften der RN, welche eine Konzentration auf Schlachtschiffe wollten, keiner Einhalt gebot. Mit den Proponenten der Luftstreitkräfte schwanden auch deren

Kaga

Trägers fehlten, wurde das überflüssig gewordene Kohleschiff *Jupiter* in den Norfolk Naval Yard verlegt, wo im März 1920 der Umbau begann. Die Umrüstung dauerte zwei Jahre, das Schiff wurde unter dem Namen USS *Langley* und der Bezeichnung CV1 (Carrier Vessel, der Typenbezeichnung für Flugzeugträger) in Dienst gestellt. Der *Langley* folgten zwei weitere Umbauten, *Saratoga* und *Lexington* (CV2 und CV3). Sie sollten ursprünglich große Schlachtkreuzer werden, die man aber nicht mehr fertigbauen konnte, ohne den Washingtoner Vertrag zu verletzen, und begründeten die Tradition großer amerikanischer Träger mit beeindruckenden Flugzeugkapazitäten, die eine enorme Kampfstärke bereitstellten. Ihre Größe brachte aber auch bezüglich der ständig wachsenden Ausmaße neuer Flugzeuggenerationen Vorteile. Nur ehemaligen Marinefliegern durfte das Kommando über Flugzeugträger übergeben werden, womit die USN sicherstellte, dass nur Offiziere mit Flugerfahrung über Schiff und Fluggruppe befahlen. Diese Entscheidung begünstigte die schnelle Entwicklung effektiver Einsatztaktiken. Hangardecks, Absturzbarrieren und Landing Signal Officers (LSO), welche die Piloten beim Anflug einwiesen, wurden bald gängige Praxis und nahezu sofort von den anderen Nationen übernommen.

DIE ROYAL NAVY

Nach den ernsten Schwierigkeiten der Royal Navy in den 20er Jahren besserte sich die Situation 1931, nachdem Konteradmiral RGH Henderson zum Rear Admiral Aircraft Carriers ernannt wurde. Henderson, ehemals Kommandant der *Furious*, hatte nie am Wert von Trägern gezweifelt, war aber im Jahrzehnt davor dem Problem nur mäßigen Interesses an der Marinefliegerei gegenüber-

gestanden. Es hatte zwar einige Fortschritte gegeben, aber Mangel an Geld und Piloten ließen Großbritannien weit hinter Amerika und Japan zurückfallen. Allein die wachsende Bedrohung durch Nazi-Deutschland führte endlich zu den notwenigen Verbesserungen. Die Ernennung von Sir Inskip zum Verteidigungsminister bescherte der Navy eine neue Chance auf eine eigene Fliegereinheit. Gegen erheblichen Widerstand der Luftwaffe ergriff Inskip Partei für die Navy und rief eine Marinefliegertruppe ins Leben. Ihm wurden nicht nur auf Trägern, sondern auch die an den Küsten stationierten Einheiten unterstellt, welche seit 1918 unter dem Kommando der RAF gestanden hatten. Die Reorganisation begann 1937 und war 1939 beinahe zur Gänze umgesetzt, ein Musterbeispiel für „Just in time"-Planung.

Als Inskips Maßnahmen griffen, befand sich der seit langem erste neue Träger, die *Ark Royal*, in Bau. Zur Beschleunigung des Wiederaufrüstungsprogramms wäre es das Einfachste gewesen, mehrere solche Träger zu bauen, aber das geschah nicht. 1936 setzte Henderson, nun Controller of Naval Construction, einen Meilenstein, als er eine neue Trägerklasse abnahm, deren Decks zum Schutz vor feindlichen Angriffen gepanzert waren. Dies hatte durchaus auch Nachteile, einiger Raum in den Hangars musste geopfert werden, wodurch weniger Flugzeuge an Bord Platz fanden. Aber Henderson sah darin kein unmittelbares Problem, da die Royal Navy nicht genügend Ressourcen für die Aufstellung großer Flugeinheiten hatte – was sich allerdings im Lauf des Krieges ändern sollte. Der Bau der neuen Illustrious-Klasse begann 1937, womit die Royal Navy in den Jahren 1939/40 den dringlichsten Bedarf an Trägerkapazität mehr schlecht als recht decken konnte.

Als Hilfe für jene Flugzeuge, die ganz vorne am Deck standen, hatte die *Ark Royal* zwei Beschleuniger. Damit konnte die ganze Staffel gestartet werden, aber das war langwierig und unpraktisch. Normalerweise bediente sich nur das allererste Flugzeug dieses Hilfsmittels, die anderen hoben aus eigener Kraft ab.

An Deck sieht man zwei Fairey Swordfish. Während des Zweiten Weltkriegs waren eine Reihe von Typen auf der *Ark Royal* stationiert, darunter, Swordfish, Blackburn Skuas und Fairey Fulmars.

Die *Ark Royal* hatte noch das klassische, an der Längsachse ausgerichtete Flugdeck. Verfehlte eine Maschine die Fangseile, hielt sie eine Sicherheitsbarriere zwar davon ab, bereits gelandete Flugzeuge, die noch an Deck standen, zu streifen, diese erhöhte aber das Risiko für die Crew. Eine endgültige Lösung brachte erst das schräge Flugdeck.

OBEN: Ein Schwarm Fairey Swordfish über der HMS *Ark Royal*. Die Swordfish nahm an zahlreichen Kämpfen teil. Von besonderer Bedeutung: die Operation vor Taranto, bei der die italienische Flotte eine schwere Niederlage erlitt sowie ein Einsatz, der die *Bismarck* so schwer beschädigte, dass diese mächtige deutsche Angriffswaffe am nächsten Tag von britischen Schlachtschiffen gestellt und versenkt werden konnte.

Da man auf einem Flugdeck selbstverständlich keinerlei Seile oder Leisten anbringen konnte, erlaubten Öffnungen im Rumpf vieler britischer Fluzeugträger die Wartung im Dock.

TECHNISCHE DATEN		Antrieb:	Dampfturbinen; 6 Kessel, 3 Schrauben
HMS *Ark Royal*		Geschwindigkeit:	31 Knoten
		Bewaffnung:	16 114-mm-Geschütze,
Wasserverdrängung:	28.143 Tonnen (voll beladen)		48 Zweipfünder und
Größte Länge:	243,8 m		32 12,7-mm-Maschinengewehre
Größte Breite:	28,8 m	Besatzung:	1600
Tiefgang:	6,93 m	Flugzeuge:	70

Argumente, die Royal Navy verlor das Interesse an der Luftfahrt. Das Gesamtbild wird jedoch nur dann richtig, wenn man auch berücksichtigt, dass die Admiralität zwanzig Jahre um die Kontrolle über eine eigene Marinefliegertruppe kämpfte. Geldmangel und der 1922 in Washington geschlossene Flottenvertrag trugen wesentlich dazu bei, die Möglichkeiten der Royal Navy zu begrenzen. Laut Washingtoner Vertrag standen der Royal Navy Träger mit einem Gesamtgewicht von 135.000 Tonnen zu, die Admiralität handelte innerhalb dieses engen Korsetts. Drei Träger, die im Ersten Weltkrieg vom Stapel gelaufen waren (*Argus*, *Hermes* und *Eagle*) sowie die *Furious* und zwei ihrer Schwesterschiffe, *Courageous* und *Glorious* (ebenfalls umgebaute Kreuzer) sollten weiter Dienst tun. Der Vertrag hätte weiters den Bau von zwei großen oder vier kleineren Trägern ermöglicht. Sparprogramme, von deren Folgen sich die trägergestützte Marineluftfahrt erst in den 30er Jahren erholte, verhinderten diese Pläne. Da hatten aber Japan und die Vereinigten Staaten die Royal Navy längst überholt.

JAPANISCHE TRÄGERKRÄFTE

Die Kaiserliche Japanische Marine (IJN) zeigte größtes Interesse an Flugzeugträgern. Die geographische Lage Japans und seine Abhängigkeit von Importen bedingten eine starke Marine. Da nur Flugzeuge der Flotte die notwendige Luftunterstützung geben konnten, mussten Flugzeugträger zu einem Teil der Marine werden. Als Japan Großbritannien (noch in enger Marineallianz) um Unterstützung ersuchte, entsandte man eine halboffizielle Delegation unter dem Master von Semphill, einem ehemaligen RNAS-Piloten. Als Ergebnis wurde die japanische Marinedoktrin formuliert, die Trägern, unterstützt durch schnelle Schlachtschiffe, eine Schlüsselrolle bei den Angriffskräften zuwies. Torpedobomber und später Sturzkampfbomber standen im Zentrum der Planung. Höhepunkt des darauf folgenden Aufrüstungsprogramms waren der Bau der *Akagi* und der *Kagi*. Die *Akagi*, zu ihrer Zeit der größte Träger der Welt, nahm 60 Flugzeuge auf. Aufgrund seiner Marineluftwaffe war Japan bestens für einen möglichen Krieg im Pazifik gerüstet. In dieser Region betrachteten die Japaner die Vereinigten Staaten als potenziell gefährlichsten Gegner, besonders deswegen, weil auch die US Navy ihre Trägerflotte aufgerüstet hatte.

DIE TRÄGERFLOTTE DER USA

Obwohl es erste Flüge in den USA gewesen waren, die ihr Potenzial gezeigt hatten, schien die USN noch bis 1919 am Wert von Flugzeugträgern zu zweifeln. Im März dieses Jahres zog man aus Manövern mit der USS *Texas* den Schluss, dass Luftüberwachung und der Einsatz von Flugzeugen im Verbund mit der Flotte wichtig und vorteilhaft wären. Da Mittel für den Bau eines neuen

LINKS: Die USS *Ranger* (CV4) nach dem Stapellauf am 25. Februar 1933. Sie war der erste US-Träger, dessen Rumpf bereits als Flugzeugträger auf Kiel gelegt wurde. Trotzdem konnten bei ihr nicht alle Möglichkeiten ausgeschöpft werden, da die Beschränkungen des Washingtoner Flottenvertrags von 1922 einzuhalten waren. Im Zweiten Weltkrieg diente die *Ranger* mit der Atlantikflotte und wurde daher nicht so bekannt wie jene Einheiten, die im Pazifik elngesetzt waren.

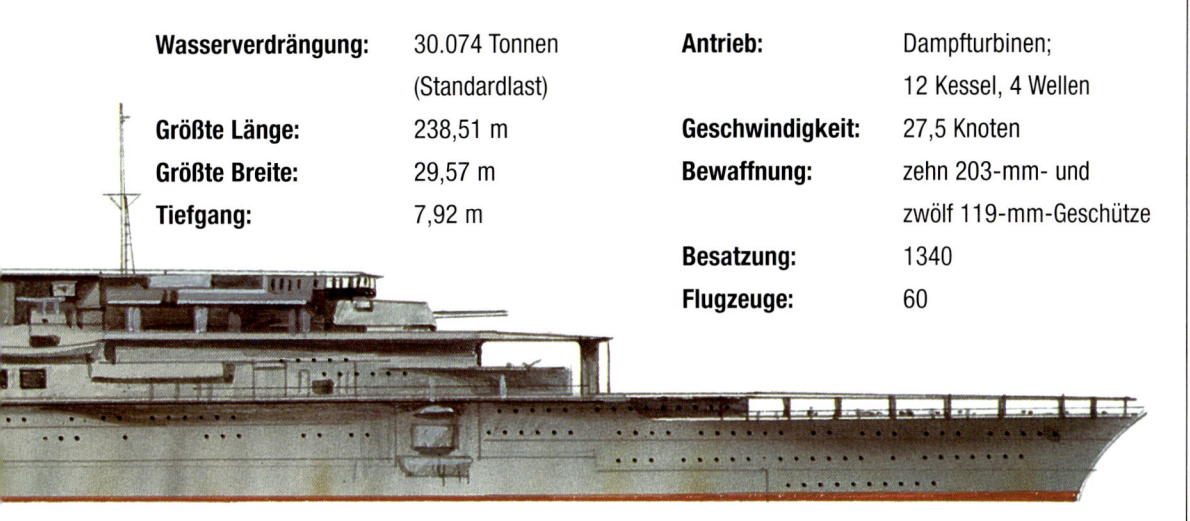

Wasserverdrängung:	30.074 Tonnen (Standardlast)	Antrieb:	Dampfturbinen; 12 Kessel, 4 Wellen
Größte Länge:	238,51 m	Geschwindigkeit:	27,5 Knoten
Größte Breite:	29,57 m	Bewaffnung:	zehn 203-mm- und zwölf 119-mm-Geschütze
Tiefgang:	7,92 m		
		Besatzung:	1340
		Flugzeuge:	60

WEITERENTWICKLUNG DER TRÄGER

Obwohl die Zwischenkriegszeit durch budgetäre und vertragliche Beschränkungen aller Seestreitkräfte gekennzeichnet war, entstanden damals die ersten Flugzeugträger nach heutigem Begriff. Die wichtigste Entwicklung war die „Insel", sie ersetzte jene frühen Aufbauten, die den Piloten anfangs erhebliche Landeprobleme beschert hatten. Eine Alternative dazu waren „Flush-Deck"-Träger, bei welchen die Brücke entweder im Bug oder als temporäre Struktur, die für Flugmanöver weggeklappt wurde,

angebracht war. Die Vorzüge der Insellösung führten bald zur Einstellung des Baus von Flushdeckern. (Einmal noch, in den späten 40er-Jahren bei der USS *United States*, griff man auf dieses Konzept zurück.) Bald verschwanden auch die Fangdrähte, die nur zu unnötigen Komplikationen geführt hatten. 1939 waren Flugzeugträger etablierte Einheiten dreier wichtiger Seestreitkräfte: Aber selbst glühendste Befürworter der Marinefliegerei dürften nicht geahnt haben, welch große Bedeutung Trägerkräfte in den folgenden sechs Kriegsjahren erlangen sollten.

UNTEN: Eine Hawker Osprey überfliegt die HMS *Eagle*. Die Osprey war eine Marinevariante der Hawker Hart, eines leichten Bombers der RAF. Sie war als Aufklärer für die Flotte entworfen und 1932 in Dienst gestellt worden. Die Osprey war für diese Zeit sehr leistungsfähig. Einige Maschinen wurden als Schwimmflugzeuge gebaut und von anderen als auf Flugzeugträgern stationierten Einheiten eingesetzt.

FLUGZEUG-TRÄGER IM KAMPF GEGEN DEUTSCHLAND

Durch das Ende der 30er-Jahre gestartete Trägerbauprogramm war die Royal Navy bei Kriegsbeginn im September 1939 weit besser dafür gerüstet, der Bedrohung durch die Deutschen begegnen zu können. Allerdings musste man noch einige Zeit auf die Fertigstellung der neuesten Träger warten.

INSGESAMT HATTE DIE NAVY sieben Träger im Einsatz, wobei die *Argus* als Ausbildungsschiff verwendet wurde. Die *Ark Royal* war der neueste Träger mit den meisten Flugzeugen an Bord. Die anderen, insbesondere die *Furious*, *Glorious* und *Courageous*, litten unter ihrem Alter: Sie waren zu einer Zeit gebaut worden, als maritime Flugzeuge noch kleiner waren und hatten deutlich geringere Kapazitäten als die amerikanischen Träger.

LINKS: Das Deck der HMS *Illustrious*. Im Vordergrund Fairey Fulmars, die Flugzeuge mit Sternmotoren sind Grumman Wildcats (bei der Royal Navy als Martlet bezeichnet). Anders als die Fulmar, die groß und relativ langsam war, wurde die Wildcat von den Piloten hoch geschätzt und blieb bis Kriegsende in britischem Dienst.

Blackburn Skua

OBEN: Die Blackburn Skua war für die Royal Navy bei ihrer Einführung 1938 eine absolute Novität. Der zur Gänze aus Metall gebaute Eindecker ersetzte als Sturzkampfbomber die veralteten Osprey und Nimrod und trug sich mit dem erfolgreichen Angriff auf den deutschen Kreuzer *Königsberg* am 8. Juni 1940 im Hafen von Bergen in die Annalen ein.

Auch die Flugzeuge entsprachen keinesfalls dem Stand der Technik. Der wichtigste Jäger war der Doppeldecker Gloster Sea Gladiator, der im Wesentlichen der Gladiator der RAF entsprach und für den Einsatz an Bord modifiziert worden war. Die Gladiator war im Grunde bereits veraltet, als sie in Dienst gestellt wurde, nur wenige Monate vor den neuen Hochgeschwindigkeits-Eindeckern Spitfire und Hurricane. Aber der Nachteil war möglicherweise nicht ganz so groß, wie die Royal Navy annahm, da der Einsatz der neuen, schnellen Jäger an Bord der relativ kleinen Träger recht problematisch gewesen wäre. Aus dem Mangel an ausgereiften Navigationsinstrumenten folgte die Forderung der Admiralität, Langstrecken-Jäger müssten Zweisitzer sein. Der andere verfügbare Jäger, die Blackburn Skua (seit 1938 im Dienst), erfüllte dieses Kriterium, war aber durch die Konstruktion als Jäger wie auch Sturzkampfbomber eingeschränkt. Zwar übernahmen später auch andere Jäger die Funktion eines Sturzkampfbombers, aber die Skua war wahrscheinlich das einzige Flugzeug, das vom Reißbrett weg für beide Rollen vorgesehen war. Wie die Gladiator hatte die Skua nur vier nach vorn feuernde 7,7-mm-Maschinengewehre, wodurch sie gegenüber landgestützten Modellen, wie der Messerschmitt Bf 109, im Nachteil war. Das No. 800 Squadron wurde als erste Einheit des Fleet Air Arm auf den Typ umgestellt, im September 1939 folgten zwei weitere. Die wichtigste Angriffswaffe an Bord der Träger war der Torpedobomber Fairey Swordfish, ebenfalls ein Doppeldecker. Ein unerfahrener Beobachter hätte die Swordfish (Schwertfisch) leicht für ein Flugzeug aus dem Ersten Weltkrieg halten können. Sie war langsam und hatte nur zwei Maschinengewehre zur Verteidigung. Die

Besatzung war der den Elementen schutzlos ausgeliefert. Der Beiname „Stringbag" (Einkaufsnetz) zeigt die zwiespältige Einstellung, mit der man dem Flugzeug anfangs begegnete, aber der Schein trog: Die Swordfish sollte bis 1945 eine herausragende Rolle im Fronteinsatz spielen. Verehrt von ihren Crews, errang sie durch ihre Leistungen einen legendären Ruf. Für die unterschiedlichen Flugzeugtypen standen dem Fleet Air Arm auf acht Basen 500 trainierte Mannschaften zur Verfügung.

FRÜHE PROBLEME

Die Admiralität war weit von jeder Gewissheit entfernt, wie die Träger verwendet werden sollten, da sich das Bedrohungsbild durch die deutsche Marine stark von jenem des Jahres 1914 unterschied. Anders als die High Sea Fleet, die um Schlachtschiffe aufgebaut worden war, hatte Hitlers Marine nur einige wenige große Überwassereinheiten (trotz geringer Zahl ein Quell ernsthafter Probleme). Die erste Entscheidung der Admiralität, die Träger am besten gegen U-Boote einzusetzen, erwies sich bald als Fehleinschätzung. Man plante, je einen von Zerstörern begleiteten Träger zu Positionen zu senden, wo man U-Boote gesichtet hatte. Der Träger sollte seine Flugzeuge einsetzen, um die U-Boote auf Tauchfahrt zu zwingen, damit es die Zerstörer mit Hilfe ihres ASDIC jagen könnten. Die U-Boote sollten mit Wasserbomben belegt und zerstört werden, oder, falls das nicht gelang, wenigstens von Handelskonvois abgelenkt sein.

Am 14. September erhielt die *Ark Royal* den Auftrag, einer U-Boot-Sichtung nachzugehen. Der Träger lenkte tatsächlich die Aufmerksamkeit des U-Boot-Kommandanten um, der prompt das große Schiff torpedierte. Zum Glück für die *Ark Royal* waren zu dieser Zeit die Torpedos der Deutschen noch äußerst unzuverlässig und der Fächer verfehlte sein Ziel. Einer der Zerstörer im Geleit wurde durch den fehlgeschlagenen Angriff alarmiert und versenkte das glücklose U-Boot. Meinte man nun, dass die gewählte Taktik erfolgversprechend sei, wurde man nur drei Tage später eines Schlechteren belehrt. Am 17. September wurde die *Courageous* bei einem ähnlichen Einsatz zur U-Boot-Abwehr von U29 entdeckt. Der U-Boot-Kommandant setzte einen Fächer von fünf Torpedos ab, die dieses Mal keine Zuverlässigkeitsprobleme hatten. Die *Courageous* sank binnen Minuten, das U-Boot entkam. Die Admiralität kam zu dem eindeutigen Schluss, dass U-Boot-Arbeit nicht die beste Aufgabe für Flottenträger sei, und änderte ihre Taktik.

Ironischerweise war am ersten echten Kampfeinsatz eines Flugzeugträgers in diesem Krieg ebenfalls ein U-Boot beteiligt, allerdings ein britisches. Das U-Boot HMS *Spearfish* war vor der Küste Norwegens beschädigt worden, die *Ark* sollte es zu seiner Basis geleiten und wurde dabei von Dornier 18 Flugbooten der Luftwaffe gesichtet. Einige Skuas der *Ark Royal* stiegen auf, um

diese abzufangen. Lieutenant B. S. McEwen und seinem Beobachter, Action Petty Officer B. M. Seymour gelang ein Abschuss. Dieser verhinderte aber nicht, dass dem deutschen Hauptquartier ein Sichtungsbericht zuging, dem am Nachmittag ein Luftangriff auf den Träger folgte. Ein Heinkel-111-Bomber erschien, seine 2000-kg-Bombe detonierte an backbord, kaum 30 m vor dem Bug der *Ark*. Das Schiff krängte nach steuerbord und eine große Rußwolke schoss aus dem Schornstein, als ob dieser gegen den Zwischenfall protestieren wolle. Aber die *Ark* richtete sich wieder auf und lief weiter. Der Reparaturtrupp hatte wenig mehr zu tun, als das zerbrochene Geschirr in der Messe aufzuräumen. Der Pilot der He 111, Adolfe Francke, berichtete nach der Landung auf seiner Heimatbasis, dass er die *Ark Royal* beinahe getroffen hätte. Dies veranlasste die deutsche Propaganda jedoch zu behaupten, die *Ark Royal* wäre gesunken, und Francke sollte ein Buch über seine Heldentat schreiben. Der niederträchtige Lord „Haw-Haw", William Joyce, verhöhnte die britische Öffentlichkeit mit der Frage: „Wo ist die *Ark Royal?*" Anfangs schien dies der Admiralität nicht unrecht zu sein, da die

UNTEN: Eine Swordfish, aus dem Blickwinkel eines Begleitflugzeugs. Das Farbschema des Flugzeugs ist eines von vielen, welche die Swordfish während ihrer langen Dienstgeschichte trug. Der weiße Rumpf und das Muster an den Unterseiten der Tragflächen hatte sich als die beste Tarnung vor Beobachtern auf feindlichen U-Booten erwiesen.

OBEN: Ein Bild aus friedlichen Zeiten – die *Ark Royal* vor Anker. Die *Ark Royal* war der erste „moderne" Träger der Royal Navy in der Zwischen-kriegszeit und zugleich, als sie 1938 in Dienst gestellt wurde, der erste neue Träger nach acht Jahren. Ihr Einsatzleben war kurz, aber aktiv: Ihre Flugzeuge machten die *Bismarck* bewegungsunfähig und sie kam bei der Alliierten Gegenoffensive in Norwe-gen zum Einsatz. Die Deutschen behaupteten bei vielen Gelegenheiten, sie versenkt zu haben. Im November 1941 erlag die *Ark Royal* einem von U81 abgefeuerten Torpedo.

HMS *Hermes*

Wasserverdrängung:	13.208 Tonnen (bei voller Beladung)	**Geschwindigkeit:**	25 Knoten
Größte Länge:	182,88 m	**Bewaffnung:**	sechs 140-mm- und drei 102-mm-Geschütze
Größte Breite:	21,4 m		
Tiefgang:	5,71 m	**Besatzung:**	664
Antrieb:	Dampfturbinen; 6 Kessel, 2 Wellen	**Flugzeuge:**	20

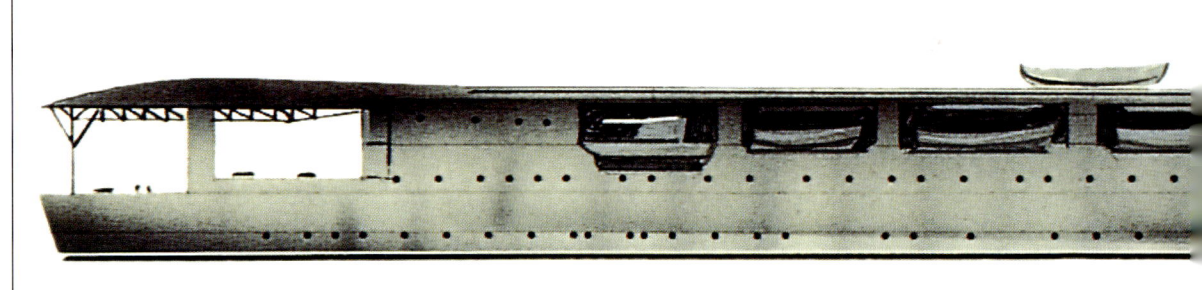

Irritation nach und nach zunahm, sah sie sich gezwungen zuzugeben, dass das Schiff nach wie vor Dienst tat, ohne allerdings zu sagen wo.

Den Rest des Jahres, wurden die Träger der Navy auf der Jagd nach Überwassereinheiten der Deutschen über die Ozeane verteilt. Die *Ark Royal* machte als Teil der Force K Jagd auf die *Graf Spee,* und obwohl sie viele fruchtlose Stunden bei der Suche nach dem Schlachtschiff verbrachte, sollte sie letztendlich eine wichtige Rolle bei dessen Vernichtung spielen. Berichte, die *Ark Royal* sei Teil der Hauptkraft, die auf Montevideo zuhielt, sollen zur Entscheidung des Kapitäns der *Graf Spee,* Langsdorff, beigetragen haben, den Befehl zur Selbstversenkung zu geben. Abgesehen von diesem Ereignis, erzielten die Flugzeugträger in den ersten Kriegsmonaten keine großen Erfolge.

NORWEGEN

Zwar waren die Träger der Royal Navy 1939 nur wenig aktiv, im Jahr darauf sollte sich dies jedoch ändern. Die Gegenoffensive in Norwegen wurde nach unspektakulärem Beginn zur ersten echten Bewährungsprobe. Captain Tom Troubridge, Kommandeur der HMS *Furious,* bat den Commander-in-Chief der Home Fleet um Erlaubnis, sich jener Flotte anschließen zu dürfen, die mit Kurs auf Norwegen ausgelaufen war. Die *Furious* stach am 10. April, drei Tage nach den anderen Schiffen in See und ließ ihre

Jäger, die Skuas der 801. und 804. Squadron, in Hatston auf den Orkneys zurück. Andere auf Hatston stationierte Skuas hatten bereits vor dem Auslaufen der *Furious* bei einer Sturzkampfbomber-Attacke den Kreuzer *Königsberg* versenkt. Der Fleet Air Arm war erheblich verärgert, weil die Presse diese Operation anfangs ignorierte und den Erfolg später der RAF zuschrieb. Am nächsten Tag, dem 11. April 1940, starteten die 18 Swordfish der *Furious* zu einem Angriff auf deutsche Schiffe im Hafen von Trondheim. Dort hatte man den Kreuzer *Hipper* ausgemacht, der aber bereits in der Nacht wieder ausgelaufen war und nur drei Zerstörer zurückgelassen hatte. Im flachen Hafenbecken blieben die Torpedos erfolglos. 24 Stunden später griff die gleiche Einheit, mit Bomben anstelle der Torpedos, Schiffe in Narvik an. Die Bedingungen waren furchtbar, aber die Swordfish machten fünf Zerstörer und elf Frachter aus und zerstörten zwei von ihnen. Ein gutes Omen für weitere Einsätze: Am 13. April unterstützten zehn Swordfish einen Angriff des Schlachtschiffs *Warspite* und von neun Zerstörern gegen in Narvik liegende Schiffe. Acht deutsche Zerstörer gingen auf Grund, allerdings hauptsächlich durch Aktionen der Schiffe.

Da die *Furious* auf ihre Jäger verzichtet hatte, konnte die Luftwaffe der Royal Navy schwere Schäden zufügen: Die HMS *Eclipse* und die HMS *Suffolk* erlitten schwere Treffer, am 18. April wurde auch die *Furious* selbst durch einen Nahkrepierer beschädigt. Die Angreifer konnten nahezu ungehindert über ihrem Ziel kreisen, es genau ins Visier nehmen und ihre Bomben abwerfen. Damit war die Bedeutung des Jagdschutzes ein für allemal bewiesen. Die *Ark Royal* und die *Glorious*, die zum Entsatz der *Furious* eintrafen, hatten ihre Jäger an Bord. Das

verbesserte die Lage, die Skuas erzielten einige Erfolge gegen Bomber, waren aber gegen moderne Jäger, wie die Me 109, viel zu langsam. Zwar durften sich Skua-Piloten einiger spannender Heldentaten rühmen (so kämpfte ein Pilot nach einer Notlandung drei Tage als Infanterist, bevor er sein Flugzeug starten konnte und mit Hilfe eines Schulatlas nach Haston flog), aber das täuschte nicht darüber hinweg, dass bessere Flugzeuge benötigt wurden. Die *Ark Royal* wurde Anfang Mai, als die *Glorious* und *Furious* mit Gladiator- und Hurricane-Jägern der RAF eintrafen, aus dem Gebiet abgezogen. Als die Briten am 2. Juni 1940 den Kampf um Norwegen aufgaben, kehrten *Glorious* und *Ark Royal* zurück, um den Abzug zu decken. Trotz erheblicher Zweifel der Schiffsoffiziere landeten die Hurricanes der 46. Sqn der RAF an Bord der *Glorious*, obwohl ihre Maschinen keine Fanghaken hatten. Am 8. Juni nahm die *Glorious* ohne den Rest der Flotte, nur von zwei Zerstörern gedeckt, Heimatkurs. Um etwa 16 Uhr sichteten die Schlachtkreuzer *Scharnhorst* und *Gneisenau* die Rauchfahnen der kleinen Gruppe und griffen an. Da die *Glorious* keine Sicherungspatrouille eingesetzt hatte, wurde sie überrascht. Verzweifelte Versuche, die Swordfish zu bewaffnen und zu starten, scheiterten, da ihr Hangar getroffen worden war. Tapfer versuchten die Zerstörer *Ardent* und *Acasta*, die *Glorious* zu verteidigen, obwohl ihre Kommandanten gesehen haben mussten, dass dies fruchtlos bleiben würde, solange sie in Schussweite der Deutschen waren. Die *Glorious* wurde um etwa 17:20 Uhr versenkt, kurz danach folgte ihr die *Ardent*. Wenig später unterlag auch die *Acasta*, welche allerdings zuvor die *Scharnhorst* beschädigen konnte. Die Deutschen drehten nicht bei, um Überlebende

UNTEN: Mit einem Dutzend Squadrons an Bord der Eskortenträger leisteten die britischen Wildcat-Kräfte von April 1943 bis September 1944 einen wichtigen Beitrag zur Schlacht um den Atlantik. Diese Wildcat Mk V der No. 813 Squadron war erst an Bord der HMS *Campania* dann auf der HMS *Vindex*.

Grumman Wildcat (Marlet)

aufzunehmen, die Admiralität konnte keine Rettungsaktion starten, da sie von der Schlacht erst am folgenden Tag aus dem deutschen Rundfunk erfuhr. Verschiedene Schiffe bargen einige wenige Überlebende. Der Verlust der *Glorious* war das desaströse Ende einer überwiegend katastrophal verlaufenen Kampagne.

Trotzdem blieb die Gegenoffensive in Norwegen nicht völlig nutzlos. Sie bewies, dass Hochleistungsflugzeuge an Bord der Träger einsetzbar wären und die Navy überlegte den Ankauf einer Marinevariante der Hurricane. Aufgrund der strategischen Lage war die Produktion der Hurricane weit bis ins Jahr 1941 für die RAF reserviert, aber nach dem Fall Frankreichs im Juni 1941

übernahm die Royal Navy noch von den Franzosen bestellte Grumman Wildcats. Die erste Wildcat (von der RN Martlet genannt) wurde im August 1941 in Dienst gestellt. Ein effektiver Einsatz der Jäger war offensichtlich nur mit Koordination möglich, daher richtete man Leitstellen ein, die Schiffsradar und Kartenraum für die Einsatzplanung zur Verteidigung der Flotte nutzten. Die wichtigste Erfahrung aus Norwegen war jedoch, dass für die Träger Luftschutz unverzichtbar war, insbesondere, wenn sie als Expeditionskorps fernab freundschaftlich verbundener Landbasen dienten. Operationen innerhalb der Reichweite von Feindbombern verlangten zwingend den Einsatz von Hochgeschwindigkeitsjägern. Admiral Henderson

Swordfish

LINKS: Trotz ihrer anachronistisch anmutenden Ausführung als Doppeldecker wurde die Fairey Swordfish zu einer der besten und angesehendsten Maschinen des Zweiten Weltkriegs. Sie erzielte bedeutende Erfolge, darunter die Versenkung des ersten U-Boots und hatte an der Dezimierung der italienischen Flotte in der Schlacht von Taranto wesentlichen Anteil.

befahl, unter anderem wegen der Gefahr, welche die italienische Luftwaffe für Schiffe im Mittelmeer darstellte, überdies auch die Decks der *Illustrious*-Klasse teilweise zu panzern. Bald sollten die Panzerungen ihren Wert beweisen, auf einen Test verzichtete man aus verständlichen Gründen.

IM MITTELMEER

Die Einsätze im Mittelmeer stellten sicher, dass sich im Jahr 1940, trotz all seines Jammers, die Trägerflotte der Royal Navy eine Bestnote verdiente. Italiens Kriegseintritt, der mit dem Fall Frankreichs zusammentraf, war ein Musterbeispiel für Benito Mussolinis Opportunismus. Die Probleme im Mittelmeer stiegen. Trotzdem war Admiral Andrew Cunningham, Commander-in-Chief Mediterranean, nicht übermäßig beunruhigt, er verfügte über eine überlegene Flotte, unterstützt von mindestens einem, manchmal zwei Flugzeugträgern. Im Mai erreichte die HMS *Eagle* nach einer Passage durch den Suezkanal das Mittelmeer, die *Ark Royal* stieß über die Straße von Gibraltar zur Force H Cunninghams – gerade rechtzeitig, um an der Entwaffnung der französischen Kräfte in Dakar teilzunehmen.

Am 9. Juli 1940 kam es zur ersten Begegnung mit der Flotte der Italiener. Von Bord der *Eagle* starteten mehrere Angriffswellen mit Torpedoflugzeugen, in diesem Fall aber waren die Flottengeschütze effektiver. Nachdem die HMS *Warspite* mit einem Fernschuss das italienische Schlachtschiff *Cesare* getroffen hatte, drehten die Italiener ab, die Schlacht war zu Ende. Nach diesem vielversprechenden Start verbesserte sich die Lage gegen Ende des Monats weiter, als auch die HMS *Illustrious* mit 18 Swordfish- und 15

Fairey-Fulmar-Jägern an Bord eintraf. Die Fulmar war eine verbesserte Skua (doppelt so viele Bordgeschütze), aber gegenüber landgestützten Jägern war der große Zweisitzer langsam und schlecht zu manövrieren. Die Besatzungen bemängelten auch das Fehlen nach hinten gerichteter Defensivwaffen und behalfen sich mit improvisierten Lösungen. Das wahrscheinlich bizarrste Verteidigungssystem bestand aus Bündeln von Toilettenpapier, die in den Sog geschleudert wurden. Diese fügten zwar keinem Verfolger Schaden zu, verfehlten aber nie die Aufgabe, ihn bei der Zielerfassung zu behindern.

Auch wenn die Jäger der *Illustrious* nicht auf dem letzten Stand waren, war das Schiff an sich als der größte Träger im Dienst der Royal Navy von Bedeutung. Zusätzlich erlaubte ihre Sicherheitsbarriere auch dann Landungen, wenn Flugzeuge am Vorderdeck abgestellt waren. Welch großen Beitrag die *Illustrious* zur Verbesserung der Effektivität der Mittelmeerflotte leistete, wurde eindrucksvoll im November 1940 bewiesen. Die Operation wurde zum Lehrstück und sollte auch die Japaner inspirieren, ihre Trägerflotte offensiv gegen Feinde im Hafen einzusetzen.

TARANTO

Der letzten Entscheidung zum Angriff auf die italienische Flotte im Hafen von Taranto waren lange Planungsarbeiten vorangegangen. Im Oktober wurden die Pläne autorisiert, der 21. als Einsatztag gewählt. Da brach auf der *Illustrious* ein Hangarbrand aus, der umfangreiche Reparaturarbeiten nach sich zog. Zudem wurde das Treibstoffsystem der *Eagle* durch die Erschütterungen bei einem Bombenangriff der Italiener beschädigt. So

verlegte die *Eagle* in Vorbereitung des Angriffs einige Flugzeuge auf die *Illustrious*. Am 10. November 1940 meldete die Photographic Reconnaissance Unit, dass die italienische Flotte im Hafen lag, 24 Stunden später löste sich die *Illustrious* aus dem Flottenverband, um Manövrierraum für eine Luftoperation zu erhalten.

Um 20:57 Uhr startete die erste Welle von 12 Swordfish der No. 825 Sqn unter Lt. Cdr. Ken Williamson. Sechs von ihnen waren gegen außerhalb des Hafens ankernde Schiffe mit Torpedos bestückt, vier trugen Bomben für den Angriff auf an den inneren Docks vertäute Schiffe, die letzten beiden sowohl mit Bomben als auch Leuchtraketen zur Beleuchtung des Zielgebiets. Eine Maschine kam etwas vor dem Zeitplan an und versetzte die Abwehr in Alarmbereitschaft. Die übrigen Flugzeuge sahen beim Zielanflug die Leuchtspuren der Flak. Das Flugzeug Williamsons (der überlebte und in Gefangenschaft kam) wurde Opfer der schweren Geschütze, trotzdem fügte die erste Welle den Italienern große Schäden zu. Die zweite Welle unter Lt. Cdr. John Hale der No. 819. Sqn hatte noch mehr Erfolg. Die Swordfish kehrten zur *Illustrious* zurück, um Berichte über das Ergebnis der Attacken ab-

zuwarten. Fotoaufklärer bestätigten die Wirkung ihrer Anstrengungen: Drei Schlachtschiffe waren kampfunfähig, ein Kreuzer und zahlreiche Zerstörer beschädigt und auch die Hafenanlagen hatten ihren Teil abbekommen. Der Einsatz gab den ersten Hinweis auf die Effektivität von Offensiveinsätzen trägergestützter Flugzeuge gegen Feindflotten.

Der Angriff auf Taranto war aber auch ein Signal dafür, dass eine neue Zeit des Glücks für den Fleet Air Arm begonnen hatte. Ende 1940 wurden die von der Admiralität angeforderten trägertauglichen Versionen der Hurricane ausgeliefert. Die ersten für den Dienst freigegebenen Flugzeuge kamen im Januar 1941 mit der No. 880 Squadron zum Einsatz. Auch wenn die Sea Hurricane im Vergleich mit den neuesten deutschen Flugzeugen schon wieder veraltet wirkte, war sie, vor allem in der Hand eines erfahrenen Piloten, für mehr als nur akzeptable Ergebnisse gut. Dies war sehr willkommen, da Taranto die Deutschen zur Waffenhilfe für Italien motiviert hatte und die Luftwaffe eine Serie von Bombenangriffen gegen britische Schiffe im Mittelmeer begann. Am 10. Januar 1941 sorgte die *Illustrious* für den Luftschutz der Flotte, als ein deutscher

OBEN: Eine Fairey Albacore an Bord eines britischen Flugzeugträgers. Die Albacore war als Nachfolger der Swordfish geplant, wurde aber von ihrer Vorgängerin überlebt. Die Albacore hatte ein geschlossenes Cockpit, das der Besatzung mehr Komfort bot, und eine etwas höhere Leistung. Wegen ihrer Konstruktion als Doppeldecker betrachtete man sie jedoch bald als veraltet.

Aufklärer gesichtet wurde. Admiral Lumley Lister, der Rear Admiral Aircraft Carriers, und Captain Denis Boyd, der Kommandant der *Illustrious*, hatten beide bei Cunningham gegen die befohlene Position der *Illustrious* protestiert. Sie wollten das Schiff nicht in Küstennähe eingesetzt sehen, um die Gefahr von Luftangriffen zu mindern. Cunninghams offensichtliches Verständnis blieb aber unglücklicherweise ohne Konsequenz. Obwohl die Fulmars der *Illustrious* den feindlichen Aufklärer vom Himmel holten, konnten sie nicht verhindern, dass ein Bericht über die Position des Trägers abgesetzt wurde. Zwei angreifende SM79 Torpedobomber der Italiener verfehlten zwar die *Illustrious*, lockten aber die patrouillierenden Abfangjäger auf geringe Flughöhe. Davon profitierten Stukas der Luftwaffe, deren Herabstoßen die Fulmars nichts mehr entgegenzusetzen hatten, ihre Steigrate war für einen Abfangversuch zu gering. Die *Illustrious* steckte erst einige leichtere Treffer weg, dann geschah das Unvermeidliche: Eine einzelne 500-kg-Bombe durchschlug das Flugdeck, zerstörte oder beschädigte jedes Flugzeug im Hangar und tötete die meisten dort arbeitenden Männer. Feuer brach aus. Drei weitere direkte Treffer und

sechs Nahkrepierer behinderten die Lösch- und Reparaturarbeiten. Die Steuerung der *Illustrious* war beschädigt, Flugzeug- und Munitionsaufzüge zur Gänze zerstört.

Nur der gepanzert Rumpf, obwohl ebenfalls durchschlagen, bewahrte die *Illustrious* vor dem Untergang. Mit seemännischem Geschick, bei akribischer Überwachung der Schäden, gelang, wenn auch schwerfällig, die Fahrt nach Malta – wo sie wieder Bomben erwarteten. Am 23. Januar entwischte die *Illustrious* aus dem Hafen, nahm Kurs auf Alexandria und steuerte nach einer Passage durch den Suezkanal die Docks der US Navy in Norfolk, Virginia, an, wo sie eher neu aufgebaut als repariert wurde. Damit war bis März, als die *Formidable*, ein weiterer Träger mit gepanzertem Deck, zu ihrer Entlastung eintraf, nur die *Eagle* im Mittelmeer. Die Flugzeuge des neuen Trägers standen bald im Kampfeinsatz. Am 27. März meldete eine Sunderland der RAF die Sichtung von Einheiten der italienischen Flotte südwestlich von Kreta. Bereits am Nachmittag verließ die *Formidable* Alexandria, die Schlachtschiffe *Barham*, *Warspite* und *Valiant* im Geleit. Sie hatte 13 Fulmars sowie 10 Fairey Albacores (dem Flugzeug, das die Swordfish ablösen sollte) und vier der allseits bereiten

UNTEN: Die mit einem zum Schutz vor feindlichen Bomben schwer gepanzerten Flugdeck ausgerüstete HMS *Illustrious* war das erste Schiff jener Klasse, der sie ihren Namen gab.

Swordfish als Offensivkräfte an Bord. Der Träger war von entscheidender Bedeutung, da Admiral Cunningham mit den Flugzeugen die italienische Flotte in Bedrängnis bringen, zu ihr aufschließen und sie in der Schlacht stellen wollte.

Am nächsten Morgen flogen um 11:25 Uhr sechs Albacores den ersten Torpedoangriff. Sie kamen gerade recht, um die Italiener abzulenken, da das Schlachtschiff *Vittorio Veneto* und die schweren Kreuzer, die es begleiteten, die britische Vorhut aus Kreuzern und Zerstörern in arge Bedrängnis zu bringen drohten. Drei Albacores griffen den Bug der *Vittorio Veneto* an steuerbord an. Als diese wendete, um zwischen den Spuren der Torpedos durchlaufend zu entkommen, flogen die drei anderen Flugzeuge den Bug von backbord an und gaben ihre Waffen frei. Obschon keiner der Torpedos traf, ließ die Attacke die Italiener die Verfolgung der britischen Schiffe aufgeben. Nach diesem vielversprechenden Start zeigten sich aber bald bei der *Warspite* Maschinenprobleme, sodass eine Verlangsamung der Italiener an Bedeutung gewann. Unmittelbar

nach der Rückkehr der ersten Angriffswelle zur *Formidable*, um 12:20 Uhr, startete man einen weiteren Torpedoangriff. Die Landung der ersten Welle wurde dadurch interessant, dass man zugleich einem Angriff italienischer SM 79 entgehen musste. Einmal mehr gelang diesen kein einziger Torpedotreffer.

Um 15:10 Uhr, als die zweite Gruppe den Feind sichtete, erschienen auch leichte Blenheim-Bomber der RAF über den Italienern. So konnten drei Albacores fast unbemerkt anfliegen. Die erste Albacore wurde nahezu unmittelbar, nachdem sie ihren Torpedo abgeworfen hatte, abgeschossen, sodass die Besatzung nicht sehen konnte, wie ihr Torpedo traf. Die Explosion riss ein Loch in die Seite der *Vittorio Veneto*, mehrere Zellen wurden geflutet. Zwei Swordfish griffen die gegenüber liegende Seite des Schlachtschiffs an, zwei Fulmars der Jägereskorte lenkten mit ihren Maschinengewehren die Geschützbesatzungen an Deck ab. Obwohl die Swordfish keinen Treffer erzielten, war der Angriff ein Erfolg. Die *Vittorio Veneto* nahm langsam Wasser, stoppte dann und schien bewegungsunfähig im Wasser zu

OBEN: Eine frühe Supermarine Seafire, noch ohne faltbare Tragflächen, wird vorsichtig in einen Hangar ihres Trägers manövriert. 1941 war der Bedarf an seegestützten Hochleistungsjägern so drängend, dass die Navy erste Seafires ohne klappbare Tragflächen abnahm, obwohl dadurch die Zahl der Maschinen auf den Trägern sank und die Probleme bei der Handhabung stiegen.

USS *Wasp*

liegen. Dies hätte fatal enden können, aber nach wenigen Minuten nahm das Schiff wieder Fahrt auf, noch bevor sich britischen Überwassereinheiten nähern konnten.

In der Abenddämmerung startete die *Formidable* mit sechs Albacores und zwei Swordfish einen weiteren Angriff, die Crews hatten Befehl, danach auf Landbasen aufzusetzen. Da ihre Waffen erst zum Einsatz kamen, als es schon fast dunkel war, konnte man das Ergebnis unmöglich verifizieren. Tatsächlich war der Kreuzer *Pola* getroffen worden und fiel hinter die Formation zurück. Darauf sandte der Kommandeur der Italiener, Admiral Iachino, zwei Kreuzer, *Zara* und *Fiume*, sowie zwei Zerstörer zu dessen Hilfe. Ein fataler Fehler, der vier Schiffe in Reichweite der britischen Flotte brachte. Spät nachts versenkten Cunninghams Schlachtschiffe beide Kreuzer und die Zerstörer. Die von Pech verfolgte *Pola* fiel am folgenden Morgen Torpedos zum Opfer.

Der Sieg bei Matapan bewies einmal mehr die Bedeutung trägergestützter Verbände für die Seekriegsführung. Erwähnenswert dabei ist, dass die Einsätze üblicherweise mit den Überwassereinheiten koordiniert, unabhängige Operationen, wie jene von Taranto, die Ausnahme waren. Dies wäre vielleicht anders gewesen, hätten Deutsche oder Italiener ebenfalls Träger besessen, sodass es zum Kampf Träger gegen Träger hätte kommen können. So aber stellten die Träger der Royal Navy einen wesentlichen Vorteil dar und hoben deutlich die Flexibilität der Flotte. Ein bedeutender Aspekt der völlig unter

schiedlichen Charakteristik des Geschehens in Mittelmeer und Atlantik im Vergleich zur Schlacht im Pazifik ist, dass die Deutschen keine große Flotte hatten.

VERSENKT DIE BISMARCK

Trägergestützten Flugzeugen gelang im Mai 1941 ein weiter Beweis ihrer Fähigkeit, die Lage zum Vorteil der Royal Navy zu nutzen, bei der nahezu epischen Verfolgungsjagd der *Bismarck*. Die Admiralität hatte begründete Sorgen, dass deutsche Überwassereinheiten die Konvois bedrohten, und legte größten Wert auf die permanente Beobachtung der *Bismarck* und anderer deutscher „Westentaschen-Schlachtschiffe". Die Deutschen planten, starke Einheiten für Überfälle auf alliierte Konvois zu konzentrieren, aber die Schäden der *Scharnhorst* hatte ihren Ausfall zur Folge. Am 6. April wurde auch die *Gneisenau* durch einen Torpedoangriff der RAF im Hafen beschädigt, vier Tage später folgte ein erfolgreicher Bombenangriff. Dies schränkte die Möglichkeit der Aufstellung einer schlagkräftigen Kampfgruppe gegen Konvois stark ein, aber Großadmiral Erich Raeder, der Kommandeur der Kriegsmarine, wollte die *Bismarck* und die *Prinz Eugen* einsetzen, auch wenn die Kampfkraft nicht den Wünschen entsprach. Die Nachricht, die beiden wären am 18. Mai in See gestochen, erreichte London, ein schwedischer Zerstörer hatte sie gesichtet. Der Einsatztruppe der Admiralität gehörten unter anderem die Schlachtschiffe *King George V.* und *Repulse*, der Schlachtkreuzer

Wasserverdrängung:	35.438 Tonnen	**Geschwindigkeit:**	32,7 Knoten	
	(bei voller Beladung)	**Bewaffnung:**	zwölf 127-mm- und	
Größte Länge:	265,79 m		32 40-mm-Geschütze;	
Größte Breite:	28,35 m		46 20-mm-Kanonen	
Tiefgang:	7,01 m	**Besatzung:**	1.268	
Antrieb:	Dampfturbinen;	**Flugzeuge:**	91–100	
	8 Kessel, 4 Wellen			

Hood und die HMS *Victorious* an. Die *Victorious* hatte demontierte Hurricanes für den Mittleren Osten an Bord, ihre Luftgruppe war auf neun Swordfish und sechs Fulmar reduziert. Die Jagd begann am 23 Mai um 19:22 Uhr, der Kreuzer *Suffolk* sichtete die *Bismarck* und die *Prinz Eugen*. Der Kontakt ging kurz verloren, aber die *Suffolk* machte die *Bismarck* ein weiteres Mal aus, die *Hood* und das Schlachtschiff *Prince of Wales* brachten sich in Angriffsposition.

Am Morgen des 24. Mai, kurz vor 6 Uhr, eröffnete die *Hood* das Feuer auf die *Bismarck*. Die Schlacht war kurz: Nur acht Minuten nach dem ersten Schuss schlug die fünfte Salve der *Bismarck* in die *Hood* ein, die von einer enormen Explosion zerrissen wurde. Sobald die *Hood* zu sinken begann, konzentrierten die *Bismarck* und die *Prinz Eugen* ihr Feuer auf die *Prince of Wales* und zwangen sie zum Abdrehen. Der Verlust der *Hood* war ein schwerer Schlag für den Stolz der Briten, bald aber ergab sich Gelegenheit zur Rache. Obwohl die *Bismarck* leicht beschädigt war und etwas Treibstoff verlor, befahl Admiral Lütjens, der die deutsche Operation leitete, die Fortsetzung des Einsatzes. Schon um 22 Uhr gelang einigen Swordfish der *Victorious* ein einzelner Torpedotreffer mittschiffs, der jedoch keine Wirkung hatte. Im Lauf des Abends verloren die Briten den Kontakt zur *Bismarck*, welche nun Kurs auf den Golf von Biskaya nahm und damit einigen Abstand zu den Briten gewann. Nachdem man einen Tag fürchtete, dass die *Bismarck* entkommen

sei, wurde sie von einem Catalina Flugboot der RAF entdeckt. Bald erreichten Swordfish der *Ark Royal* (die Teil der Force H war) den Schauplatz und übernahmen die Beschattung. Die Force H näherte sich dem Feind auf 80,5 km und sandte ihre Swordfish in den Kampf. Der Angriff schlug fehl. Es war den Piloten nicht bekannt, dass die HMS *Sheffield* im gleichen Gebiet war, irrtümlich attackierten sie diese. Glücklicherweise waren die Torpedos der Swordfish unzuverlässig: fünf zündeten vorzeitig, den übrigen entkam die *Sheffield* problemlos. Die beschämten Mannschaften kehrten zur *Ark Royal* zurück und wurden für einen weiteren Angriff bewaffnet. Er begann um 19:15 Uhr. Nur zwei Stunden später sichtete man die *Bismarck* und griff an. Ein Torpedo traf das Heck, und das reichte: Die Steuerung der *Bismarck* fiel aus, die britische Flotte konnte aufschließen. Am Morgen des 27. Mai eröffneten die Schlachtschiffe *Rodney* und *King George V.* das Feuer. Die *Bismarck* wurde schwer beschädigt, ab 10 Uhr schwiegen ihre Waffen. 15 Minuten später wurde der Beschuss eingestellt, der Zerstörer *Dorsetshire* näherte sich und versenkte die *Bismarck* mit Torpedos. Einmal mehr hatten zwar Schiffe den Kampf gewonnen, aber ohne den Einsatz trägergestützter Flugzeuge hätte das Ergebnis möglicherweise ganz anders ausgesehen.

DIE JAGD AUF U-BOOTE
Mit der Versenkung der *Bismarck* änderte sich auch die Einsatzstrategie des Fleet Air

Arm. Die Bedrohung durch Überwassereinheiten war gesunken, aber die Zahl der durch U-Boote versenkten Schiffe stieg, und damit entstand Bedarf an einer neuen Trägerklasse: Eskortenträger. Im September 1941 wurde der erste von ihnen, die HMS *Audacity*, in Dienst gestellt. Die *Audacity* entstand durch Umrüstung eines gekaperten deutschen Linienschiffs, sie hatte die wahrscheinlich komfortabelsten Quartiere, die es je an Bord eines Schiffes der Royal Navy gab. Binnen zwei Monaten bewies sich ihr Wert. Nachdem sie im November den Konvoi OG76 durch den Abschuss eines Seeaufklärers Fw 200 Condor verteidigt hatte, wurde die *Audacity* Anfang Dezember Konvoi HG76 zugeteilt und erlebte mit ihm eine kurze, aber heftige Schlacht. Die *Audacity* lief mit der von Captain F. J. Walker kommandierten Eskorte und stand nahezu sofort im Kampf. Am 17. Dezember, drei Tage nachdem der Konvoi ausgelaufen war, sichtete eine Martlet der *Audacity* ein aufgetauchtes U-Boot. Der Pilot griff an, wurde jedoch abgeschossen. Durch das Gefecht konnte das U-Boot nicht rechtzeitig abtauchen, es wurde von einer Eskorte gerammt und versenkt. Damit begann eine viertägige Schlacht, in der zwei Fw 200 abgeschossen und drei U-Boote versenkt wurden. Aber das Ende war unglücklich: Am 21. Dezember, wurde die *Audacity* aufgrund eines Fehlers durch eine Leuchtrakete von einem Zerstörer beleuchtet, ein U-Boot nutzte die Chance und versenkte den Träger. Trotz dieses Desasters hatte sich der Wert von Eskortenträgern erwiesen. Zwar konnten die Träger

U-Boote nicht alleine abwehren, aber ihre Flugzeuge zwangen die Deutschen abzutauchen, was ihre Leistungsfähigkeit minderte und die Beschattung von Konvois sowie die Aufgabe, andere U-Boote per Funk herbeizurufen, erschwerte. Die kleine Jägertruppe an Bord konnte sich Feindflugzeugen entgegenstellen und bot so den Konvois den Luftschutz, der bisher gefehlt hatte.

Der erste, auch als solcher entworfene Eskortenträger, die HMS *Archer*, wurde am 17. November 1941 abgenommen und startete ihr Einsatzleben gut: Ihre Flugzeuge versenkten U572, das Konvoi HX239 angriff. Ab Dezember 1941 lief das Bauprogramm für Eskortenträger auf Hochtouren: Nach 10 Trägern der Attacker-Klasse, die aus Zeitgründen Rümpfe von Frachtern erhielten, wurde ab April 1942 die Ruler-Klasse mit 20 Schiffen in Dienst gestellt. Die Träger waren nicht so komfortabel wie die *Audacity*, entsprachen aber den Standards der US Navy und waren daher bequemer (und weitaus beliebter) als von Briten gebaute Schiffe.

Die Einführung der Eskortenträger wirkte sich nahezu sofort auf die Sicherheit der Konvois aus, vor allem jener, die nach Russland liefen. Während 1942 noch 32 Schiffe deutschen Luftangriffen zum Opfer fielen, konnten die Deutschen danach bis 1945 keinen einzigen Erfolg erzielen. Erste britische Erfolge gab es beim Konvoi PQ18 am 9. September 1942. Die Sea Hurricanes der HMS *Avanger* schossen fünf Feindflugzeuge ab, drei weitere wurden wahrscheinlich zerstört, über ein Dutzend beschädigt. Auch die HMS *Chaser*, die im März 1944 Konvoi

HMS *Courageous*

RA57 begleitete, ist ein Beispiel eines erfolgreichen Eskortenträgers. Am 4. März griff eine Swordfish des Trägers U472 mit Raketen an. Das U-Boot sank zwar nicht, war aber zu stark beschädigt, um abzutauchen, und wurde von der HMS *Onslaught* mit Geschützfeuer belegt. Tags darauf führte ein Raketenangriff zur Versenkung von U336. Nicht einmal 24 Stunden vergingen, bevor auch U973 durch Raketen zerstört wurde. Die Besatzung der Swordfish rundete den Erfolg noch in der Abenddämmerung ab und beschädigte ein weiteres U-Boot.

HMS *Activity* und HMS *Tracker* geleiteten die nächsten zwei Konvois. Ihre Maschinen zeichneten verantwortlich für die Zerstörung von mindestens sechs deutschen Flugzeugen, zwei U-Boote wurden versenkt und

OBEN: die HMS *Victorious*, im Einsatz im Mittelmeer während des Zweiten Weltkriegs, an Deck sowohl Hawker Sea Hurricanes als auch Fairey Fulmars. Ebenfalls bemerkenswert, ihre großkalibrigen Geschütze.

Wasserverdrängung:	26.518 Tonnen (bei voller Beladung)	Antrieb:	Dampfturbinen; 18 Kessel, 4 Wellen
Größte Länge:	239,73 m	Geschwindigkeit:	30,5 Knoten
Größte Breite:	27,58 m	Bewaffnung:	sechzehn 119-mm-Geschütze
Tiefgang:	7,32 m		
		Besatzung:	1.200
		Flugzeuge:	48

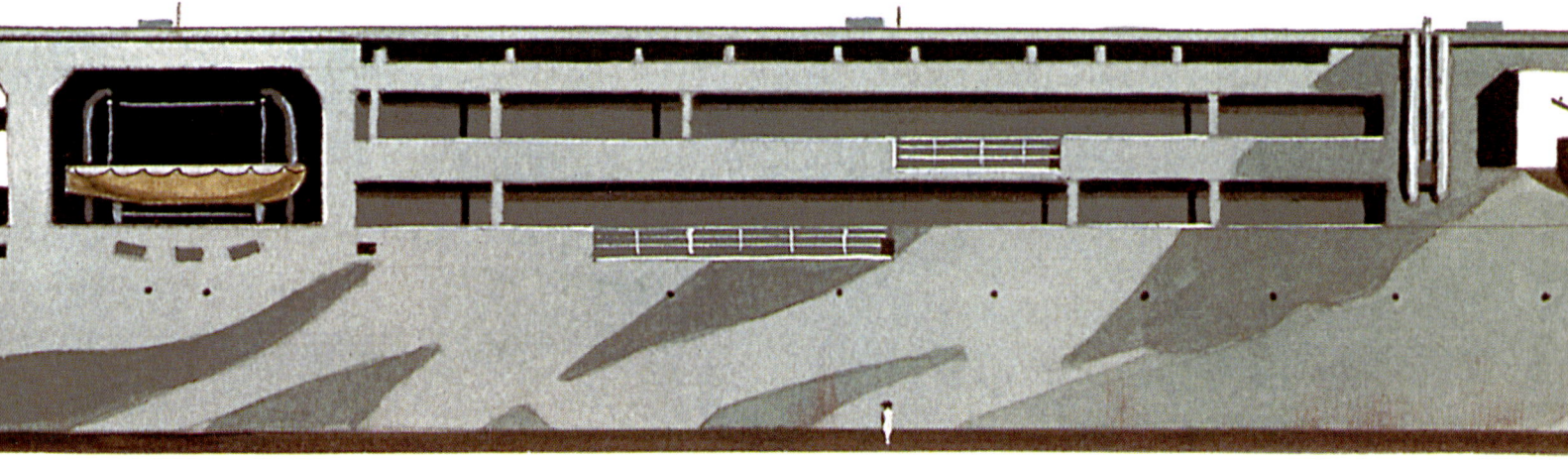

Wie die Fangdrähte sollte auch die Sicherheitsbarriere auf dem rudimentären Flugdeck Kollisionen mit geparkten Flugzeugen verhindern und defekte Maschinen nach der Landung vor einem Sturz über Bord bewahren.

Als streng nützlicher Umbau war die *Audacity* mit einem Flush-Deck, ohne Insel, ausgestattet. Sie hatte weder Hangar noch Aufzüge, so blieben die Flugzeuge einfach an Deck.

Britische Eskortenträger

Die Bedrohung der Konvois führte zu einem dringlichen Bedarf an Flugzeugen, um die Handelsschiffe, die Großbritanniens Lebensader darstellten, zu begleiten. Die Lösung: kleine Eskortenträger mit einer Handvoll Jägern und Flugzeugen zur U-Boot-Abwehr.

HMS *Audacity*

Eskortenträger hatten Swordfish zur U-Boot-Abwehr und Martlets als Jäger an Bord. Auf Patrouillenfahrten fehlten die Swordfish, damit die *Audacity* eine Höchstzahl an Jägern unterbrachte.

zwei beschädigt, die ihre Angriffe abbrechen mussten. Im Mai 1944 eskortierten *Fencer* und *Activity* Konvoi RA59 und versenkten in zwei Tagen drei U-Boote. Diese Leistungen werden in Arbeiten über Flugzeugträger oft und zu Unrecht vergessen: 1944 waren Eskortenträger die tragende Kraft bei Einsätzen, aber nicht nur bei der Jagd auf U-Boote und als Geleitschutz von Konvois, manchmal spielten sie auch eine größere Rolle: Das klassische Beispiel war 1944 der Versuch zur Versenkung der *Tirpitz*, der letzten ernsthaften Bedrohung, die Deutschland zur See aufbieten konnte.

„TUNGSTEN", „MASCOT" UND „GOODWOOD"

Nach dem Untergang der *Bismarck* geriet die *Tirpitz* ins Zentrum der Aufmerksamkeit der Admiralität. Man fürchtete, dass die *Tirpitz* dort Erfolg haben könne, wo die

Bismarck versagt hatte, und Ernte unter den Konvois machen würde. Im März 1942 blieb ein Angriff mit Flugzeugen der HMS *Victorious* ohne Erfolg. Dies war die einzige Gelegenheit, die der Fleet Air Arm zu einem Angriff der *Tirpitz* auf See hatte. Das Schlachtschiff lief zwar im Juli 1942 noch einmal aus, mit der Absicht, Konvoi PQ17 anzugreifen, der bereits durch U-Boot- und Flugzeugtreffer schweren Schaden genommen hatte, als jedoch klar wurde, dass die *Victorious* eine ernste Bedrohung bei der Home Fleet war, kehrte die *Tirpitz* in den norwegischen Hafen zurück. Ein für März 1943 geplanter Angriff auf die *Tirpitz* unterblieb, da der Träger HMS *Dasher* wegen sich entzündender Treibstoffdämpfe explodierte.

12 Monate später plante man wieder einen Angriff, diesmal unter Einsatz neuer Flugzeuge. Man rüstete den 9. und 52. Torpedo Bomber Reconnaissance (TBR) Wing

RECHTS: Eine Supermarine Seafire IIC über der HMS *Indomitable*. Die Seafire war in der Luft ein ebenso guter Jäger wie ihr landgestützter Cousin, die Spitfire. Ihr enges und etwas zierliches Fahrwerk machte allerdings Landungen an Bord der Träger schwierig.

mit der trägen Fairey Barracuda aus und schiffte die Maschinen nach einigen Übungsangriffen auf Scheinziele in Schottland auf ihren Trägern ein. Der *Furious*, die langsam das Ende ihrer furiosen Karriere erreichte, wurden die No. 830 und 831 Sqn mit je neun Flugzeugen zugeteilt, während 24 Barracudas mit der No. 827 und 829 Sqn an Bord der HMS *Victorious* gingen. Die *Tirpitz*, die sechs Monte vorher, als sie im Kaafjord ankerte, bei einer begrenzten, doch wagemutigen U-Boot-Aktion Schaden genommen hatte, war wieder repariert und im

April 1944 in den Altenfjord verlegt worden. Am Morgen des 3. April erreichten die *Furious* und die *Victorious* ihre Position in 193 km Distanz vom Fjord. Sie wurden von den Eskortenträgern *Emperor*, *Fencer*, *Pursuer* und *Searcher* begleitet. Die ersten drei trugen je zwei Jagdgeschwader mit einer Mischung von Grumman Hellcats, Wildcats (den Namen „Martlet" hatte man aufgegeben) und Vought Corsairs. Die Hellcat und Corsair waren extrem robust und bestens bewaffnet, neben ihren sechs 12,7-mm-Maschinengewehren konnten sie

HMS *Nairana*

Vorwiegend zum Einsatz gegen Flugzeuge hatte die *Audacity* vier 20-mm-Kanonen, die auch gegen aufgetauchte U-Boote gute Dienste leisteten.

OBEN: In den ersten Kriegsjahren führte der Mangel an Flugzeugträgern, die Luftschutz für Konvois hätten geben können, zu einer Zwischenlösung: Handelsschiffe erhielten kurze Katapultschienen. Mittels eines Raketenmotors wurde eine Hurricane gestartet, um feindliche Aufklärer abzufangen. Da es kein Flugdeck zum Landen gab, musste der Pilot nach dem Einsatz notwassern oder sich mit dem Fallschirm retten.

udacity (ein umgebauter
pfer) war eine
gangslösung. So war
ihre Defensivbewaffnung
udimentär. Mittschiffs
en einzelne, nach vorne
htete Zweipfünder
iert, die die anderen
hütze unterstützten.

Damit das Flugdeck frei
blieb, wurde zum Senden
von Funksignalen ein
Teleskopmast angebracht.

Sowohl die *Nairana* als auch
die *Audacity* trugen am Heck
ein einzelnes 114-mm-Ge-
schütz – eine nützliche Waffe
gegen aufgetauchte U-Boote.

auch eine respektable Bombenlast tragen. Die *Searcher* hatte zum Schutz der Trägergruppe ein gemischtes Geschwader mit Swordfish und Wildcats an Bord. Am 3. April erfolgte um etwa 4:25 Uhr der Befehl zum Beginn der Operation „Tungsten". 40 Jäger begleiteten die Barracudas. Die Wildcats und Hellcats stürzten sich auf die *Tirpitz* und belegten sie mit Feuer, während die Corsairs Höhe hielten, um das Eingreifen deutscher Jäger zu verhindern. Als die Barracudas des No. 9 TBR Wing angriffen, setzten sie sechs direkte Treffer ins Ziel. Ihnen folgte eine Stunde später der No. 52 TBR-Wing, doch das Überraschungselement war verloren: Die Deutschen verbargen mit Nebeltöpfen das Ziel. Trotzdem erzielte diese Welle acht Treffer. Eine dritte Attacke wurde abgebrochen, da die Männer nach den ersten Einsätzen zu erschöpft waren, weitere geplante Angriffe wegen Schlechtwetters abgesagt.

Erst am 17. Juli war ein neuer Angriff möglich, Codename „Mascot". Wieder kamen die Squadrons No. 827 und 830 zum Einsatz, dieses Mal von der *Formidable*, No. 820 und 826 waren der *Indefatigable* zugeteilt. Ein deutscher Beobachtungsposten entdeckte die angreifenden 44 Barracudas und 48 Jäger, wieder wurde ein Nebelvorhang über

den Fjord gelegt. Bombenangriffe waren damit beinahe unmöglich, lediglich ein Nahkrepierer war zu verzeichnen. Im August flog man unter dem Codenamen „Goodwood" weitere Angriffe. Die *Furious*, die *Indefatigable* und die *Formidable* stellten Barracudas sowie aus Corsairs, Hellcats, Seafires und dem neuen zweisitzigen Jäger Fairey Firefly gebildete Jagdeskorten. Die Geleitträger *Nabob* und *Trumpeter* hatten zum Schutz der Träger eine gemischte Gruppe aus Grumman Avanger und Wildcats an Bord. Am 22. August wurde „Goodwood I" wegen Schlechtwetters zum Misserfolg, ein am Abend von Hellcats vorgetragener Einsatz („Goodwood II") hatte ähnlich Pech. Die *Nabob* wurde torpediert und ging in langsamer Fahrt auf Heimatkurs.

Zwei Tage später befahl man „Goodwood III": 33 Barracudas, jede mit einer 726-kg-Bombe, sowie eine Eskorte aus Corsairs und Hellcats (einige mit 227-kg-Bomben). Trotz des Rauchvorhangs durchschlug eine der von den Barracudas geworfenen Bomben das Deck der *Tirpitz*, aber sie detonierte nicht. Auch eine Bombe der Jagdeskorte fand ins Ziel – und bewirkte ebenso wenig. Bei „Goodwood IV", am 29. August, brachte neuerliches Schlechtwetter nur noch mehr

UNTEN: Mannschaften bei einer Einsatzbesprechung am 3. April 1944 vor einem Angriff auf das deutsche Schlachtschiff *Tirpitz*. Da die *Tirpitz* in einem norwegischen Fjord lag, verwendete man bei der Einweisung ein Relief. Der Fleet Air Arm erzielte bei zahlreichen Angriffen gegen das Schiff mehrere Treffer. Dabei wurde das Schiff zwar beschädigt, letztendlich aber versenkten es Lancaster Bomber der No. 9 und 617 Squadron, RAF.

Frustrationen, sodass man die Angriffe einstellte. Trotz der Misserfolge hatte der FAA jedoch seine Fähigkeit zu groß angelegten Aktionen bewiesen. Aber auch die *Tirpitz* sollte nicht viel länger überleben. Lancaster Bomber der Squadrons No. 9 und 617 RAF warfen am 12. November 1944 28 panzerbrechende „Tallboy"-Bomben, jede zu 5442 kg. Zwei davon trafen, das Schiff kenterte.

Mit dem Ende der *Tirpitz* konzentrierte sich der Fleet Air Arm erneut auf die wichtigen Eskortenaufgaben, man begann, zur Unterstützung eines Letztschlags gegen Japan einen Einsatz im Pazifik vorzubereiten.

TRÄGER IN EUROPAS GEWÄSSERN

Der Krieg im Atlantik und im Mittelmeer unterschied sich völlig von dem im Pazifik, der von Anfang bis Ende durch massiven Trägereinsatz und -schlachten geprägt war. Dies beruhte zum einen darauf, dass weder Deutsche noch Italiener Träger hatten, zum anderen hatte die britische Flotte nie einen so lähmenden Schlag wie Pearl Harbour hinnehmen müssen. Da die Schlachtschiffe der Royal Navy nicht mit einem Schlag ausgelöscht wurden, konnte man die Seekriegsführung auf eher traditionelle Art planen und Flugzeuge vor allem zur Unterstützung von Überwassereinheiten einsetzen. Trotzdem waren Flugzeugträger lebenswichtig: Sie trugen zu den Siegen von Taranto, Matapan und gegen die *Bismarck* bei; im ersten Fall handelten sie sogar alleine. Ihre wichtigste Rolle spielten sie aber wahrscheinlich in der Atlantikschlacht, wo kleinere, nahezu unbekannte Eskortenträger die lebenswichtigen Konvois nach und von England begleiteten, deutsche U-Boote in Bedrängnis brachten und sie hinderten, Handelsschiffe anzugreifen. Darüber hinaus unterstützten die Träger amphibische Operationen, bei den wichtigsten, „Torch" und „Husky" 1942 und 1943, sicherten sie die Invasion Nordafrikas und Siziliens. Obwohl dieser Rolle der Träger meist weniger Augenmerk zuteil wird als ihrem Kampf im Pazifik, muss man darauf hinweisen, dass sie einen entscheidenden Beitrag zum Sieg in Europa leisteten, auch wenn sie nie in jenem Ausmaß präsent waren, wie im Krieg gegen Japan.

OBEN: Eine Luftaufnahme der USS *Bogue*, einem der erfolgreichsten Eskortenträger des Zweiten Weltkriegs. Eskortenträger wurden gebaut, um Konvois aus der Luft sichern zu können. Flugzeuge der *Bogue* hatten einigen Erfolg in der Schlacht im Atlantik, sie und die Geleitschiffe ihrer Gruppe versenkten dreizehn U-Boote. Während der letzten Kriegsmonate wurde die *Bogue* zur Pazifikflotte überstellt, wo sie als Flugzeugtransporter diente.

DRITTES KAPITEL

VON PEARL HARBOR ZUR KORALLENSEE

Aus der Bedeutung, die der Pazifik für Japan und die Vereinigten Staaten hat, folgte, dass eine große Pazifikflotte von vitalem Interesse war. Beide Länder hatten den Wert von Flugzeugträgern erkannt, beide hatten 1941 mehrere in Dienst.

WÄHREND DER 30ER-JAHRE entwickelte sich Japan nach und nach zu einer militaristischen Gesellschaft: Die Armee wurde zur dominanten politischen Kraft, Militarismus und Nationalismus waren eng verbunden, dieser aggressive politische Hintergrund ermunterte Japan zu militärischen Abenteuern in China, deren Ziel die Eroberung der Mandschurei war. Bald wurde der japanischen Führung klar, dass ihr Vorgehen, insbesondere von Amerika, das enge Handelsbeziehungen mit China unterhielt, abgelehnt werden und Widerstand hervorrufen würde. Die japanische Regierung ignorierte die Proteste der anderen Länder und verließ auch den Völkerbund. Die westlichen Nationen versuchten, Japan zu stoppen, und verhängten ein Ölembargo.

LINKS: Ein Rettungsboot nähert sich den am 7. Dezember 1941 schwerst getroffenen Schiffen USS *West Virginia* und USS *Tennessee*. Obwohl ihr Angriff ein überwältigender Erfolg gewesen war, sollten die Japaner noch einen hohen Preis dafür bezahlen, da sie die Fähigkeit der Amerikaner zum Gegenschlag nicht ausschließen hatten können.

Es gab eine Lösung: Ein japanischens Großreich, zu dem praktisch ganz Südostasien zählen sollte, würde den Zugriff auf immense Rohstoffvorräte sichern. Dies würden aber die USA kaum hinnehmen, eine Gefahr, da in einem längeren Krieg die USA ihre Industriekapazität voll mobilisieren und somit Japans Niederlage besiegeln könnten. Die größte Bedrohung für Japans Ambitionen stellte die US Navy dar, aber in Europa stationierte Marineoffiziere hatten breit über den Angriff des Fleet Air Arm auf Taranto berichtet. Man kann nicht sagen, dass Admiral Yamamoto, Oberkommandierender der japanischen Flotte, die Idee einfach kopierte, doch er sah seine Ansichten bestätigt und schlug vor, die amerikanische Pazifikflotte im Heimathafen Pearl Harbor zu versenken und mit dieser tollkühnen Aktion die USA aus dem Krieg zu halten.

EIN SCHWARZER TAG

Während japanische Diplomaten noch mit der US-Regierung verhandelten, bereiteten sich die Flugzeugbesatzungen der Imperial Japanese Navy (IJN) bereits auf den Angriff vor. Die Geografie von Pearl Harbor war bestens bekannt, die Japaner hatten zuverlässige Erkenntnisse über die Eigenschaften des Ziels. Sturzkampfbomber und Torpedoflugzeuge sollten die US-Flotte im Hafen

vernichten. Aus Mangel an panzerbrechenden Bomben stattete man 356-mm-Granaten von Schiffsgeschützen mit Flossen aus, die so zu 800-kg-Bomben wurden. Da man die Wirksamkeit von Lufttorpedos gegen große Ziele als relativ gering einschätzte, plante man diese in großer Zahl einzusetzen, um zu garantieren, dass genügend Schiffe versenkt oder zerstört würden. Ende November 1941 war alles bereit. Am Morgen des 26. machten sich sechs japanische Träger, zwei Schlachtschiffe und die anderen Kriegsschiffe, die zu Admiral Nagumos schneller Trägergruppe zählten von ihre Vorbereitungsposition auf den Kurilen nördlich von Japan auf die 4.827 km lange Reise. Die Träger hatten über 430 Flugzeuge an Bord, überwiegend Aichi-D3A-Sturzkampfbomber und Nakajima-B5N-Torpedoflugzeuge. Jagdschutz sollten Mitsubishi A6M (wegen ihrer zweiten Bezeichnung „Navy Typ 0" auch „Zero" genannt) geben. Das sollte die amerikanische Verteidigung ausschalten.

Die Flotte wählte eine nördliche Route, da man schlechtes Wetter und dichten Nebel zur Tarnung nutzen wollte. Um einen verfrühten Feindkontakt auszuschließen, bildeten U-Boote die Vorhut. Am 1. Dezember erhielt Nagumo die Freigabe zum Angriff, zwei Tage später war die letzte Betankung seiner Schiffe beendet. Die Angriffseinheit

UNTEN: Eine Luftaufnahme von Pearl Harbor vom 30. Oktober 1941. Sie lässt die Anlage der Marinebasis ebenso deutlich erkennen, wie die Schiffe, die rechts im Vordergrund den Hafen verlassen. Die Szenerie war am 7. Dezember 1941 sogar noch friedlicher, bis der vernichtende Angriff der Japaner begann.

erhöhte ihre Geschwindigkeit auf 25 Knoten. Die Vorbereitung war penibel, der Angriff für den Morgen des 7. Dezember geplant: ein Sonntag, an dem die Aufmerksamkeit geringer als unter der Woche sein würde.

442 km nördlich von Hawaii starteten die ersten Flugzeuge, allen voran Seeflugzeuge begleitender Kreuzer, die Aufklärungsarbeit leisten sollten. Die ersten Kampfflugzeuge hoben um 6 Uhr ab, binnen 15 Minuten waren über 180 Maschinen in der Luft. Die Japaner blieben keineswegs unentdeckt. Zwei mobile Radarbeobachter auf Opana hatten ein schwaches Signal geortet und verfolgten es bis 7 Uhr, dann erhielten sie Befehl, ihre Ausrüstung abzubauen. Sie meldeten, dass einige mysteriöse „Blips" auf ihren Radarschirmen aufgetaucht wären, und zeichneten die Annäherung auf: alles in allem ein gutes Stück Arbeit. Sie gaben diese Information – sie könnte ja von Bedeutung sein – telefonisch an ihr Hauptquartier durch, erhielten aber zur Antwort, dass man eine Gruppe von B-17 Flying Fortress des Army Air Corps erwartete und damit der Radarkontakt erklärt sei. Die Beobachter bauten befehlsgemäß ihre Anlage ab.

Als der Leiter der Angriffsgruppe, Kommandant Mitsuo Fuchida, mit seiner Maschine entlang der Westküste Oahus flog, erregte er bei den Menschen am Boden kaum Aufmerksamkeit. Etwa 10 Minuten vor 8 Uhr machte Fuchida an der Ostseite von Ford Island eine wie Perlen aufgefädelte Reihe von sieben kapitalen Schlachtschiffen aus, die in der Morgensonne glänzten. Die Besatzungen der Schiffe waren ahnungslos. Selbst wenn sie in der Lage gewesen wären, das volle Ausmaß der Spannungen zwischen den USA und Japan zu erfassen, wären sie unbesorgt geblieben, man saß ja gerade am Verhandlungstisch. Die Überraschung war vollständig, Fuchida gab nur wenige Augenblicke vor dem Beginn der Flaggenparade auf den amerikanischen Schiffen den Angriffsbefehl. Da man die Attacke wieder und wieder geübt hatte, war jeder Pilot genau an seinem Platz. Die Sturzkampfbomber formierten sich zu Abteilungen für den Angriff auf verschiedenste Küstenziele, vor allem Flugfelder. Jene Flugzeuge, die ihre Bomben aus großer Höhe abwerfen sollten, starteten den Zielanflug. Unter ihnen gingen die Torpedoflugzeuge in flachem Sinkflug auf die Positionen zur Freigabe der Torpedos.

Mit einem Bombenhagel auf die Flugfelder um Pearl Harbor begann der Angriff. Im nahezu selben Augenblick erreichten die Torpedoflugzeuge ihre Angriffshöhe, versicherten sich der korrekten Position und gaben den überraschten amerikanischen Seeleuten nur eine Chance: die deutlich sichtbaren Laufspuren der Torpedos zu beobachten. Fünf Schlachtschiffe – *West Virginia*, *Arizona*, *Nevada*, *Oklahoma* und *California* – wurden getroffen. Hoch über dem Geschehen wartete Fuchida noch immer auf eine Antwort der US-Flugzeuge, aber die Sturzkampfbomber hatten gute Arbeit geleistet. Auf sechs Flugfeldern waren beinahe 200 Flugzeuge zerstört, über 150 beschädigt worden, sodass nur eine Handvoll aufsteigen konnten.

Fuchidas Formation begann mit dem Bombardement, die Kombination von Torpedos

Shokaku

Wasserverdrängung:	32.619 Tonnen	**Antrieb:**	Dampfturbinen; 4 Wellen
	(bei voller Beladung)	**Geschwindigkeit:**	34,2 Knoten
Größte Länge:	257,5 m	**Bewaffnung:**	acht 127-mm-Zwillings- und
Größte Breite:	26 m		zwölf 25-mm-Drillingsgeschütze
Tiefgang:	8,9 m	**Besatzung:**	1.660
		Flugzeuge:	72

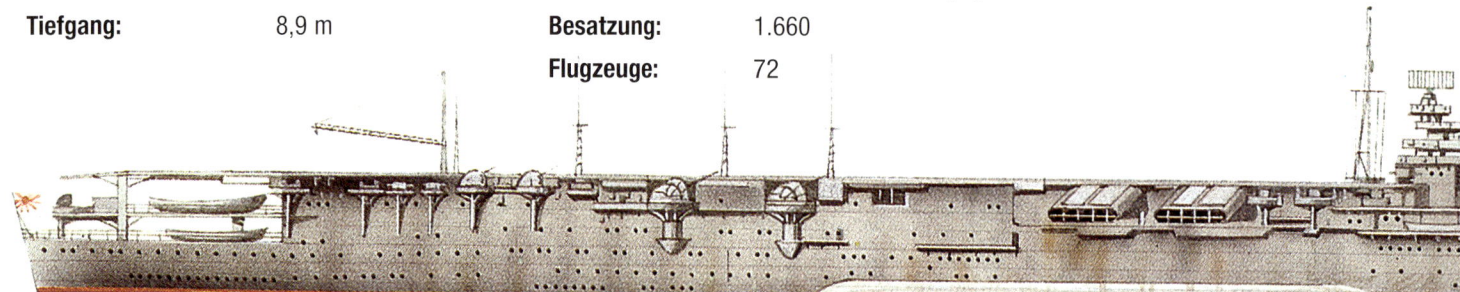

RECHTS: Die Yokosuka D4Y1 „Judy" war ein großer, mächtiger Sturzkampfbomber, der ab 1942 in Dienst gestellt wurde. Die ersten Flugzeuge kamen auch bei der Schlacht von Midway zum Einsatz, ihren ersten großen Kampf erlebten die DWY1 aber erst 1944, in der Schlacht um die Philippinensee. 2.033 Maschinen wurden gebaut, viel zu wenige, um die amerikanische Lufthoheit gefährden zu können.

und panzerbrechenden Bomben war furchtbar. Die *Arizona* wurde von einem Torpedo getroffen, dann durchschlug eine Bombe ihr Deck, explodierte im vorderen Magazin und zertrümmerte das Schiff. Hinter ihrem Heck trafen die *West Virginia* sechs Torpedos, sie begann zu sinken. Die *Tennessee* blieb von Torpedos verschont, wurde aber durch eine Bombe beschädigt. Die *Maryland* und *California* wurden schwer getroffen, letztere bekam zwei Torpedos ab und nahm Wasser. Als die erste Welle um etwa 8:25 Uhr abdrehte, stand die *West Virginia* in Brand und sank. Die *Arizona* war mit über tausend Mann auf Grund gegangen. Die *Oklahoma* kenterte und versank ebenfalls, während die *Tennessee* in Flammen stand, ihr Turm von einer Bombe durchlöchert. Das alte Ziel-Schlachtschiff *Utah* lag kieloben, während der leichte Kreuzer *Raleigh* wegen eines Wassereinbruchs und Lenzarbeiten so tief im Wasser lag, dass ihn nur die Trossen an der Oberfläche zu halten schienen.

Die USS *Nevada* war noch bewegungsfähig, aber bald kam die zweite Welle der Japaner. Nun waren die Verteidiger alarmiert und leisteten erbitterten Widerstand. Trotzdem trafen die Japaner die *California* noch zweimal, sie sank bis zum Niveau ihrer oberen Türme, die *Nevada* lief auf dem Strand auf. Zwei Zerstörer, die mit der *Pennsylvania* im Trockendock lagen, wurden zerstört, doch die Schäden an dem Schlachtschiff waren noch größer. Um 10 Uhr war alles vorbei. Die Japaner hatten beim Verlust von nur 29 eigenen Flugzeugen beinahe die ganze Pazifikflotte der Vereinigten Staaten zerstört – mit zwei wichtigen Ausnahmen.

Die beiden Flugzeugträger *Lexington* und *Enterprise* waren bei dem Überfall nicht im Hafen gewesen, letztere kehrte aber fast unmittelbar nach dem Angriff zurück. Wäre Nagumo dem Vorschlag seiner Piloten gefolgt, einen zweiten Angriff zu fliegen, hätte die *Enterprise* wahrscheinlich das Schicksal der anderen Schlachtschiffe teilen müssen.

Riesen geweckt zu haben. Er sollte Recht behalten.

EINE NEUE ART DER KRIEGFÜHRUNG

Der Verlust der Schlachtschiffe zwang die US Navy, ohne Wenn und Aber auf Flugzeugträger zu setzen, was unter anderen Umständen sogar deren vehementesten Befürworter überrascht hätte. Zwar wurden von den Japanern keineswegs alle Schlachtschiffe zerstört, die meisten waren zu reparieren, aber sogar jene mit den geringsten Schäden würden frühestens in sechs Monaten wieder einsatzfähig sein. So blieben ausschließlich Träger für eine Offensive. Die Konsequenz war die Bildung eines schnellen Trägerverbands. Die Größe der amerikanischen Träger war ein Vorteil, sie konnten eine große und schlagkräftige Abteilung aus Sturzkampf- und Torpedobombern an Bord nehmen, ein hocheffizienter Ersatz der großen Schiffsgeschütze. Was auf dem Papier als einfache Änderung erschien, war in der Praxis etwas komplizierter. Während der Standardaufklärer und Sturzkampfbomber der US Navy, die Douglas SBD Dauntless, ein herausragendes Flugzeug war, war ihr Torpedobomber vom selben Hersteller, die TBD Devastor, ebenso veraltet wie der zweite Aufklärer und Sturzkampfbomber, die Vought

Glücklicherweise waren auch die großen Öllager unbeschädigt geblieben: andernfalls wäre die amerikanische Flotte zum Rückzug an die Westküste der USA gezwungen gewesen, weit entfernt vom Kampfgebiet. Den Glückwünschen seiner Untergebenen hielt Yamamoto seine Sorge entgegen, er fürchte, mit der Attacke einen schlafenden

LINKS: Diese Aufnahme drei Tage nach dem Angriff der Japaner verdeutlicht das Ausmaß der Verwüstung. Die *Oklahoma* liegt kieloben, die Decks der *West Virginia* sind überflutet, die *Arizona* ist zur Gänze zerstört.

Aichi D3A „Val"

OBEN: Eines der beiden wichtigsten Flugzeuge, die im Dezember 1941 beim Angriff auf Pearl Harbur eingesetzt wurden, die Aichi D3A „Val", war in den ersten Kriegsmonaten die tragenden Kraft der Fliegergruppen der japanische Navy. 1943 war der Typ veraltet, allerdings kamen viele Maschinen bei Kamikazeangriffen auf alliierte Schiffe zum Einsatz.

SB2U Vindicator. Bei den Jägern war die Lage kaum besser. Die Grumman F4F Wildcat war in erfahrenen Händen ein würdiger Gegner japanischer Jäger, aber die Brewster F2B Buffalo konnte selbst mit den besten Piloten kaum überleben und wurde eingezogen. Nachfolger waren zwar bereits weit fortgeschritten, würden aber erst in einiger Zeit in Dienst gestellt werden können.

Der erste wichtige Kampfeinsatz der US-Träger war ein tollkühner Angriff gegen Japan selbst. Bis Mitte April 1942 erfreute sich Japan einer ungebrochenen Erfolgsserie. Die Gebietsgewinne waren enorm, darunter Malaysien, Singapur, die Philippinen und Niederländisch Ostindien. Corregidor drohte eine Invasion und die Briten standen knapp davor, aus Burma geworfen zu werden. Diese Schmach wurde noch dadurch verstärkt, dass die Royal Navy, bei einem Luftangriff im Dezember 1941, die *Prince of Wales* und die *Repulse* verloren hatte und am 8. April der Flugzeugträger *Hermes*, allerdings ohne eine Maschine an Bord, versenkt wurde. Man achtete die japanischen Soldaten und mancher fürchtete, ihr Vormarsch sei nicht aufzuhalten. Es überrascht kaum, dass dies ernste Auswirkungen auf die Moral der Alliierten hatte.

Ein Angriff auf das japanische Mutterland schien eine Möglichkeit, die Stimmung in Großbritannien und den USA zu bessern. Den Briten fehlten für einen Einsatz dieser Art Ausrüstung und Ressourcen. Die Lage in den Vereinigten Staaten war kaum besser, aber es gab die Möglichkeit, einen kleinen Schlag durchzuführen.

OPERATION DOOLITTLE

Der Plan war so frech wie simpel. Der neu in Dienst gestellt Träger *Hornet* sollte B-25 Mitchell Bomber des US Army Air Corps in die Nähe Japans und damit in Reichweite Tokios bringen. Nach dem Angriff sollten die Maschinen auf befreundetem Gebiet, in China, landen. Das klang einfacher als es war. Die Mitchell war schwerer als jedes andere Flugzeug, das je von einem Träger gestartet war, und nicht in der Lage, das Katapult (besser: den Beschleuniger) der *Hornet* zu verwenden. Sie müsste in der Hoffnung, dass ihre Geschwindigkeit reichte, um vom Deck abzuheben, frei starten. Der Kommandant der Angriffskräfte, Lieutenant-Colonel James Doolittle, war zuversichtlich. Intensive Tests bewiesen, dass er richtig lag, daher lief die *Hornet*, 16 Mitchells an Bord, am 2. April 1942 aus. In Begleitung der *Enterprise* näherte sie sich bis auf 998 km der Küste Japans, am Morgen des 18. April befahl Doolittle seine Mannschaften an Deck. Nach einem kurzen Fototermin gingen sie an Bord ihrer Flugzeuge. Die Mitchells, jede mit einem Gesamtgewicht von 14.059 kg, polterten über das Deck, von neugierigen Augen angespannt beobachtet. Innerhalb weniger Minuten hoben alle 16 Flugzeuge ab.

Die Männer erreichten Japan ohne größere Zwischenfälle und bombardierten Tokio. Dort war, auch wenn die Schäden klein blieben, die Bestürzung groß. Es war auch nicht das Ziel, große Zerstörung anzurichten, sondern die eigene Moral zu stärken. Alle Flugzeuge gingen, entweder durch Feindeinwirkung oder bei Notlandungen verloren, aber die meisten Besatzungsmitglieder überlebten und kehrten heim. Im Lauf des Krieges wurde Doolittle dem Oberkommando der US Army Air Forces in Europa zugeteilt. Wie vorgesehen, stieg die Moral in Amerika, während sich Japan gezwungen sah, die Verteidigung des Mutterlandes deutlich ernster als früher zu nehmen. Nur zwei Wochen später führten amerikanische Träger bei der Schlacht in der Korallensee einen weiteren Schlag gegen Japan.

DIE SCHLACHT IM KORALLENMEER

Der von Doolittle geführte Angriff war für Tokio zwar ein schweren Schock, änderte aber nichts daran, dass Japan im April 1942 das Kriegsgeschehen bestimmte. Der Erfolg war so groß, dass japanische Militärstrategen unter vielen Vorgehensweisen wählen konnten. Die erste Variante beruhte auf dem Wunsch der Armee, mit einer Offensive gegen Port Moresby zu beginnen und danach gegen die Salomonen, die Neuen Hebriden, Neukaledonien, Fidschi und Samoa vorzugehen, um Australien zu isolieren und ihm den Kriegseintritt unmöglich zu machen. Die Marine wollte entweder Indien und Ceylon oder Australien direkt angreifen. Admiral Yamamoto sprach sich für eine Operation gegen Midway und die Aleuten aus, weil er darin die beste Möglichkeit sah, den Rest der US-Flotte zu einer Entscheidungsschlacht zu zwingen. Ineinmal mehr,

einfach. Man bereitete einen Angriff auf die Midwayinsel vor. Midway war der westlichste Vorposten des Archipels von Hawaii, eine solche Bedrohung würden die Amerikaner niemals ignorieren können. So es den JapanMariine Marineeinheit unter Vizeadmiral Inouye in die Korallensee verlegt. Inouye kommandierte drei Träger, etwa 180 Flugzeuge und sechs Kreuzer. Die Streitmacht bestand aus drei Kampftrupps: Den Invasionseinheiten für Port Moresby, einer Sicherungsgruppe mit dem Träger Shoho und einer Hauptkampfgruppe unter Vizeadmiral Takagi, zu der die von Konteradmiral Hara befehligten Träger *Shokaku* und *Zuikahu* zählten. Takagis Einheit hatte Befehl, jede amerikanische Intervention zu verhindern.

Der Commander-in-Chief der US-Pazifikflotte, Admiral Chester W. Nimitz, wusste von dem geplanten Überfall auf Port Moresby, da der japanische Marinecode geknackt worden war. Nimitz beschloss, dem Feind in der Korallensee alle verfügbaren Schiffe entgegenzuwerfen. Rear-Admiral Frank Fletcher

UNTEN: Eine der bei der Operation Doolittle eingesetzten B-25 startet am 18. April 1942 vom Deck der *Hornet*. Der Angriff auf Tokio verursachte kaum Schäden, alle Flugzeuge gingen entweder durch Feindeinwirkung oder bei Notlandungen verloren. Trotz dieser nüchternen Tatsachen war der Einsatz kein Fehler: Die Japaner wurden durch den Bombenangriff verunsichert, das amerikanische Volk, wie vorgesehen, massiv ermutigt.

RECHTS: B-25 Mitchell Bomber, in Reih und Glied an Deck der USS *Hornet*, sind am 18 April 1942, für die berühmte Operation „Doolittle" gegen Tokio vorbereitet. Zu einer Zeit, als die Japaner von Sieg zu Sieg eilten, plante man diesen Angriff, um zu beweisen, dass Amerika zurückschlagen könne.

führte eine Kampfgruppe, zu der die *York-town* und *Lexington* zählten, in die Korallensee. Berichte über die japanische Landung in Tulagi auf den Unteren Salomonen (Melanesien) erreichten Fletcher am 3. Mai, worauf Kräfte der *Yorktown* nach Norden verlegte und einen Angriff für den nächsten Tag befahl. Die Dauntless und Devastors des Trägers starteten um 6:30 Uhr: In einem kurzen Kampf, der drei Flugzeuge kostete, versenkte man einen Zerstörer, drei Minenräumer und einige kleine Schiffe. In der folgenden kurzen Kampfpause positionierten

sich Amerikaner und Japaner neu, ohne dass eine Seite die andere entdeckte. Am Abend des 6. Mai begann die Port Moresby-Invasionsgruppe den Angriff, ihre linke Flanke wurde von der *Shoho* gedeckt. Takagis Streitmacht hielt sich in einiger Entfernung auf See bereit, um den Invasoren bei Bedarf Unterstützung geben zu können. Tags darauf am frühen Morgen empfahl Hara Takagi, Aufklärer loszuschicken und erst dann die Kampfgruppe zur Unterstützung der Invasion einzusetzen. Um 7:35 Uhr meldete ein Aufklärer die Präsenz eines Flugzeugträgers

Soryu

Wasserverdrängung:	20.117 Tonnen (Volllast)	**Geschwindigkeit:**	34,5 Knoten
Größte Länge:	227,5 m	**Bewaffnung:**	sechs 127-mm- und zwölf
Größte Breite:	21,3 m		25-mm-Zwillingsgeschütze
Tiefgang:	7,6 m	**Besatzung:**	1.100
Antrieb:	Dampfturbinen; 4 Wellen	**Flugzeuge:**	63

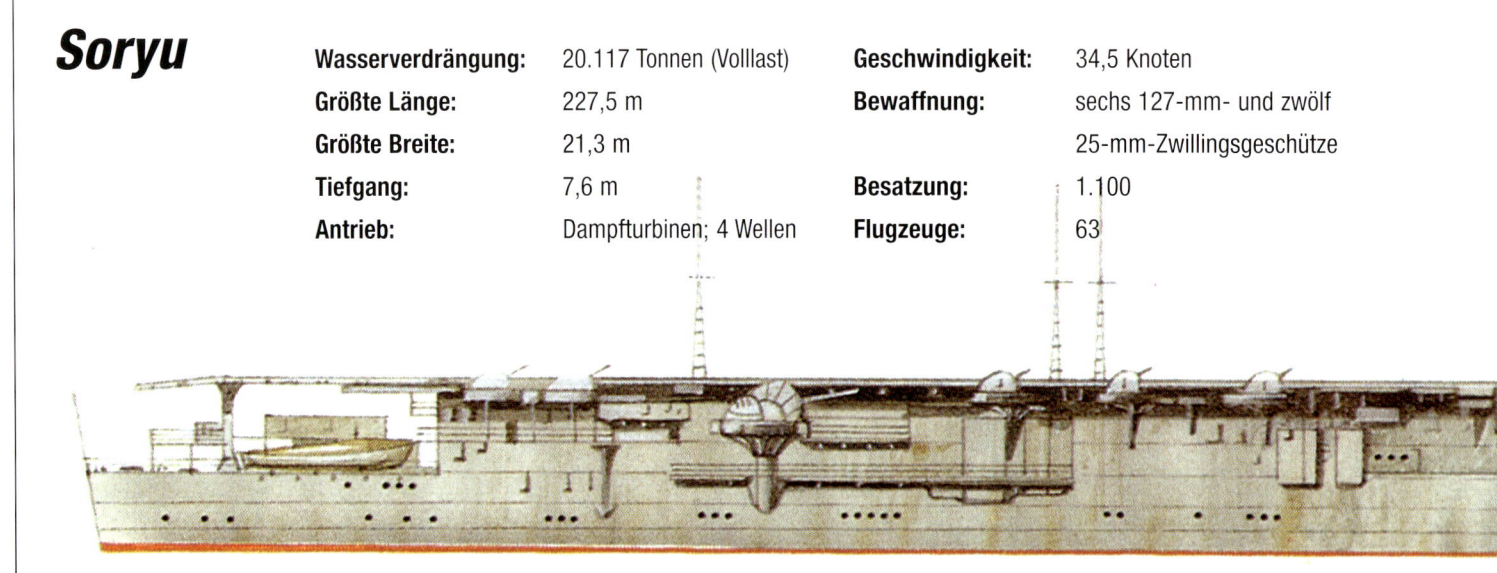

LINKS: Die Grumman F4F Wildcat war zu Beginn des Krieges der wichtigste Jäger der US-Marine. Obwohl ihr die japanischen Zero-Jäger überlegen waren, war die Wildcat, eine robuste, gut bewaffnete Maschine, in den Händen eines erfahrenen Piloten japanischen Flugzeugen ein mehr als nur ebenbürtiger Gegner.

und eines Kreuzers im östlichsten Quadranten des Suchgebiets. Hara sah keinen Anlass, diese Meldung zu bezweifeln, und befahl, mit maximaler Stärke gegen die zwei Schiffe vorzugehen. Tatsächlich handelte es sich dabei um den Zerstörer *Sims* und den Tanker *Neosho*. Das erste japanische Flugzeug griff um 9 Uhr an, eine Stunde später warfen 15 Bomber in großer Höhe ihre Last ab, die keines der Schiffe traf. Um 10:38 Uhr gelang es der *Sims* mit großem Geschick, neun Bomben auszuweichen, die gleichzeitig auf sie zustürzten. Gegen Mittag vollendet sich aber ihr Schicksal, als drei Dutzend Sturzkampfbomber eingriffen. Von drei Bomben getroffen sank der Zerstörer mit dem Heck voran. Zwanzig weitere Sturzkampfbomber griffen die *Neosho* an und erzielten sieben Treffer. Unglaublicherweise sank der Tanker nicht, sondern trieb vier Tage lang westwärts, bis ein Zerstörer seine Besatzung rettete.

Die Angriffe auf die *Sims* und die *Neosho* banden die japanischen Kräfte, sodass sie keine Gelegenheit zum Eingreifen hatten, als Fletcher gegen die *Shoho* vorging. Mit dem Befehl zum Angriff der Port Moresby-Invasionsgruppe war Fletcher ein großes Risiko eingegangen: zum einen reduzierte er die Stärke seiner schiffsgestützten Luftabwehr, zum anderen verlor seine Hilfsgruppe den gewohnten Luftschutz. Zum Glück beurteilten die Japaner die Lage falsch. Sie konzentrierten ihre landgestützten Flugzeuge im Einsatz gegen die Hilfsgruppe, ohne Erfolg. Während die landbasierten japanischen Flugzeuge nichts gegen die Träger ausrichten konnten, versuchten die Flugzeuge der *Shoho*, die amerikanischen Träger zu finden. Dies gelang ihnen um 8:30 Uhr, ein Angriff wurde vorbereitet. Andere Flugzeuge hatten die Hilfsgruppe ausgemacht, sodass sich Inouye um die Sicherheit seiner

Invasionsgruppe sorgte und ihr befahl, sich zurückzuziehen, bis seine Flugzeuge der Bedrohung durch die Amerikaner Herr geworden wären.

Auch Fletcher hatte Aufklärer entsandt, um 8:15 Uhr meldete einer zwei feindliche Träger und vier Kreuzer, etwa 362 km nordwestlich der amerikanischen Träger. Fletcher nahm an, dass dies eher die Hauptstreitmacht und nicht die Sicherungsgruppe sei, und befahl um 9:25 Uhr 93 Flugzeuge zum Angriff. Wenig später, als die letzte Maschine das Deck verlassen hatte und der Aufklärer um 10:30 Uhr gelandet war, erwies sich der Bericht über die Träger als Falschmeldung: Das Flugzeug war mit einem fehlerhaften Codeblock ausgestattet gewesen. Im Klartext sollte es nicht „Träger" sondern „Kreuzer" heißen. Fletcher war enttäuscht, ließ den Angriff aber fortsetzen, da er in der Nähe der vier Schiffe weitere profitable Ziele auszumachen hoffte.

Die Angriffsgruppe der *Lexington*, die sich weit vor den Flugzeug der *Yorktown* befand, näherte sich Misima Island, als der Kommandeur eines Dauntless-Geschwaders etwa 40 km an steuerbord einen Flugzeugträger ausmachte: die *Shoho*. Es war einfach, den Angriff umzuleiten. Beim ersten Anflug der Dauntless wurden nur fünf Flugzeuge vom Deck der *Shoho* ins Wasser gefegt, aber der Rest der Kampfgruppe folgte auf dem Fuß. Um 11:10 Uhr griffen zehn weitere Dauntless an, sieben Minuten später folgten die Devastators der *Lexington* mit ihren Torpedos. Um 11:25 Uhr traf auch noch die Gruppe der *Yorktown* ein. Dieser geballten Macht hatte die Shoho wenig entgegenzusetzen: Von 13 Bomben und sieben Torpedos getroffen, sank sie um 11:35 Uhr.

RUHE VOR DEM STURM

Nach dem Untergang der *Shoho* wollte Fletcher auf weitere Angriffe verzichten, da

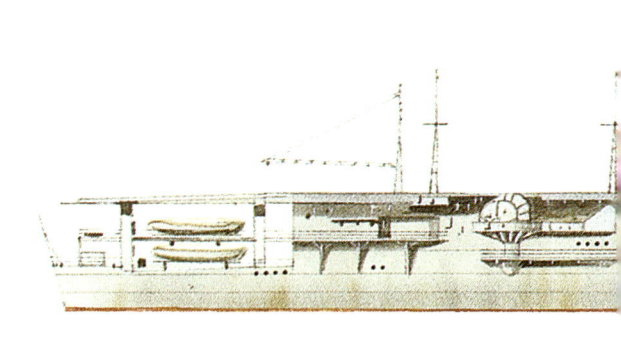

Hiryu

die Funküberwachung ergeben hatte, dass die Japaner seine Position kannten. Überdies hätte Schlechtwetter das Aufspüren der verbliebenen japanischen Schiffe erschwert, so setzte er Kurs nach West.

Da die Japaner die amerikanischen Träger aufzuspüren und zu versenken hatten, ließ Hara um 16:30 Uhr Flugzeuge der *Shokaku* und *Zuikaku* ausschwärmen. Die Ortung gelang aufgrund der Witterung nicht, aber sie trafen auf eine Luftkampf-Patrouille. Die amerikanischen F4F schossen 9 von 27 Flugzeugen der japanischen Angriffsgruppe ab, die daraufhin abdrehte. Etwa eine Stunde später überflogen einige Japaner die amerikanischen Träger, hielten sie jedoch irrtümlich für die eigenen Schiffe: Sie wurden erkannt, entkamen aber. Um 19:20 Uhr versuchten drei weitere japanische Flugzeuge sogar, auf der *Yorktown* zu landen, eines davon wurde abgeschossen. Als die überlebenden japanischen Maschinen gelandet waren, war die ursprüngliche Kampfgruppe auf sechs geschrumpft, elf Flugzeuge hatten beim Versuch einer Nachtlandung notwassern müssen.

UNTEN: Die A6M „Zero" wurde zurecht zum berühmtesten aller japanischen Kampfflugzeuge des Zweiten Weltkriegs. Sie war der erste trägergestützte Jäger, dessen Leistung den landgestützten Zeitgenossen entsprach. Ab 1940 wurde die nahezu unglaubliche Zahl von 11.280 Flugzeugen dieses Typs gebaut.

Mitsubishi A6M „Zero"

Wasserverdrängung:	22.251 Tonnen (Volllast)	Bewaffnung:	sechs 127-mm-Zwillingsgeschütze, sieben 25-mm-Drillings- und fünf 25-mm-Zwillingskanonen
Größte Länge:	227 m		
Größte Breite:	22,3 m		
Tiefgang:	7,8 m		
Antrieb:	Dampfturbinen; 4 Wellen	Besatzung:	1.100
Geschwindigkeit:	34,4 Knoten	Flugzeuge:	64

DIE JAPANISCHE VERGELTUNG

Am nächsten Morgen machten die Aufklärer beider Seiten den Feind beinahe gleichzeitig aus. Damit begann die erste Schlacht Träger gegen Träger. Der ersten Sichtung eines japanischen Trägers um 8:15 Uhr folgte die zweite um 9 Uhr. Zwischen 9 und 9:25 Uhr startete der amerikanische Angriff, die Flugzeuge der *Yorktown* hoben 10 Minuten vor jenen der *Lexington* ab. Als erstes entdeckten die Dauntless die Japaner und kreisten solange in der Wolkendecke über den Schiffen, bis auch die Devastators eintrafen. Inzwischen lief die *Zuikaku* in eine Regenbö, sodass nur ein Schiff angegriffen werden konnte. Die Torpedos der Devastators waren

zu langsam, die *Shokaku* wusste sie zu umgehen und wurde nur von zwei Bomben getroffen. Die aber richteten schwere Schäden an, da sie Treibstoff entzündeten und es der *Shokaku* unmöglich machten, Flugzeuge zu starten. Die Sturzkampfbomber der *Lexington* fanden den Träger nicht, so dass am Angriff nur die Devastators und vier der sie begleitenden Aufklärungsbomber beteiligt waren. Einmal mehr versagten die Torpedos, aber eine Bombe traf. Die Feuer an Bord der *Shokaku* waren bald unter Kontrolle, die meisten ihrer Flugzeuge wurden auf die *Zuikaku* überstellt.

Als die Amerikaner die Japaner angriffen, war eine japanische Kampfgruppe auf dem

LINKS: Ein Nakajima-B5N-„Kate"-Torpedobomber startet am Morgen des 7. Dezember 1941 vom Deck der *Hiryu*. Die „Kate" wurde 1937 in Dienst gestellt und war ein höchst effektives Flugzeug. Sie trug nicht nur zum Erfolg von Pearl Harbor bei, sondern war während der folgenden Kriegszeit für die Versenkung von drei amerikanischen Trägern verantwortlich.

Weg zu den US-Trägern. Zwar wurden die Maschinen vom Radar erfasst, aber es fehlte an Flugzeugen, um sie abzufangen, man musste sich auf die Flugabwehrkanonen verlassen. Der japanische Angriff begann etwas nach 11:15 Uhr. Die *Yorktown* entkam zuerst acht Torpedos und dann noch einigen Bomben. Um 11:27 Uhr schlug eine einzelne Bombe in das Schiff, die den Flugbetrieb jedoch nicht störte.

Um 11:18 Uhr wurde der Bug der *Lexington* von beiden Seiten angegriffen, zwei Minuten später schlug an backbord ein einzelner Torpedo ein, beinahe gleichzeitig mit zwei kleinen Stuka-Bomben. Zwanzig Minuten später war alles vorüber. Anscheinend hatten beiden Seiten einander einigen Schaden zugefügt, tatsächlich aber erlitten die Amerikaner einen schweren Schlag. Man dachte, dass die *Lexington* trotz leichter Schlagseite nur wenig beschädigt wäre, so landete ihre Fluggruppe unbekümmert.

Um 12:40 Uhr berichtete der für die Kontrolle der Schäden verantwortliche Offizier, das Schiff würde wohl bald wieder auf geradem Kiel laufen, und fügte scherzhaft hinzu, ein weiterer Torpedotreffer an steuerbord könnte das Gleichgewicht wieder herstellen. Minuten später erschütterte ein furchtbarer Knall das Schiff, Treibstoffdämpfe hatten sich entzündet. Eine Serie weiterer Explosionen folgte, die schwere Schäden anrichteten. Um 14:45 Uhr durchraste eine gewaltige Explosionswelle den Rumpf, die Feuer gerieten außer Kontrolle. Auch der Zerstörer *Morris* konnte wenig helfen, die *Lexington* musste aufgegeben werden. Um 16:30 Uhr kam sie zum letzten Halt, die Evakuierung begann um 17:10 Uhr. Der Schiffshund war eines der letzten Besatzungsmitglieder, das gerettet wurde, ihm folgte der Kapitän. Im Anschluss versenkte der Zerstörer *Phelps* den Träger mit fünf Torpedos. Die Schlacht in der Korallensee war vorüber.

ZWISCHENBILANZ

Die Japaner hatten einen kleinen Träger verloren, ein größerer war erheblich beschädigt. Macht man die Rechnung nur an der Tonnage fest, haben die USA mehr verloren, die *Lexington*, *Neosho* und *Sims* wogen mehr als die *Shoho*. Andererseits mussten die Japaner auf die Invasion von Port Moresby zu verzichten und hatten ihr strategisches Ziel verfehlt. Die beschädigte *Shokaku* musste für längere Zeit ins Dock, den Fliegern der *Zuikaku* war übel mitgespielt worden, viele erfahrene Mannschaften verloren. Da die Fluggruppe praktisch neu aufgebaut werden musste, war auch die *Zuikaku* für einige Zeit außer Gefecht.

Aber es gab auch noch andere wichtige Folgen der Schlacht. Der Bericht der japanischen Piloten, sie hätten sowohl die *Lexington* als auch die *Yorktown* versenkt, wurde für bare Münze genommen. Daher folgten die Japaner bei späteren Einsätzen der falschen Annahme, die USA hätten um einen Träger weniger. Die USA wiederum lernten einige wichtige Lektionen. Die Einsicht, dass die Träger mehr Jäger benötigten, wurde umgesetzt. Die Koordination von Angriffen wurde verbessert, da die Korallensee den Beweis erbracht hatte, dass mit koordinierten Schlägen die Abwehr des Feindes leichter zu brechen war, insbesondere weil es ihm dadurch fast unmöglich wurde, sich der Gefahr durch Flucht zu entziehen. Als wahrscheinlich wichtigsten Aspekt aber markierte die Schlacht in der Korallensee den Beginn einer neuen Epoche der Seekriegsführung. Erstmals in der Geschichte hatte keines der kämpfenden Schiffe Sichtkontakt gehabt. Ein Omen für die Dinge, die noch kommen sollten.

Obwohl die Japaner glaubten, mit der Versenkung zweier amerikanischer Träger einigen Erfolg gehabt zu haben, war Admiral Yamamoto enttäuscht, weil Takagi den Rückzug befohlen und die Invasion von Port Mo-

UNTEN: Die *Hiryu* bei einem Manöver im April 1939. Die *Hiryu* war eine verbesserte Versionen der *Soryu*, ihre Insel lag aber ungewöhnlicher Weise an back- statt an steuerbord. Dahinter stand die Absicht, sie Seite an Seite mit einem Träger mit konventioneller Brücke einsetzen zu können. Das Konzept ging jedoch nicht auf: Auf der *Hiryu* kam es zu weit mehr Deckunfällen. Für die Teilnahme der *Hiryu* am Angriff auf Pearl Harbor rächten sich die Amerikaner bei den Midway Inseln und verwüsteten das Schiff bei einem Sturzkampfbomber-Angriff.

resby verschoben hatte. Er befahl Takagi, die restlichen amerikanischen Schiffe zu verfolgen, aber als der Befehl bei diesem ankam, waren die Amerikaner längst abgezogen. Yamamoto war aber nicht niedergeschlagen, immerhin war sein Plan, die amerikanische Flotte in eine Entscheidungsschlacht zu zwingen, angenommen worden. Der Plan war, einmal mehr, einfach. Man bereitete einen Angriff auf die Midwayinsel vor. Midway war der westlichste Vorposten des Archipels von Hawaii, eine solche Bedrohung würden die Amerikaner niemals ignorieren können. So es den JapanMarine wollte entweder Indien und Ceylon oder Australien direkt angreifen. Admiral Yamamoto sprach sich für eine Operation gegen Midway und die Aleuten aus, weil er darin die beste Möglichkeit sah, den Rest der US-Flotte die verbliebenen Schiffe der Amerikaner, sobald sie eingriffen, zu überwältigen und zu vernichten. Yamamoto hatte jeden Anlass zur Zuversicht, glaubte er doch zwei US-Träger in der Korallensee verloren und nur noch zwei übrig. Er selbst aber könnte nahezu die volle Stärke seiner Flotte in den Kampf werfen. Wären Schlachten einfach

durch numerische Überlegenheit zu gewinnen, hätten die USA verlieren müssen. Yamamoto rechnete mit 8 Trägern, 11 Schlachtschiffen, 23 Kreuzern, 56 Zerstörern und 20 U-Booten, denen lediglich 3 Träger (einer mehr, als Yamamoto dachte), 8 Kreuzer und 16 Zerstörer gegenüber standen. Die *Yorktown* ließ bei ihrer Ankunft in Pearl Harbor eine Reparaturzeit von etwa drei Wochen befürchten. 1.300 Werftarbeiter schafften in nahezu übermenschlicher Anstrengung die Überholung in lediglich drei Tagen.

Aber Schlachten werden nicht nur durch Zahlen entschieden. Den Japanern war nach wie vor nicht bekannt, dass die Amerikaner ihre Marinecodes kannten. Schon 500 vor Christus betonte der chinesische Militärphilosoph Sun Tzu den Nutzen guter und genauer Geheimdienstarbeit. Ohne diese sei man immer im Nachteil. Umgekehrt könne das Wissen um die Absichten des Feindes durchaus den Nachteil numerischer Unterlegenheit ausgleichen. Auch 2.400 Jahre später waren diese Lehrsätze gültig. Midway sollte nicht ganz so ausgehen, wie die Japaner dachten, die Schlacht sollte zum Wendepunkt des Kriegs im Pazifik werden.

OBEN: Die USS *Yorktown*, mit von einer japanischen Bombe schwer beschädigtem Flugdeck Anfang Mai 1942 im Trockendock. Die *Yorktown* wurde am 8. Mai während der Schlacht in der Korallensee, bei der ihre Flugzeuge den japanischen Träger *Shoho* versenkten, getroffen. Troz schwerster Schäden am Deck gelang es den Werftarbeitern, das Schiff in kaum vier Tagen wieder einsatzbereit zu machen. So konnte die *Yorktown* an der Entscheidung bei den Midwayinseln teilhaben.

63

VIERTES KAPITEL

DER SIEG IM PAZIFIK

Japans Plan, Midway anzugreifen,

wurde bekannt, da das Combat Intelligence

Office der US-Navy den japanischen

Marinecode lesen konnte. Die

Entschlüsselung ergab, dass die Japaner eine

großangelegte Operation gegen ein Ziel

Namens „AF" vorhatten.

Der Chef des CIO, Commander Joseph P. Rochefort, war überzeugt, dass Midway gemeint sei und überprüfte dies mit einem einfachen Trick. Midway sollte eine Nachricht, dass die Entsalzungsanlage außer Funktion sei, sowohl verschlüsselt als auch im Klartext absetzen. Midway war zwar etwas verwirrt, da die Anlage bestens funktionierte, folgte aber dem Befehl. Wie geplant fingen die Japaner die Meldungen ab und funkten weiter, dass „AF" Probleme mit der Entsalzungsanlage habe. Ein für die USA nicht zu unterschätzender Vorteil. Admiral Nimitz traf Vorkehrungen zur Vereitelung des japanischen Plans. Er sandte eine Gruppe seiner Schiffe zu den French Frigate Shoals, um dort das Betanken japanischer Aufklärungsflugbootezu verhindern und brachte seine Einsatzkräfte umgehend vor Ort, bevor die Japaner ihre U-Boote zwischen Midway

LINKS: Ein Schwarm TBF Avenger (Rächer) der US-Navy zu Beginn der Karriere dieses Typs über dem Pazifik. Die Avenger entwickelte sich nach einer desaströsen Premiere bei Midway zu einem der besten Angriffsflugzeuge des Zweiten Weltkriegs. Sie ersetzte die veralteten Douglas Devastator und verwüsteten unzählige japanische Ziele.

Die *Akagi* hatte sechs
120-mm-Zwillings-
Geschützstellungen. Die
Waffen an steuerbord waren
in Türmen untergebracht,
um die Kanoniere vor dem
Ausstoß der Schornsteine
zu schützen.

Eines der seltsamsten
Merkmale der *Akagi* war i█
Schornstein. Der Rauch
wurde nicht über das
Flugdeck geblasen, sonde█
an der Steuerbordseite de█
Schiffs ausgestoßen, um d█
Flugoperationen nicht zu
behindern.

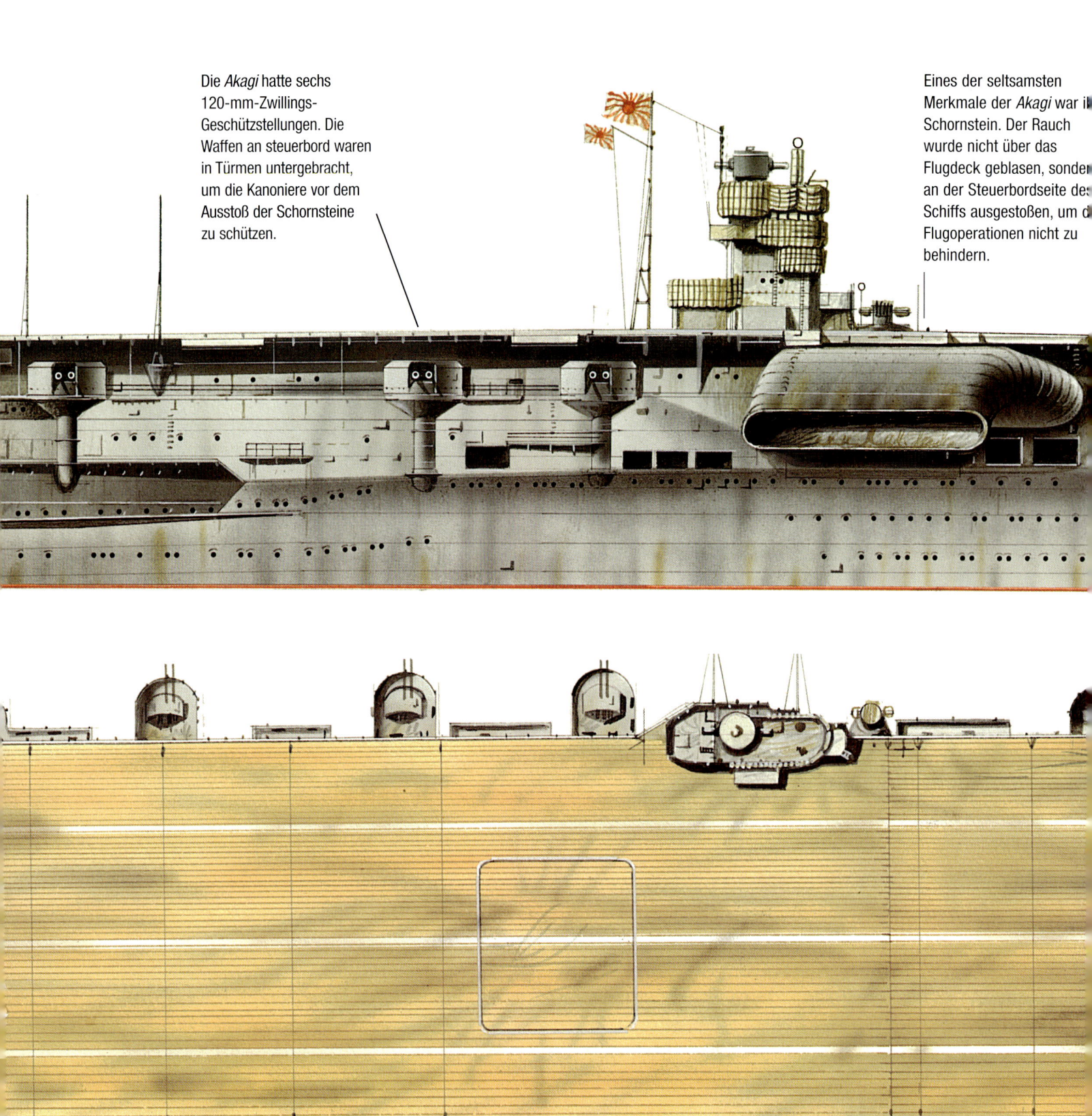

Akagi

Die *Akagi*, ein ungewöhnlicher Umbau eines Schlachtschiffs, führte die japanischen Trägerkräfte bei ihrem Überfall auf Pearl Harbor am 7. Dezember 1941. Die US-Navy nahm im Jahr darauf maßvoll Rache, die *Akagi* wurde in der Schlacht um Midway versenkt.

Der Zwischenraum zwischen dem Originaldeck der *Akagi* und dem Flugdeck, das sie beim Umbau zum Träger erhalten hatte, bot ausreichend Raum zur Unterbringung ihrer Rettungsboote.

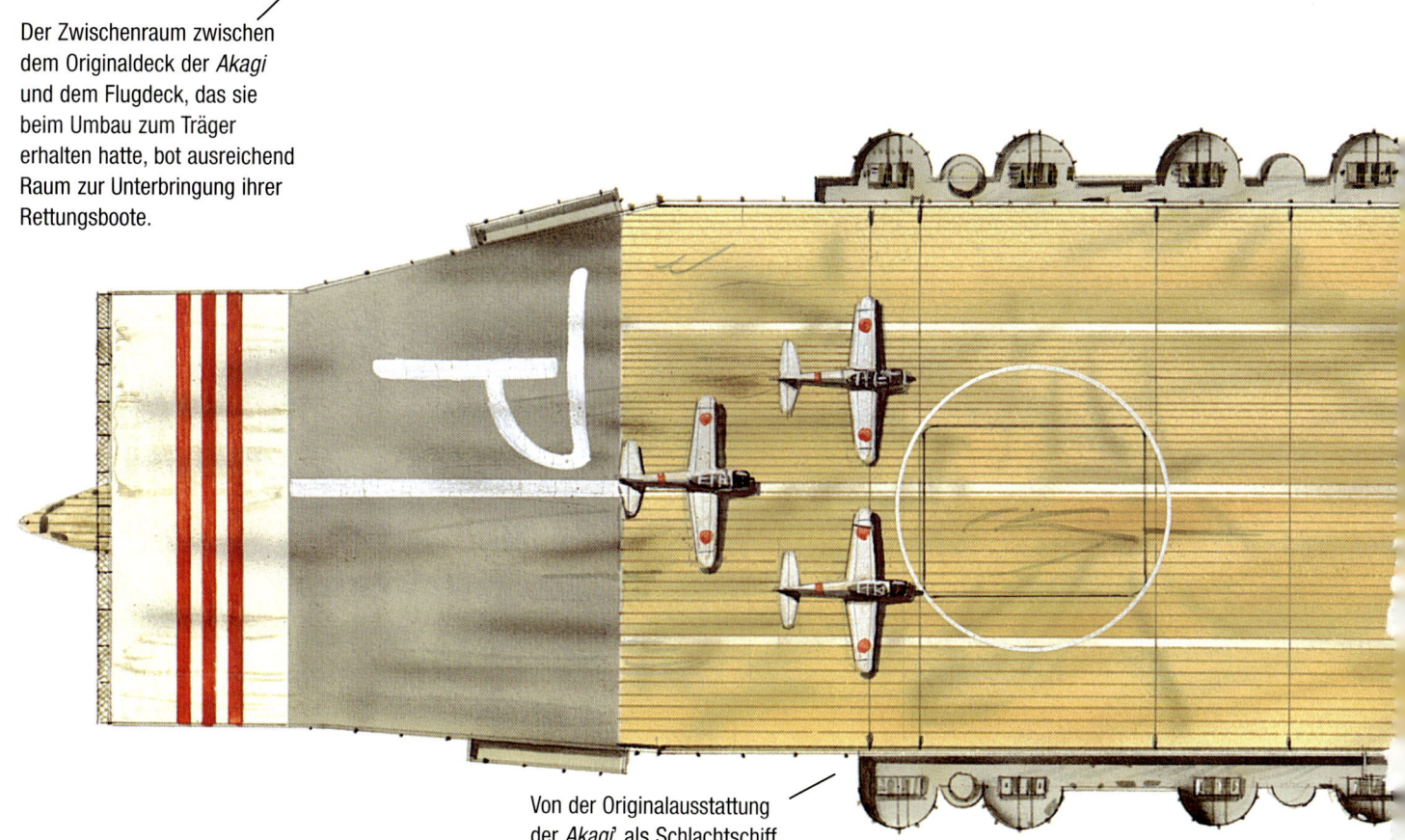

Von der Originalausstattung der *Akagi* als Schlachtschiff behielt man auch die 203-mm-Kanonen. Allerdings waren sie so tief am Rumpf angebracht, dass sie nur von beschränktem Nutzen waren, sogar bei der Verteidigung.

und Hawaii in Stellung bringen konnten. Zusätzlich wurden zur Unterstützung der Flotte, die man bereits in Position gebracht hatte, landgestützte Flugzeuge nach Midway verlegt. Darüber hinaus hatte Nimitz den großen Vorteil zu wissen, welche Teile der feindlichen Flotte zuerst angreifen würden.

DIE FEUERPROBE

Am 3. Juni 1942 begannen die Japaner mit einem Ablenkungsangriff auf die Aleuten. Ihr Plan war bekannt, also hatten die USA in Dutch Harbor keine starken Kräfte zusammengezogen. Japanische Flugzeuge richteten zwar einigen Schaden an, der amerikanische Einsatz aber wurde nicht gestört. Die Verteidigungsposition der Navy blieb stark.

Die amerikanischen Kräfte waren in zwei Einheiten gegliedert, Task Force 16 unter Rear-Admiral Raymond A. Spruance und Task Force 17 unter Admiral Fletcher. Ihr Gegenspieler war die Trägerkampfflotte unter Admiral Nagumo mit den vier Trägern *Akagi*, *Kaga*, *Hiryu* und *Soryu*. Bei den Japanern herrschte Zuversicht, niemand ahnte, dass die Amerikaner um ihre Pläne wussten: Nur Nagumo hatte einige Zweifel, er fürchtete, dass etliche der neuen Flugzeugbesatzungen nicht vom selben Kaliber wären, wie ihre erfahrenen Vorgänger.

Spruance und Fletcher trafen am 2. Juni zusammen, Fletcher übernahm das Oberkommando, allerdings operierten TF16 und TF17 als unabhängige Einheiten. Fletcher war überzeugt, dass seine Präsenz nordöstlich von Midway unbemerken bleiben würde. Während der nächsten 24 Stunden näherten sich die Flotten einander und trafen Vorbereitungen zur Schlacht. Von der *Yorktown* startete am 4. Juni um 4:30 Uhr ein Schwarm Dauntless zur ersten Aufklärungsmission des Tages. Fast gleichzeitig hoben auch japanische Aufklärer ab, mit einer Ausnahme. Das Seeflugzeug des Kreuzers *Tone* konnte wegen eines Katapultschadens nicht starten, was schwerwiegende Auswirkungen haben sollte. Um 5:20 Uhr schlug man an Bord der *Akagi* Alarm, ein PBY Catalina Flugboot der US-Navy war gesichtet worden. Die Zeros der *Akagi* stiegen auf, verloren aber die Catalina in den Wolken. Die Catalina meldete per Funk die Entdeckung der japanischen Träger und kurz danach den Anflug vieler Feindflugzeuge auf Midway. Kurz nach 6 Uhr erhielt man Details über Zusammensetzung und Position von Nagumos Flotte, die Aufklärer der *Yorktown* wurden zurückbeordert. Fletcher befahl die TF16 auf Kurs Südwest, um die feindlichen Träger anzugreifen, sobald

UNTEN: An Bord des Schlachtschiffs New Jersey: Admiral Chester Nimitz, Commander-in-Chief der Pazifikflotte (Mitte), im Gespräch mit Admiral Raymond Spruance, Kommandeur der 5. US-Flotte (links), und Rear Admiral Forrest Sherman. Nimitz und Spruance setzten die Marineluftwaffe während des Pazifikkriegs mit legendärer Perfektion ein. Zurecht wurde Nimitz später dadurch geehrt, dass ein Flugzeugträger seinen Namen erhielt.

LINKS: Einsatzbesprechung von Piloten des US-Navy-Jäger-Squadron 16 (VF-16) mit Lieutenant Commander Paul D. Boie (Mitte), an Deck der USS *Lexington,* einem Träger der Essex-Klasse, während der Schlacht um die Gilbert Inseln. Das Briefing war wohl für die Kamera gestellt, die Geschwader hatten ihre Besprechungsräume unter Deck: Das Flugdeck eines Trägers war nicht unbedingt der beste Ort für eine Unterhaltung.

sie exakt lokalisiert wären. *Enterprise* und *Hornet* beschleunigten auf 25 Knoten, ihre Flugzeuge wurden vorbereitet. Zwischenzeitlich war Midway unter Feuer geraten.

Der japanischen Luftwaffe konnte man nur Brewster-Buffalo-Jäger entgegenwerfen, die gegen die Zero kaum Chancen hatten. Aber sie leisteten tapfer Widerstand, unterdessen nahmen sechs brandneue Grumman-TBF-Avenger-Torpedobomber (die bald die Devastator ersetzen sollten) und vier Marauder-Bomber der US Army Air Force Kurs auf die japanischen Träger. Ihr Einsatz war nahezu hoffnungslos, sie erzielten keinen Treffer, und nur eine Avenger und zwei Marauders

entkamen. Der erbitterte Widerstand ließ den Kommandanten des japanischen Angriffs Verstärkung anfordern, um die Verteidiger auszuschalten. Der Angriff auf seine Träger überzeugte Nagumo von der Notwendigkeit dieser Maßnahme. Er befahl der *Kaga* und *Akagi,* ihre Flugzeuge mit Bomben anstelle der Torpedos zu bestücken, ein zeitaufwendiger Vorgang. Als die Umrüstung zur Hälfte durchgeführt war, kam Nachricht vom Seeflugzeug der *Tone,* das, nach Reparatur des Katapults, mit 30 Minuten Verspätung aufgestiegen war. Es hatte die US-Flotte entdeckt und machte Meldung über deren Stärke und Position, was fehlte, war die entscheidende

LINKS: Eine Avenger auf Patrouille, irgendwann zwischen 1942 und 1943. 1943 hatte die Avenger die Devastator zur Gänze abgelöst, allerdings wurde sie, im Gegensatz zu ihrer Vorgängerin, häufiger als Bomber denn als Torpedoflugzeug eingesetzt. Die Nachfrage nach der Avenger war so groß, dass General Motors eine Fertigungsstraße zur Unterstützung von Grumman errichtete.

Die *Akagi* konnte theoretisch bis zu 90 Kampfflugzeuge – Jäger, Sturzkampfbomber und Torpedoflugzeuge – aufnehmen. In der Praxis führten durch Platzmangel verursachte Probleme allerdings dazu, dass sie meist nur 72 Maschinen an Bord hatte.

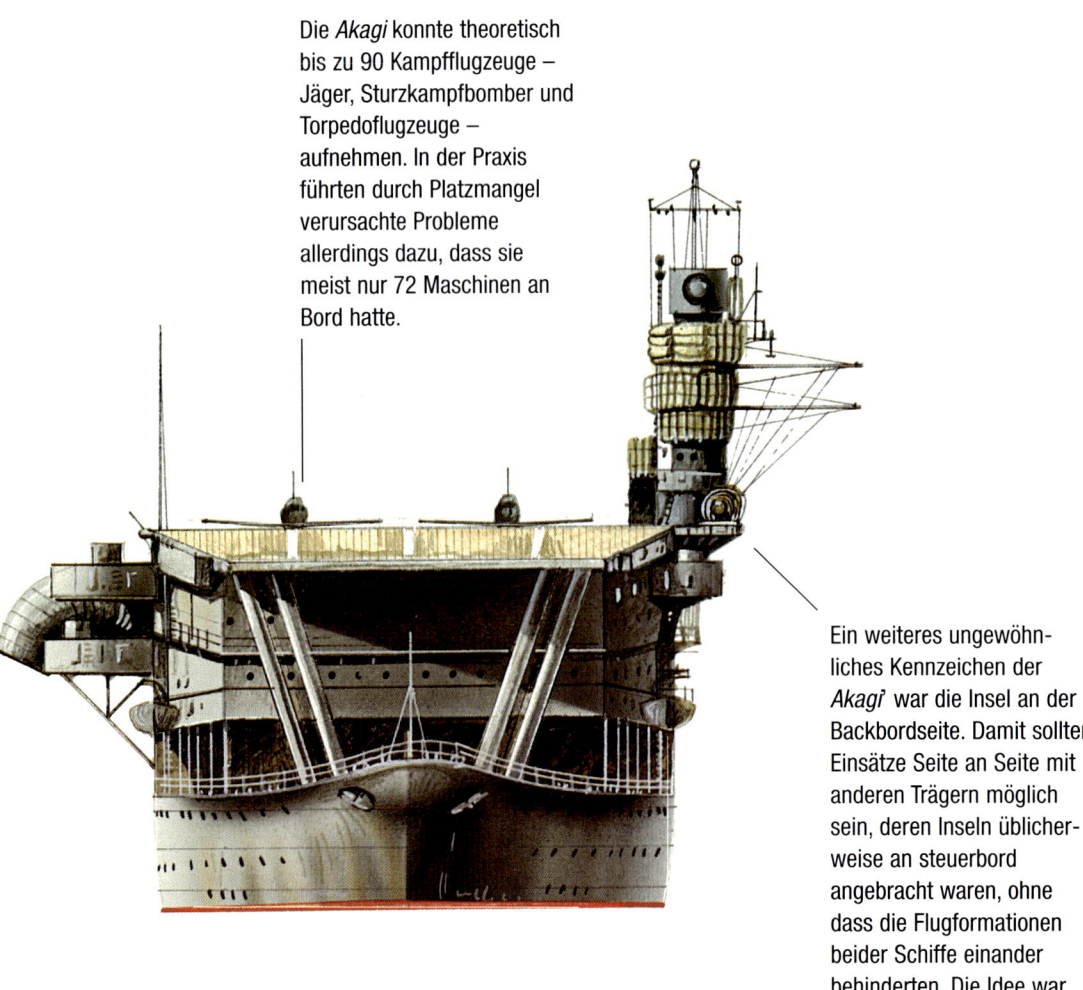

Ein weiteres ungewöhnliches Kennzeichen der *Akagi* war die Insel an der Backbordseite. Damit sollten Einsätze Seite an Seite mit anderen Trägern möglich sein, deren Inseln üblicherweise an steuerbord angebracht waren, ohne dass die Flugformationen beider Schiffe einander behinderten. Die Idee war kein großer Erfolg.

TECHNISCHE DATEN		Antrieb:	Dampfturbinen; 4 Wellen
Akagi		Geschwindigkeit:	31 Knoten
		Bewaffnung:	sechs 200-mm-Geschütze, sechs
Wasserverdrängung:	30.074 Tonnen (Volllast)		120-mm- und vierzehn
Größte Länge:	260,6 m		25-mm-Zwillingskanonen
Größte Breite:	31,3 m	Besatzung:	1340
Tiefgang:	8,6 m	Flugzeuge:	63

Als man die *Akagi* mit einem Flugdeck über die volle Länge ausstattete, musste es am Ende durch schräge Pfeiler abgestützt werden. Die einzigen Alternativen wären ein kürzeres Flugdeck oder das Hochziehen des Schiffsrumpfs gewesen, beide Varianten kamen nicht in Frage.

Hier sieht man einen der drei Aufzüge der *Akagi*, die direkt vom Hangardeck zum Flugdeck führten.

Die Abbildung zeigt deutlich, wie verwinkelt das Flugdeck der *Akagi* war. Die kleine Insel an backbord trug dazu nicht unerheblich bei.

USS *Yorktown*

UNTEN: Der Nakajima-B6N-„Jill"-Torpedobomber kam in späteren Phasen des Pazifikkriegs intensiv zum Einsatz, viele Maschinen wurden bei Kamikaze-Flügen geopfert. Die B6N2 der Abbildung entspricht jenen Maschinen, wie sie bei der IJN ab 1944 in Verwendung waren.

Angabe, aus welchen Kräften die Flotte bestand. Nagumo wartete ungeduldig auf diese vitale Information. Wären Träger bei der Flotte, würden ihn diese, da der Feind nur 322 km entfernt war, in Gefahr bringen. Nach 15 Minuten befahl Nagumo dem Seeflugzeug, die Zusammensetzung der amerikanischen Flotte zu melden und ordnete an, die Änderung der Bewaffnung der Flugzeuge einzustellen, da Bedarf an Torpedos bestehen könne. Um 8:10 Uhr erhielt Nagumo endlich jene Daten, die er brauchte (weitere 25 Minuten, nachdem er sie angefordert hatte): „Feindschiffe bestehen aus fünf Kreuzern und fünf Zerstörern". Im Moment seiner Erleichterung tauchten 16 Sturzkampfbomber der Basis Midway über den Japanern auf, Minuten später 15 B-17, gefolgt von 11 Vindicator-Sturzkampfbombern des Marine Corps. Alle Zeros stiegen zur Abwehr auf, keine einzige Bombe traf. Dadurch aber mussten sämtliche von Nagu-

mo entsandten Angriffseinheiten ohne Jagdeskorte auskommen, bis die Zeros gelandet, betankt und wieder bewaffnet waren. Am Höhepunkt des Angriffs gelang es auch dem Seeflugzeug der *Tone*, doch noch zu erkennen, dass ein Träger bei der amerikanischen Flotte war, und diese Nachricht zu funken.

DER ERSTE SCHLAG

Nagumo reagierte mit Besorgnis. Er befahl, alle Flugzeuge, die noch an Bord waren, zurückzuhalten und beorderte die Angriffskräfte von Midway zurück. Aber die ersten Amerikaner waren schon in Sicht, als sein Träger noch äußerst verwundbar war. Spruance setzte jedes verfügbare Flugzeug gegen den japanischen Träger ein und behielt nur das absolute Minimum zu Verteidigung zurück. Allerdings hätte man zur Bildung der Angriffseinheit eine Stunde gebraucht, aber Spruance wollte nach Sichtung durch den Aufklärer der *Tone* nicht mehr warten.

Nakajima B6N „Jill"

Wasserverdrängung:	20.190 Tonnen	Antrieb:	Dampfturbinen an vier
	(bei voller Beladung)		gekoppelten Wellen
Größte Länge:	246,75 m	Geschwindigkeit:	32,5 Knoten
Größte Breite:	25,37 m	Bewaffnung:	acht 127-mm-Geschütze
Tiefgang:	6,55 m	Besatzung:	1.890
		Flugzeuge:	96/100

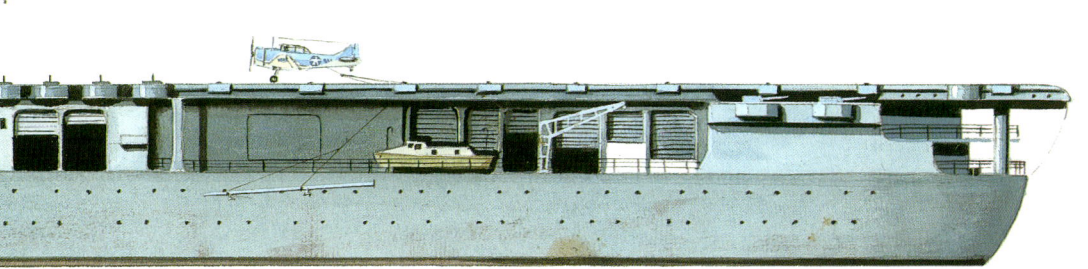

Er wusste nichts von der Verwirrung der Japaner und fürchtete, dass der Feind schon erscheinen könnte, während sich die TF16 noch formierte. Die ersten, von Lt. Cdr. Clarence Wade McClusky befehligten Sturzkampfbomber erhielten Befehl, anzugreifen ohne auf die Devastators zu warten. Die übrigen Maschinen sollten sich im Flug zur Angriffseinheit formieren. Die Entscheidung war riskant, rechnete sich aber, obgleich man einen schrecklichen Preis bezahlte. Die Distanz zwischen den Angriffskräften hatte zur Folge, dass Jäger der *Enterprise* den Devastators der *Hornet* unter Lt. Cdr. John C. Waldron Luftschutz gaben. Es war ihnen nicht gelungen, Funkkontakt zu den Torpedoflugzeugen herzustellen, und sie dachten, diese wären von ihrem eigenen Träger. So blieben die Devastators der *Enterprise* ohne Eskorte und die Angriffseinheit der TF16 kam in vier Gruppen zersplittert an: McCluskys Sturzkampfbomber, die beiden Torpedogeschwader und die Sturzkampfbomber der *Hornet* unter Lt. Cdr. Maxwell F. Leslie.

Die japanischen Träger befanden sich nicht in der erwarteten Position, und während die Sturzkampfbomber noch den Feind suchten, entdeckten die beiden Torpedogeschwader Rauch am Horizont. Obwohl sie keine Eskorte hatten, griffen sie ohne Zögern an. Mehr als 50 Zeros stürzten sich auf sie, bevor sie ihre Torpedos freigeben konnten, nur einer der Piloten, Ensign George Gay, überlebte das Massaker. Einigen der Devastators gelang es noch, Torpedos abzuwerfen, aber keiner traf. Fünf Minuten später griffen die Devastators der *Enterprise* unter Lt. Cdr. Eugene E. Lindsey an. Zufällig attackierten in dem Augenblick, als Lindseys Squadron die

Kaga aufs Korn nahm, die Devastators der *Yorktown* unter Lt. Cdr. Lance E. Massey auf der anderen Seite der Flotte die *Soryu*. Dasselbe Ergebnis: Kein Treffer, nur sechs der 26 Devastators überlebten Flak und die wachsamen Zeros. Aber auch wenn die Torpedos ihre Ziele nicht getroffen hatten, war ihr Einsatz entscheidend. Während die japanischen Jäger auf tiefem Niveau jagten, warteten McCluskys und Leslies Sturzkampfbomber.

Als sie den Torpedos auswichen, hatten sich die Träger getrennt, was die Feuerkraft ihrer Flak reduzierte. Auf der *Akagi* und der *Kaga* war die Betankung und Wiederbewaffnung der Kampfgruppe fast abgeschlossen, als man die anfliegenden Sturzkampfbomber hörte. Man riss den Kopf nach oben, den Blick konzentriert auf die fallenden schwarzen Punkte unterhalb der drei angreifenden Flugzeuge. Eine Bombe traf die *Akagi* mittschiffs, unmittelbar hinter dem Aufzug, und bahnte sich den Weg in den Hangar – mit verheerenden Folgen. Wegen der Umrüstung waren Treibstoff, Bomben und Torpedos an Deck und im Hangar verstreut, eine Explosionswelle erfasste das ganze Flugdeck. Eine zweite Bombe traf die Torpedobomber am Heck, ein Feuersturm brach los. In Sekunden war das japanische Flaggschiff ein loderndes Wrack, sein Inneres von Explosionen zerfetzt, als die Flammen Treibstoff- und Munitionslager erreichten. Nagumo entging das volle Ausmaß der Katastrophe, er verlegte sein Kommando auf ein anderes Schiff.

Nur drei Dauntless hatten die *Akagi* angegriffen, die übrigen 14 warfen sich auf die *Kaga*. Vier Bomben trafen direkt in Ziel. Die erste explodierte vor der Insel und zerstörte ein Tankfahrzeug, aus dem eine Flammen-

RECHTS: Eine Douglas Devastator, Anfang 1942, bei einem Angriff gegen japanische Stellungen auf der Insel Wake. Die Devastator war, als sie in Dienst gestellt wurde, ein modernes Flugzeug, aber sie wurde von den japanischen Jägern deklassiert. Obwohl den Besatzungen die Grenzen ihrer Flugzeuge bekannt waren, zeigten sie außerordentlichen Mut, insbesondere bei Midway, wo ganze Geschwader ausgelöscht wurden.

wand bis zur Brücke schoss und dort jeden tötete, auch den Kapitän. Die anderen Bomben trafen, wie bei der *Akagi*, voll betankte und bewaffnete Flugzeuge. Binnen Minuten erkannte der dienstälteste überlebende Offizier die Hoffnungslosigkeit der Lage und ließ das Bild des Kaisers auf einen Zerstörer bringen. Diese Geste sagte der Mannschaft, dass ihr Schiff verloren war, auch wenn es noch für einige Zeit schwimmen sollte.

Während McClusky die *Akagi* und *Kaga* angriff, nahm Leslie die *Soryu* aufs Korn. Das Geschwader attackierte in drei Wellen – den Bug an steuerbord, die Quartiere back- und steuerbord – und stieg nach Freigabe der Bomben ohne einen einzigen Verlust wieder auf. Drei Bomben trafen. Die erste zerstörte den Aufzug, die anderen beiden landeten in den Flugzeugen und lösten mächtige Feuer und Explosionen aus. Kapitän Ryusaku Yanaginoto befahl die Aufgabe des Schiffs. In nur fünf Minuten war die halbe japanischen Trägerflotte zerstört. Auch wenn die Träger nicht sanken, sie waren nur noch rauchende Hüllen. Nachdem ihre Crew beinahe 8 Stunden gegen die Flammen gekämpft hatte, gab man am Nachmittag die *Akagi* auf, am folgenden Morgen wurde sie von Torpedos eines japanischen Zerstörers versenkt. Die *Kaga* überlebte noch zwei Torpedotreffer eines US-U-Boots, explodierte aber am frühen Abend. An Bord der *Soryu* wollten Offiziere ihren Kapitän daran hindern, mit dem Schiff unterzugehen. Auf der Brücke hielten

sie gebannt inne: Yanaginoto erwartete mit in die Ferne gerichtetem Blick, das Schwert in der Hand, sein Schicksal. Als sich die Offiziere zurückzogen, hörten sie ihn die Nationalhymne singen. Um 19:13 Uhr versanken Schiff, Kapitän und 718 Mann in den Wellen. Da war bereits ein weiteres Unglück über die Japaner hereingebrochen.

DIE *YORKTOWN*

Als die amerikanischen Kräfte zurückkehrten, hatten sie den vierten japanischen Träger nicht gesehen. Fletcher wollte eben eine Defensivpatrouille aussenden, als das Radar den Anflug von Feindflugzeugen entdeckte. Sie kamen von der *Hiryu* zum Angriff. Die Wildcats durchstießen den Verteidigungsschirm der Japaner und schossen zehn von 18 Sturzkampfbombern ab, zwei wurden von der Flak zerstört, aber das reichte nicht. Die restlichen sechs Flugzeuge, in der Hand erfahrener Veteranen, die seit Pearl Harbor an jedem Einsatz der japanische Marine teilgenommen hatten, trafen die *Yorktown* mit drei Bomben, die danach bewegungsunfähig im Wasser lag. Aber ihre Reparaturtrupps waren unglaublich effizient, bald konnte die *Yorktown* wieder Fahrt aufnehmen. Noch war aber das Schlimmste nicht vorbei, das Radar zeigte weitere Angreifer. Die Zeit reichte gerade, um acht Wildcats zur Verstärkung jener vier, die noch nach dem ersten Kampf in der Luft waren, zu starten. Diesmal war der japanischen Jagdschutz effektiver.

Die Torpedobomber griffen aus vier Richtungen an, die *Yorktown* konnte unmöglich ausweichen. Durch zwei Treffer backbord brach Wasser ein, das Schiff nahm Schlagseite. Die Kraftversorgung brach zusammen, daher versagten die Lenzpumpen, und um 15 Uhr wurde das Schiff aufgegeben.

Zu dieser Zeit waren die Flugzeuge von Spruancs TF16 wieder in der Luft. Die Überlebenden des Angriffs auf die *Yorktown* waren eben gelandet, da tauchten 24 Dauntless über der *Hiryu* auf. Die *Hiryu* kreiste, doch sie entging den Bomben nicht: Vier trafen, verheerende Feuer und Explosionen brachen los, das Schiff war nicht zu retten. Sie kam um 21:20 Uhr zum Stillstand, die Reparaturtrupps arbeiteten bis 2:30 Uhr am folgenden Morgen, als Gewissheit bestand: Das Schiff wurde aufgegeben. Um 2:55 Uhr befahl Yamamoto den Rückzug der gesamten Flotte. Spruance hatte bereits gen Osten, zu seinen Versorgungstankern abgedreht.

Die leere *Yorktown* trieb durch die Nacht. Am 5. Juni gegen Mittag ging ein Bergungskommando an Bord, um sie in den Hafen zu schleppen. Das japanische U-Boot I-168 zerstörte diese Hoffnung und traf das Schiff mit zwei Torpedos. Am 7. Juni um 6 Uhr sank die *Yorktown*. Die Schlacht von Midway war vorbei und mit ihr die Chance der Japaner, den Krieg zu gewinnen.

DIE FOLGEN

Die Japaner verloren bei Midway vier wichtige Träger und versenkten nur einen amerikanischen. Ebenso büßten sie viele erfahrene Flugzeugbesatzungen ein, für die adäquater Ersatz erst nach Monaten oder gar Jahren verfügbar sein würde. Zu allem Überfluss war die amerikanische Rüstungsindustrie voll in Schwung gekommen. Neue, stärkere Flugzeuge für die Träger verließen die Fabriken, und nur einen Monat nach Midway hatten die Vereinigten Staaten nicht weniger als 131 Träger in Bau oder bestellt. Aber es würde noch dauern, bis diese Träger in Dienst gestellt werden könnten, bis dahin wäre die amerikanische Trägerflotte gefährlich angreifbar. Dennoch durften die Japaner nicht hoffen, mit den USA mithalten zu können: da sie zu viele erfahrene Männer verloren hatten, schien nach Midway ein entscheidender Sieg im Pazifik unmöglich.

Durch die Versenkung von vier feindlichen Trägern sah die USA in der Zeit, welche die japanische Flotte zu Reorganisation brauchen würden, ihre beste Chance. Man plante die Rückeroberung von Rabaul in Neubritannien (Papua-Neuguinea), eine Aktion, der die Sicherung der Salomonen, vor allem Guadalcanals, voranzugehen hatte. Am 6. August erreichte Fletchers TF61 mit der *Enterprise*, der *Saratoga*, der *Wasp* und 69 anderen Schiffen die Salomonsee. Die Träger hatten 99 Jäger (nach wie vor F4F Wildcats), 103 SBD Dauntless und 41 Grumman TBF Avenger an Bord. Früh am Morgen des nächsten Tages gingen die ersten von 19.000 Marines an Land, der Einsatz begann.

DIE ÖSTLICHEN SALOMONEN

Trotz erfolgreicher Landung erzielten die Japaner in der Schlacht vor der Insel Savo einen Anfangserfolg, als eine ihrer Überwassereinheiten vier US-Kreuzer versenkte. Die Anwesenheit einer großen japanischen Flotte brachte Fletcher zu dem schwierigen Entschluss, seine Träger zurückzuziehen und

UNTEN: Die USS *Yorktown* mit Schlagseite nach steuerbord, nachdem sie bei der Schlacht um Midway schwer beschädigt worden war. Die *Yorktown* hatte mehrere Bombentreffer wegzustecken und wurde beinahe versenkt. Den Reparaturtrupps wäre es gelungen, sie zu retten, aber ein japanisches U-Boot umging den Geleitschutz der Zerstörer und versenkte sie mit Torpedos.

die Marines alleine kämpfen zu lassen. Als Teillösung zog man die eigene Fliegergruppe der Marines hinzu, für die in nur einer Woche ein Flugfeld gebaut wurde. Um befehlsgemäß die Amerikaner wieder von Guadalcanal zu vertreiben, wollten die Japaner, mit Unterstützung der Träger *Shokaku*, *Zuikaku* und *Ryujo* Nachschub zu ihren Truppen bringen. Am 23. August 1942 wurden die Schiffe von einer Maschine der TF61 gesichtet. Die Japaner wechselten den Kurs, um dem Luftkampf auszuweichen, konnten die Konfrontation jedoch nicht vermeiden. Am nächsten Tag wurde die *Ryujo* an der Spitze der japanischen Flotte von einer Catalina entdeckt. *Enterprise* und *Saratoga* schickten Flugzeuge los. Gleichzeitig meldete ein anderer Aufklärer die *Shokaku* und *Zuikaku*, die ebenfalls ihre Flugzeuge zu einem Angriff gestartet hatten. Die gegen die *Ryujo* fliegende Truppe konnte nicht mehr umgeleitet werden. Die *Ryujo* wurde in einer gemeinsamen Aktion von Dauntless und Avengers versenkt, die japanische Antwort traf die *Enterprise* mit drei Bomben. Sie verlegte ihre Dauntless auf das neue Rollfeld von Guadalcanal (Henderson Field) und ging ins Trockendock. Die japanische Flotte zog ab, doch U-Boote torpedierten die *Saratoga* und die *Wasp*, letztere sank am 15. September. Am 24. und 26. Oktober 1942 kam es vor der Insel Santa Cruz zu einer weiteren Schlacht in der Salomonsee. In der großen japanischen Flotte liefen *Shokaku*, *Zuika-*

ku, *Zuiho* und *Junyo*. Ihren über 200 Flugzeugen standen an Bord der *Enterprise* und *Hornet* nur rund 170 Maschinen gegenüber.

Am 26. Oktober um 6:58 Uhr begannen die Japaner einen Angriff auf die amerikanischen Träger. Als sie den Einsatz der zweiten Welle vorbereiteten, erschienen Dauntless der *Enterprise*. Eine einzelne Bombe riss einen 15,2 m großen Krater in das Deck der *Zuiho*, sie konnte keine Flugzeuge mehr starten und musste abgezogen werden. Um 8:22 Uhr griffen die Japaner die US-Träger an und konzentrierten sich auf die *Hornet*. Zwei Torpedo- und sechs Bombentreffer machten sie, trotz verzweifelter Reparaturversuche, bewegungsunfähig. Im Gegenzug traf ein Angriff der Amerikaner die *Shokaku* schwer. Nur ein schwacher Trost, denn ein neuerlicher japanischer Schlag beschädigte die *Enterprise* und machte der *Hornet* ein Ende. Die *Enterprise* wurde zur Reparatur abgezogen, Versuche, die Hornet zu versenken, scheiterten. Die Sorge, die Japaner könnten das Schiff kapern, war begründet, aber der durchlöcherte Rumpf ließ sich nicht schleppen, daher versenkten die Japaner in den ersten Stunden des 27. Oktober das Schiff. Die Schlacht um die östlichen Salomonen wurde zum taktischen Sieg für Japan, den USA blieb ein einziger einsatzfähiger Träger im Pazifik. Die Kämpfe um Guadalcanal dauerten sieben Monate, wobei es den Japanern nicht gelang, die Marines ins Meer zu werfen. Am 31. Dezember gestattete der Kaiser seinen Truppen den Rückzug

USS *Enterprise*

Wasserverdrängung:	20.190 Tonnen (bei voller Beladung)	**Antrieb:**	Dampfturbinen an vier gekoppelten Wellen
Größte Länge:	246,74 m	**Geschwindigkeit:**	32,5 Knoten
Größte Breite:	25,37 m	**Bewaffnung:**	acht 127-mm-Geschütze
Tiefgang:	6,55 m	**Besatzung:**	1.890
		Flugzeuge:	96/100

von der Insel. In dieser Zeit trafen die Trägerflotten nicht mehr aufeinander: Keine Seite wollte weitere Verluste riskieren.

Der Unterschied war, dass die US-Trägerflotte binnen sechs Monaten große Träger der *Essex*-Klasse, kleinere der *Independence*-Klasse (CVL) sowie Eskortenträger (CVE), gemeinsam mit der Grumman Hellcat, einem Jäger, besser als die Zero, in ihrem

Arsenal haben würde. Die USA bildete auch Tausende bestens trainierte Mannschaften aus. Die Japaner konnten ihrerseits in der ganzen Zeit von 1943 bis 1945, gerade eben so viele Träger in Dienst stellen, wie die USA allein im April 1944, nämlich fünf. Und von diesen sollte keiner zum Einsatz kommen. Obwohl man Japans Träger nicht ignorieren durfte, entwickelte die US-Trägerflotte 1943

LINKS: Eine Grumman Hellcat an Deck eines US-Flugzeugträgers, Mitte 1943. Es dürfte sich um die Aufnahme eines Trainingseinsatzes handeln, da die Aktivitäten an Deck weit weniger hektisch sind als dies während einer Kampfoperation der Fall gewesen wäre. Die Hellcat, war zwar nicht so wendig wie die Zero, aber weit robuster. Sie war im Wesentlichen dafür verantwortlich, dass die Amerikaner die Lufthoheit über die Japaner erringen konnten.

USS *Independence*

eine völlig neue Taktik zu Unterstützung der Strategie des „Inselhüpfens".

INSELHÜPFEN

Die Amerikaner lernten aus der Erfahrung von Guadalcanal und anderswo, dass die Japaner hartnäckig kämpften und damit Tausende Mann für Monate binden konnten. Das bremste das amerikanische Tempo, verursachte enorme Verluste und untergrub die Kampfmoral. Die Lösung dieses Problems basierte auf einer Studie aus 1940, in der die Marineakademie vorgeschlagen hatte, Inseln zu umgehen. Auf Inseln mit geringer strategischer Bedeutung verbleibende Japaner würden wenig bis keinen Schaden anrichten, so Amerika die Herrschaft zur See behielte, und es wäre den Alliierten möglich, auf Japan selbst vorzustoßen.

Inseln in strategisch wichtiger Lage sollten durch amphibische Operationen eingenommen und darauf Luftwaffenstützpunkte zur Unterstützung weiterer Kampfeinsätze errichtet werden. Flugzeugträger waren für die Absicherung der Seeherrschaft von großer Bedeutung und sollten überdies den Luftschutz für amphibische Operationen stellen. 1943, als die amerikanische Trägerflotte praktisch Monat für Monat an Stärke gewann, kam es zu ersten Operationen auf Basis dieses Plans.

OPERATION GALVANIC

Der erste derartige Einsatz war Operation Galvanic, der Angriff auf die Gilbert-Inseln durch Schiffe der Task Force 50 unter Rear Admiral Charles A. Pownall. Zu den vier Einsatzgruppen der TF50 zählten nicht weniger als 11 Träger und über 30 Hilfsschiffe. Der Startschuss fiel am 19. November 1943 mit einem Schlag gegen die zu den Marshall-Inseln zählenden Inselgruppen Jaluit und Mili. So sollte die lokale Lufthoheit erobert und japanischen Flugzeugen ein Eingreifen unmöglich gemacht werden. Während die Angriffe am 20. November fortdauerten, landete die US-Army mit Unterstützung der Träger auf Makin. Eine weitere Task Group griff, um Interventionen zu verhindern, Flugfelder auf Bougainville (Salomon-Inseln) an. Die Attacken zerstörten über 30 japanische Flugzeuge und einige Schiffe.

Aber die Amerikaner hatten nicht alles unter Kontrolle, ein U-Boot der Japaner versenkte den Eskortenträger *Liscome Bay*, der nach einem Torpedoeinschlag im Bombenlager explodierte. 643 Mann gingen verloren, darunter der Kommandeur der Task Group, Rear Admiral Henry M. Mullinnix. Die *Liscome Bay* blieb das einzige amerikanische Opfer in dieser Phase der Operation, die mit dem Angriff auf das Atoll Tarawa fortgesetzt wurde. Tarawa nahm man nach dreitägigen, heftigen Kämpfen. Als im Dezember Neubritannien fiel, war offensichtlich, dass sich Japans Hoffnungen in diesem Pazifikkrieg nicht erfüllen würden. Gegen Monatsende waren die Gilbert-Inseln gesichert, die Marshalls wurden im Januar '44 Ziel eines amerikanischen Angriffs – als Start eines für Japan desaströsen Jahres, in dem die US-Träger eine Hauptrolle spielten. Jene von Japans Marine brachten sich weit weniger ein, und dieser Unterschied zählte.

1944

Die japanische Trägerkräfte waren seit der Schlacht von Midway aus dem Spiel, es mangelte an erfahrenen Piloten. Japan war den Großteil des Jahres 1943 mit der Ausbildung neuer Mannschaften für die Luftgruppe der Träger beschäftigt, ihr Fernbleiben aus der

Wasserverdrängung:	14.986 Tonnen (Volllast)	**Geschwindigkeit:**	31 Knoten
Größte Länge:	189,74 m	**Bewaffnung:**	zwei 127-mm-Geschütze,
Größte Breite:	21,79 m		sechzehn 40-mm- und
Tiefgang:	6,4 m		zehn 20-mm-Kanonen
Antrieb:	Dampfturbinen an vier	**Besatzung:**	1.569
	gekoppelten Wellen	**Flugzeuge:**	30

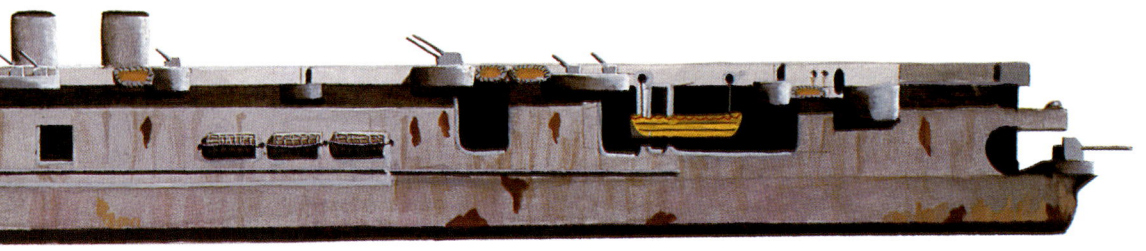

Kampfzone ermunterte die USA. Der Vorstoß auf die Marshalls, Operation Flintlock, musste mangels Truppentransportern um ein Monat verschoben werden, neuer Invasionstag wurde der 31. Januar 1944. Nach Diskussionen, wo man ansetzen solle, entschied sich Nimitz für Kwajalein. Die Task Force 51 mit 297 Schiffen leitete den Angriff, unterstützt von den 12 Trägern der TF58 unter Vice-Admiral Marc Mitscher. Diese sorgten an den beiden Tagen vor der Landung für überwältigende Luftüberlegenheit, praktisch alle japanischen Flugzeuge vor Ort wurden zerstört. Am 1. Februar standen 11.000 GIs an der Küste, Luftgruppen und Artillerie ebneten ihren Vormarsch durch japanische Stellungen. Die Japaner wehrten sich heftigst bis 6. Februar, dann war die Insel genommen. Beinahe die ganze Garnison war ausgelöscht worden, auf einen gefallenen amerikanischen Soldaten kamen 20 Japaner. Das intensive Feuer der Schlachtschiffe im Verbund mit schweren Luftangriffen hatte nicht wenig dazu beigetragen, den hartnäckigen japanischen Widerstand zu brechen. Das nächste Ziel war das Atoll Eniwetok am Nordende der Marshalls. Eniwetok sollte eigentlich im Mai eingenommen werden, aber Nimitz sah einen Vorteil darin, sofort zuzuschlagen, bevor sich die Japaner von Kwajalein erholt und Verstärkung herbeigeholt hätten. Das Problem: Das Atoll lag in Reichweite der riesigen japanischen Basis Truk auf den Karolinen.

Mitscher sah darin eine Chance und sandte die TF58 gegen die Insel. Am 17. und 18. Februar rollten 30 massive Angriffswellen gegen Truk, an der kleinsten waren nicht weniger als 150 Maschinen beteiligt. An die 300 japanische Flugzeuge wurden Opfer von Jägern der US-Navy, fast 200.000 Tonnen

japanischer Schiffsraum gingen auf Grund. Hätten die Japaner nicht eine Woche zuvor große Einheiten aus dem Gebiet abgezogen, das Resultat wäre für sie vielleicht noch katastrophaler gewesen. Eniwetok wurde am 17. Februar angegriffen und fiel vier Tage später. Ein weiterer Teil des Reichs der Sonne war verloren und der nächste Schlag der Amerikaner sollte noch schwerer wiegen.

VORSTOSS AUF DIE MARIANEN

Einmal mehr wählten die Amerikaner das Risiko: Sie würden Truk und die Karolinen umgehen und auf den Marianen landen. Die geographische Lage der Inseln bot sich für einen Stützpunkt von US-B-29 Bombern an, der schwere, strategische Bombenangriffe auf Japan erlauben würde. Zwar würde diese Aktion gewiss Japans Flotte zum Eingreifen zwingen, das schreckte die Amerikaner jedoch wenig: Die Angst vor der japanischen Flotte war längst geschwunden. Die Operation Forager begann und sollte zur größten Trägerschlacht des Krieges führen.

Einmal mehr bildete die TF 58 das Herz der Kampfgruppe. Die Flotte bestand aus sieben großen und acht leichten Trägern (CVL) sowie 90 anderen Schiffen und zwei Eskortenträgergruppen für Nahsicherung und U-Boot-Abwehr. Qualität und Zahl der US-Flugzeuge war beeindruckend. Mit der zuverlässigen SBD Dauntless, 1944 nur mehr selten eingesetzt, waren die Sturzkampfgeschwader der *Enterprise* und der neuen *Lexington* (ein Träger der *Essex*-Klasse) ausgerüstet. Die anderen Träger beschäftigten in dieser Rolle die neue Curtiss SB2C Helldiver. Die Helldiver war nicht populär, ihr Beiname „the beast" zeigt die Mischung aus Zuneigung und Verachtung. Einige Crews machten aus ihrer Abneigung kein Hehl

RECHTS: Die USS *Essex* läuft an der Spitze einer Kette amerikanischer Schiffe, darunter zumindest ein Schlachtschiff. Die Essex-Klasse, die zur dominieren Trägerklasse im Pazifikkrieg wurde, konnte sehr viele Flugzeuge an Bord nehmen. Die geballte Macht der trägergestützten Maschinen, die den USA ab 1944 zur Verfügung standen, verhinderte, dass die Japaner auch nur irgendetwas gegen das Vorrücken der Amerikaner auf ihr Mutterland unternehmen konnten.

und nannten sie in Anspielung auf die Typennummer SB2C „Son of a Bitch, 2nd Class" (Hurensohn zweiter Klasse). Das war nicht ganz fair gegenüber der robusten und gut bewaffneten Helldiver. Die Einheiten der Torpedobomber (immer mehr auch mit Flächenbombardements betraut) flogen so gut wie exklusiv die Grumman TBF Avenger oder die für Grumann von General Motors gebaute, nahezu baugleiche TBM. Nach dem katastrophalen Debüt bei Midway war die Avenger zu einem ausgezeichneten Kampfflugzeug gereift, das sich gegen japanische Jäger durchsetzen konnte.

Ausschlaggebend aber war, dass die Jäger an Bord der amerikanischen Träger den japanischen mehr als nur ebenbürtig und ihre Piloten erfahrener waren. Deren wichtigster, die Grumman F6F Hellcat, war zwar nicht so wendig wie die japanische Zero, hatte aber zahlreiche Vorzüge. Sie war mit sechs 12,7 mm-Maschinengewehren bestückt, deren Projektile die ungepanzerten japanischen Maschinen durchschlugen. Die robuste Hellcat steckte selbst schwere Schäden weg. Und noch ein weiterer Jäger stand der TF58 in kleiner Zahl zur Verfügung: die Vought F4U Corsair, mit der man auf Küstenbasen der US-Marines bereits reichlich Erfahrung gesammelt hatte. Die Corsair, leicht an den so genannten Möwenschwingen zu erkennen, war ein beeindruckender Kämpfer, allerdings ursprünglich mit einigen unerwünschten Eigenschaften bei Landungen an Bord. Modifizierte Varianten wurden eben erst in Dienst gestellt. An Bord der Eskortenträger fand man die zuverlässige Grumman Wildcat, diesmal die FM-2, gemeinsam mit mehr Avengers.

Der Vorstoß auf die Marianen begann mit den Jägern. Um 13 Uhr am 11. Juni 1944 stiegen über 200 Hellcats und Avengers zu einem Angriff auf die Flugfelder von Guam, Saipan, Tinian und Pegan auf. Dahinter stand die Absicht, japanische Flugzeuge zum Kampf herauszufordern, oder, falls sie die Einladung nicht annahmen, sie am Boden zu treffen. Das Resultat war verheerend: Als sich der Tag neigte, waren 81 japanische Flugzeuge in der Luft, 29 am Boden zerstört. Die Amerikaner verloren 21 Hellcats und 15 Piloten. Diesem Auftakt folgte eine Kampfpause, aber die Japaner sannen auf Rache.

Am 13. Juni starteten sie mit Operation A-Go die lang geplante Schlacht mit der US-Flotte. Alle neun japanischen Träger und die

Vought F4U Corsair

größten Schlachtschiffe der Welt, *Yamato* und *Musashi*, führten den Einsatz. Der siegessichere Kommandeur der japanischen Flotte, Admiral Jisaburo Ozawa, hatte allerdings augenscheinlich nicht realisiert, wie schwer es seinem schwachen Luftelement werden würde, die starken Flieger der US-Marine zu überwinden. Um auch nur eine Erfolgschance zu haben, hätte Ozawa ein Überraschungselement gebraucht – er hatte es nicht: Die Überwachung der japanischen Flotte durch amerikanische U-Boote gab Mitscher die Oberhand. Dieser fand, dass die Bedrohung durch landbasierte japanische Flugzeuge zu reduzieren sei, und sandte in der Nacht des 14. Juni TG58.1 und TG58.4 gegen die Fliegerhorste auf Iwo Jima und

Chichi Jima. Am frühen Nachmittag des 15. erreichten die Taskgroups ihre Ziele. Die ersten Hellcats trafen auf 38 japanische Flugzeuge, durchbrachen deren Formation und zerstörten fast alle. Im weiteren Kampfverlauf wurden, entweder in der Luft oder am Boden, nahezu alle auf diesen Inseln stationierten Lufteinheiten ausgelöscht. Zum Ende der Aktion waren die Marines bereits seit 24 Stunden auf den Marianen gelandet.

Am 16. Juni kehrten beide Taskgroups zur TF58 zurück, die Gefechte hielten während der nächsten 48 Stunden an. Am Abend des 17. nahm der Eskortenträger *Fanshawe Bay* bei einem japanischen Luftangriff Schaden und musste abgezogen werden. Am 18., um 15:14 Uhr, sichteten japanische Aufklärer die

OBEN: Die Vough F4U Corsair leistete in der grimmigen Schlacht gegen die Japaner im Pazifik wertvolle Dienste. Anfang 1944 flog Lt. (jg) Ira C. „Ike" Kepford, das führende As der US-Navy im Pazifik, diese F4U-1A. Sie trägt Kepfords 16 Abschussmarken in Form der aufgehenden Sonne des kaiserlichen Japan.

LINKS: Einer der berühmten „Batmen" (Offiziersburschen) weist einen Piloten beim Landeanflug auf den Träger ein. Die Signaloffiziere hatten eine lebenswichtige Funktion, ihre Korrekturanweisungen verhalfen den Piloten zu einer sichern Landung. Mit großen Kellen wurden die Piloten darauf hingewiesen, dass sie etwa ihre Höhe zu verändern, die Geschwindigkeit zu reduzieren oder zu beschleunigen hätten.

OBEN: Ein Waffenmeister überprüft die 12,7-mm-Maschinengewehre einer Vought F4U Corsair.

USS *Essex*

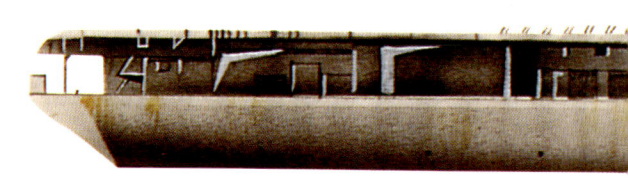

Amerikaner, Catalinas machten die Japaner auf ihrem Radar am folgenden Morgen um 1:15 Uhr aus. Ein Fehler bei der Signalverfolgung verhinderte erst, dass die Amerikaner die Hauptmacht des Feindes fanden, aber es war klar, die Schlacht war greifbar nahe.

TRUTHAHNJAGD AUF DEN MARIANEN

Am Morgen des 19. Juni 1944 flogen einmal mehr Hellcats gegen japanische Flugfelder und zerstörten zahlreiche Feindflugzeuge. Um 10 Uhr wurden sie zurückbeordert, um einer neuen Bedrohung zu begenen: Japanische Angreifer waren vom Radar der TF58

erfasst worden. 140 Hellcats stiegen auf, um die Attacke abzuwehren, die von den Fliegerhorsten zurückkehrenden Flugzeuge und jene, die auf Patrouille gewesen waren, landeten zum Auftanken. Zur allgemeinen Verwirrung begannen die Japaner, 113 km entfernt zu kreisen. Erst später erfur man, dass der Kommandant seinen unerfahrenen Männern letzte Anweisungen gegeben hatte. Das gab den Amerikanern Gelegenheit, die

RECHTS: Zwischen zwei Grumman Avengers, an Deck eines Trägers, fällt der Blick auf ein japanisches Flugzeug, das in Flammen steht und abstürzt. Es wurde abgeschossen, als es während des Truthahnschießens auf den Marianen den Eskortenträger USS *Kitkun Bay* angriff. Zu dieser Zeit war die Lage der Japaner so verzweifelt geworden, dass sie, in dem vergeblichen Versuch, das Vordringen der Amerikaner zu stoppen, Kamikazeeinsätze begannen.

Wasserverdrängung:	35.438 Tonnen (Volllast)	**Antrieb:**	Dampfturbinen an vier
Größte Länge:	265,8 m		gekoppelten Wellen
Größte Breite:	28,4 m	**Geschwindigkeit:**	32,7 Knoten
Tiefgang:	7,01 m	**Bewaffnung:**	zwölf 127-mm-Geschütze;
			32 40-mm- und
			46 20-mm-Kanonen
		Besatzung:	2.682
		Flugzeuge:	91/100

Begegnung fernab der eigenen Träger herbeizuführen. Um 10:35 Uhr trafen die ersten Hellcats auf den Feind und holten schon in der ersten Runde 19 Zeros vom Himmel, ein wilder Kampf begann. Nur 20 japanische Maschinen kamen bis zur Flotte durch, nur einer gelang ein Treffer: Eine 250-kg-Bombe traf das Schlachtschiff *South Dakota*. Binnen Minuten war der Spuk vorbei. Japan hatte 42 Flugzeuge verloren, die USA drei.

Die zweite Welle, wenig später, stand von Beginn an unter keinem guten Stern. Das U-Boot *Albacore* feuerte zwei Torpedos auf den japanischen Träger *Taiho*, einer traf. Dem nicht genug, mussten einige Flugzeuge wegen technischer Gebrechen umkehren, zehn Maschinen traf „freundliches" Flugabwehrfeuer, zwei gingen verloren. Als die Angreifer die US-Flotte erreichten, wurden sie von den Hellcats vernichtet. Zwar bekamen die *Wasp* und die *Bunker Hill* von den wenigen Flugzeugen, die durchkamen, Treffer ab, doch mit geringer Wirkung. Die Japaner verloren 96 Flugzeuge, aber das Schlimmste kam erst. Als die Überreste der Angreifer auf dem Heimflug waren, trafen drei Torpedos der USS *Cavalla* die *Shokaku*: Treibstoffleitungen brachen, die *Shokaku* explodierte um 15 Uhr. Kaum eine Stunde danach folgte ihr die *Taiho*. Als nach einem Torpedotreffer der USS *Albacore* Treibstoffdämpfe austraten, hatte man die Belüftungsschächte geöffnet: die Dämpfe breiteten sich aus, die *Taiho* wurde um 15:32 Uhr von einer gigantischen Explosion zerrissen. Die Kämpfe dauerten bis zum frühen Abend: als der Tag endete, hatten die US-Kräfte lediglich geringfügige Schäden an ihren Schiffen

und den Verlust von 16 Hellcats zu beklagen. Sie hatten zwei Träger versenkt und 378 Feindflugzeuge zerstört, sieben davon gingen auf das Konto von Commander David McCampbell, Kommandeur der Air Group 15 auf der USS *Essex*. Die Truthahnjagd war fast vorbei, doch ein Akt sollte noch folgen.

Tags darauf, am 20. Juni suchten Mitschers Flugzeuge nach Japans Flotte, um 15:40 Uhr hatten sie Erfolg. Um 16:20 Uhr griff man an, obwohl die Flugzeuge danach im Dunkeln landen mussten. Der Einsatz war zwar weniger erfolgreich, als die US-Piloten anfangs dachten, aber eindrucksvoll genug. Der japanische Träger *Hiyo* wurde versenkt, die *Junyo* und *Zuikaku* beschädigt. Um 22:45 Uhr erreichten die US-Flugzeuge ihre Träger: Um so viele Männer und Flugzeuge wie möglich aufzunehmen, ließ Micher die Schiffe beleuchten. Das führte zu einigen gefährlichen Zwischenfällen, da manche Piloten auf Zerstörern zu landen versuchten, aber viele fanden einen Träger, wenn auch nicht immer jenen, von dem sie aufgestiegen waren. 104 Flugzeuge mussten notwassern, aber nur 49 Mann kehrten nicht heim, die meisten von ihnen waren bei den Angriffen auf die japanischen Träger verloren gegangen.

Der Kampf um die Marianen währte bis zum 10. August. Japans Trägerflotte war faktisch bedeutungslos geworden, noch eine Schlacht, und die Stärke seiner Marine wäre dahin: Sie kam im Golf von Leyte.

DER GOLF VON LEYTE

Nach den Marianen gab es zwei weitere Offensiven, eine durch die 5. Flotte unter Admiral Spruance, die andere durch die Task

RECHTS: Ein voll belegtes Deck an Bord eines Trägers der britischen Pazifikflotte. Unter den Flugzeugen waren Grumman Hellcats, Fairey Fireflies, Grumman Avengers, Vought Corsairs und Fairey Barracudas. Diese gemischte Ladung weist darauf hin, dass der Träger als Transporter diente, da ein im Einsatz befindlicher Träger nie alle Typen gleichzeitig in seiner Luftgruppe gehabt hätte.

Force 38 unter dem Oberkommando von Admiral William F. Halsey (Mitscher behielt das taktische Kommando über die Träger). Halsey war überrascht, wie wenig Widerstand die Japaner leisteten und schlug vor, Leyte zu besetzen. Die Vorbereitungen begannen am 11. Oktober 1944. In Stufe eins sollten Angriffe auf Okinawa und Formosa drohenden Luftangriffen ein Ende machen. In nur drei Tagen wurden über 500 japanische Flugzeuge und mehrere Flugfelder zerstört. Japanische Vergeltungsschläge beschädigten zwei Schiffe ernst, den Träger *Franklin* leicht. Aus diesen Teilerfolgen machte Japans Propaganda die Zerstörung von 11 US-Trägern und sechs anderen

großen Schiffen. Halsey geriet daraufhin in Wut und sandte Nimitz eine knappe Meldung: „Das gesamte Drittel der Flotte, das Radio Tokio als versenkt gemeldet hat, wurde geborgen und zieht sich mit hoher Geschwindigkeit in Richtung japanischer Flotte zurück". Allerdings meinten die Japaner tatsächlich, 11 Träger versenkt zu haben und handelten deswegen so, als ob sie im Vorteil wären – was keineswegs zutraf.

Am 17. Oktober landeten Ranger der US-Army an den Küsten der Inseln im Golf von Leyte. Als die Japaner reagierten, erlebten die GIs einige besorgte Stunden, da Halsey deren Absichten falsch deutete, aber die Auswirkungen waren von einem Gemetzel

HMS *Indomitable*

Wasserverdrängung:	28.661 Tonnen (Volllast)	**Geschwindigkeit:**	30,5 Knoten
Größte Länge:	226,7 m	**Bewaffnung:**	16 114-mm-Geschütze und
Größte Breite:	29,2 m		48 Zweipfünder
Tiefgang:	7,32 m	**Besatzung:**	1.592
Antrieb:	Dampfturbinen an drei gekoppelten Wellen	**Flugzeuge:**	48

weit entfernt. Am 24 Oktober begegneten der einzigartige David McCampbell und sein Flügelmann, Roy Rushing, einer Formation japanischer Flugzeuge. McCampbell schoss neun von ihnen ab (möglicherweise hat er zwei weitere zerstört), Rushing vernichtete fünf. Dieses Beispiel zeigt am besten, wie gering die Japaner mittlerweile von den US-Jagdpiloten geschätzt wurden. Trotzdem schlugen sie sich in Einzelfällen immer noch gut: Der Träger *Princeton* ging durch Bomben auf Grund und überdies begannen am 25. Oktober, mit der Versenkung des Trägers St Lô, die ersten Kamikazeangriffe.

Die Selbstmordeinsätze der Kamikaze wurden zwar zum ernsten Problem, hatten aber wenig Einfluss auf Leyte. Das mächtige japanische Schlachtschiff *Musashi* sank, von 19 Torpedos und mindestens zehn Bomben getroffen; am Tag der ersten Kamikazeattacke vernichteten trägergestützte Flugzeuge die japanischen Träger *Chitose* und *Zuiho*, während die *Zuikaku* einmal mehr, wenn auch beschädigt, überlebte und ein letztes Mal entkam. Aber der Aufschub war kurz. Die Amerikaner kehrten mit über 100 Maschinen zurück, trafen mit mindesten sieben Torpedos und vier Bomben, die *Zuikaku* kenterte binnen Minuten und ging auf Grund. Japan hatte vier Träger, drei Schlachtschiffe, neun Kreuzer und acht Zerstörer verloren: Mit dem Ende der Schlacht war auch das Ende von Japans Flotte als Kampfeinheit gekommen, während die USA den Verlust von drei Trägern und zwei Zerstörern leicht ausgleichen konnten. Kamikaze wurden zu letzten Waffe der japanischen Marine: Das Original, *Kamikaze*, der „Göttliche Wind", hatte eine Invasionsflotte zurückgeworfen, ein noch größeres Wunder hätten seine Epigonen des Jahres 1944 vollbringen müssen: Die mächtige US-Flotte

erhielt Verstärkung, die Royal Navy kehrte nach langer Zeit in den Pazifik zurück.

DIE LETZTEN SCHLACHTEN

Gestärkt von der British Pacific Fleet gingen die US-Träger nun nahezu ungehindert gegen japanische Ziele vor, so unterstützen sie die Landung auf Iwo Jima und Okinawa. Kamikazes wurden zum ernsten Ärgernis, wobei die britischen Träger mit ihren gepanzerten Decks weit weniger litten, als die amerikanischen. Am 1. April 1945 starteten die Japaner in ihrer verzweifelt Lage Operation „Ten-Go", ein Selbstmordkommando. Trotz immenser Verluste konnten sie 4.500 Flugzeuge zusammenziehen, die *Yamato* sollte Nachschublinien der Invasoren von Okinawa angreifen. Sie wurde beim Auslaufen beobachtet, als sie in Reichweite war, griffen 280 US-Flugzeuge an. Das Unvermeidliche geschah: In einem Schwarm von Flugzeugen, von 10 Torpedos und zahllosen Bomben getroffen, sank das Schlachtschiff.

Die amerikanischen Träger wurden fast ununterbrochen von Kamikaze angegriffen, die *Hancock*, *Enterprise*, *Essex* und *Bunker Hill* getroffen. Die Schlachten waren grimmig: Als Okinawa am 2. Juni fiel, hatten die Amerikaner 790, Japan über 2000 Flugzeuge verloren. Die USA standen nun nahe genug vor Japan, um eine Invasion planen zu können. Zu der es nie kam. Durch das Inselhüpfen hatte man Basen für die B-29 erobert, die Bomber überzogen Japans Städte mit riesigen Feuerwalzen. Yokohama wurde bei einem einzigen Angriff fast gänzlich zerstört, etwa 500.000 Zivilisten getötet. Aber die gewaltigste Machtdemonstration sollte erst kommen. In den frühen Morgenstunden des 6. August fiel den Menschen in Hiroshima eine einzelne B-29 auf. Der Pilot, Colonel Paul Tibbets, hatte seine Maschine nach seiner Mutter benannt: *Enola Gay*.

Momente, nachdem das Flugzeug über der Stadt ausgemacht worden war, legte die erste Atombombe Hiroshima in Schutt und Asche, Nagasaki folgte drei Tage später. Der Kaiser verkündete am 15. August 1945 die Kapitulation Japans. General MacArthur leitete an Deck von Halseys Flaggschiff, dem Schlachtschiff *Missouri*, die formale Kapitulationszeremonie. Der Ort war durchaus angemessen, nur ein Flugzeugträger wäre passender gewesen: Ohne sie hätte man den Krieg im Pazifik nicht gewinnen können.

MacArthur beendete die Zeremonie mit den Worten: „Lasst uns beten, dass nun die Welt wieder in Frieden leben kann." Dieses Gebet wurde nicht erhört. Fünf Jahre später würde MacArthur wieder im Krieg und Flugzeugträger seine wichtigste Waffe sein: am neuen Schauplatz Korea.

FÜNFTES KAPITEL

JETS ZUR SEE: EINE NEUE TECHNOLOGIE

Atombomben hatten nicht nur den Krieg mit Japan beendet, auch die Zukunft der Flugzeugträger war gefährdet. Darin lag mehr als ein Schuss Ironie, da Träger das wichtigste Mittel zum Sieg gewesen waren. Das Auftauchen von Atomwaffen schien aber alle Methoden konventioneller Kriegsführung in Frage zu stellen.

D IE US-NAVY TEILTE KEINESWEGS DIE ANSICHT, dass Träger veraltet wären. Mit ihrer Hilfe könnte man, so argumentierte die Marine, Ziele an Land, insbesondere zur Unterstützung amphibischer Operationen, angreifen. Die Einsicht in die Wichtigkeit der Flugzeugträger hinderte die Navy aber nicht daran, Bauaufträge zu stornieren und Träger nach dem Krieg außer Dienst zu stellen. Ähnlich in England: Aufträge für große Träger der *Malta*-Klasse,

LINKS: Die HMS *Ark Royal* auf Patrouille irgendwann in den frühen 70er-Jahren, auf ihrem Deck Buccaneers, Fairey Gannets und Phantoms. Die *Ark Royal* wurde 1978 außer Dienst gestellt, Britanniens trägergestützte Flugstreitmacht bestand danach aus Sea Harriers, die von bedeutend kleineren Trägern aus operieren konnten.

1943 bestellt, wurden storniert, bevor ihre Konstruktion wirklich angelaufen war (eine, gelinde gesagt, unglückliche Entscheidung). Streichungen und Verzögerung auch bei Neuentwicklungen: Wen überrascht es, die ökonomische Lage der Nachkriegszeit war katastrophal. Zwei große Träger, *Ark Royal* und *Eagle*, überlebten die Kürzungen, doch ihr Bau dauerte lange. Die *Eagle* (ursprünglich *Audacious*) war im Oktober 1942 auf Kiel gelegt worden und konnte erst im Oktober 1951 in Dienst gestellt werden. Dem gegenüber wurde das amerikanische Bauprogramm zwar langsamer, aber Aufträge für letzte Träger der *Essex*- und die neue *Midway*-Klasse wurden nicht storniert, die Einheiten standen nach weniger als drei Jahren im Dienst. Die Royal Navy hingegen setzte auf neue, leichte Flottenträger, die *Colossus*-Klasse, und überlegte, einige Träger der *Illustrious*-Klasse umzubauen, um sie mit modernen Flugzeugen verwenden zu können. Auch *Centaur*-Träger sollten zur Modernisierung der britischen Flotte beitragen, aber diese Schiffe würden erst Anfang der 50er Jahre in Dienst gestellt werden.

Amerikaner wie Briten standen vor der Tatsache, dass das Jetzeitalter begonnen hatte, die Zukunft der militärischen Luftfahrt lag in Strahlflugzeugen. Träger mit Flotten propellerbetriebener Maschinen würden von den Jets zur Gänze deklassiert werden. Jets waren aber schwerer als Flugzeuge mit Kolbenmotoren und erforderten größere Träger. Für die USA war dies kaum ein Problem, die *Essex*-Klasse war, auch ohne Änderungen, mehr als nur gerüstet für die modernen Flugzeuge. Die Träger der Briten erwiesen sich als weniger anpassungsfähig. Je weiter die Flugzeugtechnologie fortschritt, desto schmerzlicher wurde der Royal Navy klar, dass ihre Träger für die neue Flugzeuggeneration ungeeignet waren.

TRÄGER DER NACHKRIEGSZEIT

1946 verfügte die US Navy über zwei Trägerklassen, darunter drei Schiffe der *Midway*-Klasse zu je 45.000 Tonnen. Diese Träger hatten, aufgrund der Erfahrungen mit den Kamikazes, ein gepanzertes Deck, eine furchterregende Geschützbatterie (die im Lauf der Jahre reduziert werden sollte) und eine Luftgruppe aus nicht weniger als 137 Flugzeugen. Die *Franklin D. Roosevelt*, von August bis Oktober 1946 im Mittelmeer stationiert, trug 123 Flugzeuge. Die Typen waren bekannt: 65 Vought F4U Corsairs (in der neueren F4U-4 Variante), vier Dutzend der wenig geliebten S2BC Helldiver (ebenfalls in der neuesten Variante) sowie acht F6F-5 Hellcats und zwei Grumman TBM Avenger. Eine beeindruckende Luftgruppe, es gab nur eine ernsthafte Bedrohung für die überlegene Corsair: Jets. Allerdings war die einzige Nation neben den USA, die diese in nennenswerter Zahl besaß, England, so ging die FDR mit der Gewissheit, dass sie jedem Gegner in der Luft überlegen war, auf Patrouille. Aber die US-Navy war in Bezug auf Jets keineswegs unbekümmert. Schon im März 1945 tat die Ryan FR Fireball begrenzt Dienst. Die Fireball war ein Flugzeug mit gemischtem Antrieb aus einem Kolbenmotor und einem Strahltriebwerk. Im Mai 1945, bei

USS *United States*

(alle Zahlen nur hochgerechnet)

Wasserverdrängung: 79.756 Tonnen (Volllast)

Länge:	331,6 m
Größte Breite:	39,52 m
Tiefgang:	10,5 m
Antrieb:	Dampfturbinen an vier Wellen
Geschwindigkeit:	33 Knoten
Bewaffnung:	acht 127 mm Geschütze; acht 76-mm-Zwillingsgeschütze und zwanzig 20-mm-Kanonen
Besatzung:	4.217
Flugzeuge:	72

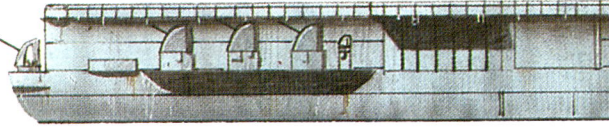

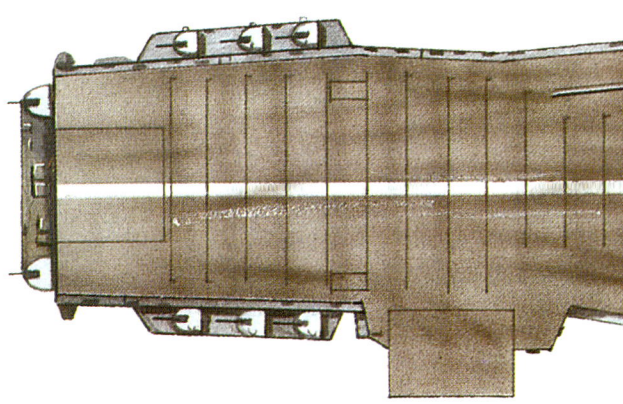

dreitägigen Tests auf Trägern, erwies sich das Flugzeug als brauchbar, aber es wurde kaum eingesetzt. Im Dezember 1945 erfolgte die erste Landung eines echten Jets auf einem Flugdeck, Lt. Cdr. Eric Brown (Royal Navy) landete mit einer De Havilland Vampire auf der HMS *Ocean*. Brown flog an diesem sowie drei folgenden Tagen mehrere Starts und Landungen. Leider war die Admiralität nicht recht überzeugt von den Jets und handelte daher träge. Die Sea Vampire (eine Vampire mit Fanghaken und Startausrüstung) wurde bald nach Browns Pionierflug für die Royal Navy bestellt, aber die ersten Serienmaschinen flogen erst 1948. Lediglich 18 wurden gebaut und nur für Sekundäraufgaben verwendet. Die Supermarine Attacker, eine recht simple Maschine mit vier 20-mm-Kanonen und einigen 454-kg-Bomben, überzeugte die Admiralität eher. Supermarine hatte das Flugzeug für die Royal Air Force entworfen, die jedoch nicht interessiert war. Eine Marineversion flog im Juni 1947, vier Monate später kam es zu Tests an Bord der HMS *Illustrious*. Diese waren erfolgreich, dennoch brauchte die Admiralität drei Jahre, um über eine Bestellung zu entscheiden, erst nach weiteren zwölf Monaten wurden die ersten Flugzeuge in Dienst gestellt. Zu dieser Zeit hatte die US Navy das Rennen längst gewonnen und die Führungsrolle in der trägergestützten Luftfahrt übernommen, um sie nie mehr abzugeben.

Schon vor dem Ende des Zweiten Weltkriegs hatte die US Navy drei Jet-Prototypen bestellt: Die McDonnell FD-1 (später FH-1)

Phantom, die Vought F6U Pirate und die North American FJ-1 Fury. Die Phantom startete am 26. Januar 1945, im Juli 1946 begannen die Tests auf Trägern. Im Grunde war sie ein problemloses Flugzeug, aber die langsame Antwort ihrer Strahltriebwerke auf die Drosseln (generell ein Problem früher Triebwerke) sorgte für interessante Momente. Ein Jahr nach den Tests wurde die VF-17A, eine Jagdsquadron, auf die Phantom umgestellt. Im Mai 1948, nach Abschluß der Trägerausbildung, wurde das Geschwader zur ersten operativen Jeteinheit der Marine. Die F6U erwies sich als Enttäuschung und wurde eingestellt, aber die FJ-1 Fury war mehr als nur adäquat und tat schon bald nach der Phantom begrenzt Dienst. Die USN war weitblickend genug, Jets entwickeln zu lassen und nicht blind für deren Fehler. Der Treibstoffverbrauch lag weit über dem von Maschinen mit Kolbenmotoren und sie trugen weniger Gewicht an Waffen. Daher fertigte man weiterhin Flugzeuge mit Kolbenmotoren. Die Vought Corsair wurde zu den Versionen F4U-4 („Dash-4") und F4U-5 („Dash-5") weiterentwickelt, die anstelle der 12,7-mm-Maschinengewehre der Kriegsmodelle 20 mm-Kanonen trugen und mit Bomben und Raketen bestückt werden konnten. Dash-4 und Dash-5 Corsairs ersetzten rasch die Helldivers als Angriffswaffen. Bald aber sollte sich ihnen ein weiteres Flugzeug hinzu gesellen, die legendäre Douglas AD Skyraider. Die Skyraider kam praktisch unmittelbar nach Kriegsende in Dienst, ihr Waffenarsenal war beeindruckend. Neben zwei (später vier) 20-mm-Kanonen, hatte das Flug-

Auch die Eagle trug die klassisch-britischen Signalmasten, die man seitlich in die Horizontale klappen konnte. Wenn kein Flugbetrieb war, blieben die Masten in aufrechter Stellung.

Der Dreibein-Mast des Typ-960-Luftbeobachtungs-Radars. Während des Kriegs entstanden, war die Anlage besonders wirksam im Verbund mit anderen Systemen.

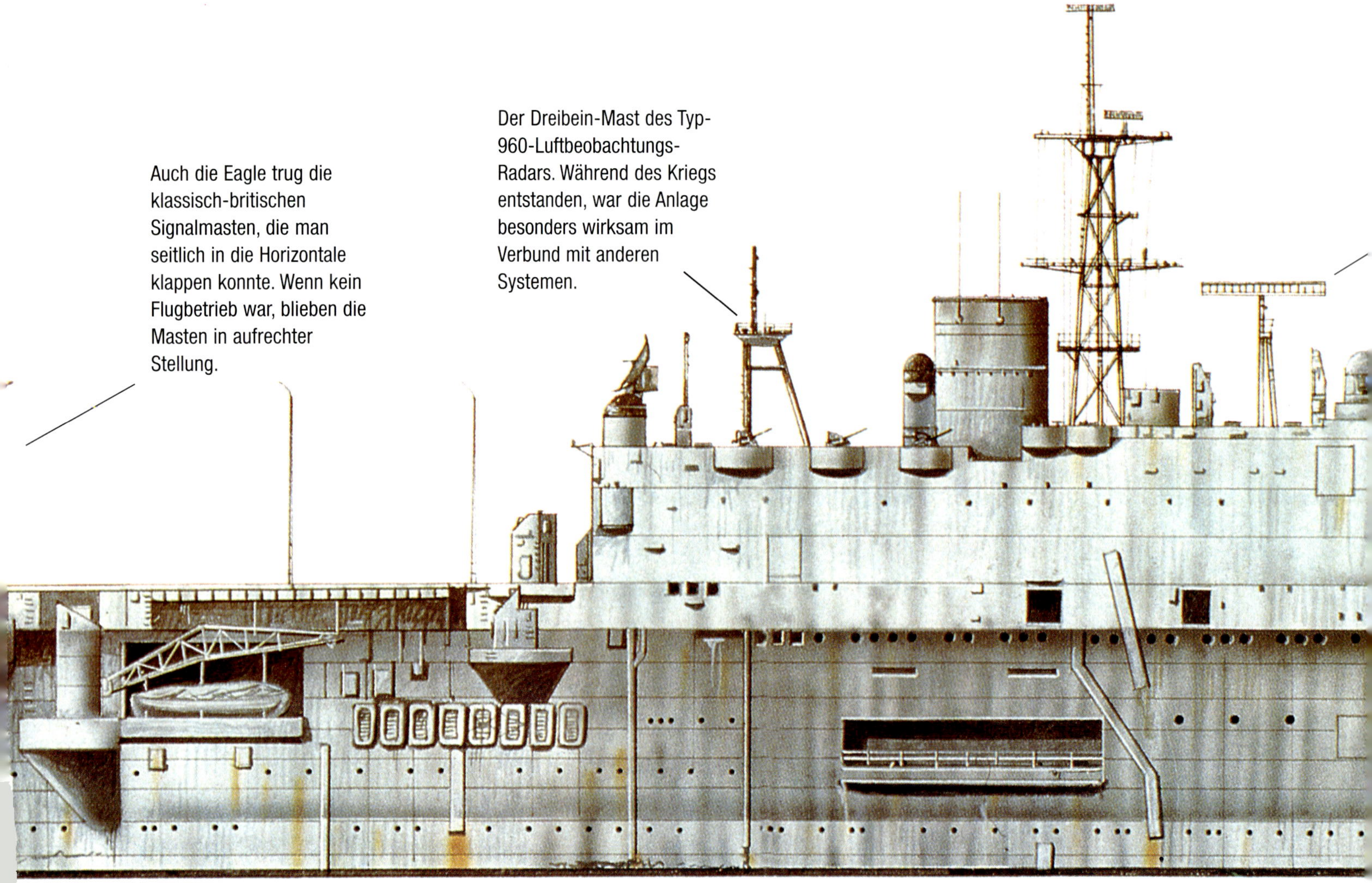

Im Jahr 1954 erhielt die *Eagle* behelfsmäßig ein um 5° versetztes Deck, indem man an der Back-bordseite einen kleinen Anbau anbrachte und die Fangdrähte und die Sicherheitsbarriere versetzte.

HMS *Eagle*

Die *Eagle* kam in den 50er Jahren in den Dienst der Royal Navy, die Wirren im Gefolge des Endes des Zweiten Weltkriegs hatten ihre Bauzeit etwas verlängert. In der Suezkrise 1956 bewährten sich ihre Flugzeuge hervorragend, der Träger blieb bis 1972 im aktiven Dienst.

Hinten lag der kleinere der beiden Aufzüge zum Hangardeck der *Eagle*. Beide Aufzüge waren leicht nach backbord versetzt, um für die Kesselverkleidung an steuerbord Platz zu schaffen.

zeug unter den Tragflächen 15 Halterungen für Artillerie oder Treibstofftanks: Damit tat sie auch noch nach 20 Jahren Dienst. Überdies entwickelten die Amerikaner auch das erste Spezialflugzeug für den Einsatz auf Trägern, die Grumman AF-2 Guardian. Die AF-2W war mit Suchradar und Gerät zur U-Boot-Jagd ausgerüstet, die AF-2S hatte die Waffen zu deren Vernichtung. Zusätzlich wurden spezielle Versionen der Skyraider für die elektronische Kriegsführung und luftgestützte Frühwarnsysteme entwickelt. Und es gab ein gänzlich neues Luftfahrzeug, den Helikopter, für Transporte und die Rettung notgelandeter Piloten. Gemeinsam mit den Spezialflugzeugen erhöhten sie die Flexibilität der Flugzeugträger.

STREIT UM NUKLEARWAFFEN

Trotz dieser Entwicklungen ist das heikle Thema Kernwaffen der Schlüssel zum Verständnis der Überlegungen der Nachkriegszeit. 1947 entstand die United States Air Force (USAF) als selbstständige Waffengattung. Die neue Gattung trat äußerst selbstbewusst auf und forderte umgehend die alleinige Kontrolle über das nukleare (später „atomar" genannte) Waffenarsenal. Einige hohe Offiziere zweifelten, ob die Marine in atomare Auseinandersetzungen verwickelt

werden solle, andere vertraten lautstark die Vorzüge trägergestützter Flugzeuge. Rear-Admiral Daniel Gallery, Assistant Chief of Naval Operations (Guided Missiles), war wahrscheinlich der beste Anwalt der Ausrichtung auf Nuklearwaffen, er forderte in einem Memorandum die US-Navy auf, umgehend zu beweisen, dass sie Atombomben besser abwerfen könne als die USAF. Gallery vertrat den Standpunkt, dass Träger weit näher am Feind stationiert werden könnten als landgestützte Bomber und (anders als bei den B-29) keine Luftwaffenstützpunkte in fremden Ländern notwendig wären. Der neue Convair B-36 Bomber der USAF wäre zwar in der Lage, Atomwaffen über beachtliche Entfernung zu transportieren (damals schien die UdSSR bereits als wahrscheinlichste Bedrohung für die USA), brauchte jedoch eine Jägereskorte, die ebenfalls in Übersee stationiert werden müsste. Dieses Problem könne durch Flugzeugträger leicht gelöst werden, mit ihnen wäre ein Angriff leichter, die Jäger unmittelbar verfügbar. Gallerys Thesen wurden vom Secretary of the Navy, John L Sullivan, und Admiral Louis Denfield, dem Chief of Naval Operations, abgelehnt, aber ihr Widerstand ließ die Debatte nicht verstummen. Der Secretary of Defense, James Forrestal (ehemals selbst

UNTEN: Ein Stimmungsbild der HMS *Bulwark* bei Nacht, während eines Besuchs von Cherbourg im Dezember 1958. Die Flugzeuge an Deck sind Hawker Sea Hawks, leichte und effektive Jagdbomber, die bis 1960 von der Royal Navy und bis weit in die 70er von der indischen Marine eingesetzt wurden.

Secretary of Navy) plädierte für eine angemessene nukleare Schlagkraft der USA, darunter auch Träger. Er befürwortete die Entwicklung großer Flugzeugträger und Bomber zum trägergestützten Einsatz dieser Waffen. Dies war schwierig, frühe Atomwaffen waren sehr groß und erforderten entsprechende Flugzeuge. Daher wurde die North American AJ Savage, ein Flugzeug mit drei Triebwerken (zwei Kolbenmotoren und ein Düsentriebwerk) in Auftrag gegeben. Da die Savage erst 1949 verfügbar sein würde, entschied man zu improvisieren und die Lockheed P2V Neptune einzusetzen, die als

LINKS: Beide Aufnahmen verdeutlichen das letzte Mittel zur Rettung eines Trägerflugzeugs. Das obere Bild zeigt den Anflug einer Sea Vixen der Royal Navy, es ist klar zu erkennen, dass steuerbord ihr Hauptfahrwerksträger nicht ausgefahren wurde. Dadurch hätte der Fanghaken unmöglich korrekt eingesetzt werden können, der Besatzung bliebe nur eine Möglichkeit: mit dem Schleudersitz auszusteigen. Daher wurde die Sicherheitsbarriere aus Nylon entfaltet, um den Jäger einzufangen. Auf der zweiten Aufnahme, sieht man, wie die Sea Vixen von der Barriere gestoppt wurde, welche sich selbsttätig um das Flugzeug gelegt hat. Die Deckmannschaft hatte sich während des Landevorgangs in Sicherheit gebracht und wird in der Folge die Sea Vixen aus der Barriere befreien.

OBEN: Die HMS *Eagle* zu ihrer besten Zeit. Am Bug eine Supermarine Scimitar, ein frühes Modell der Blackburn Buccaneer und eine Fairey Gannet sowie eine weitere Scimitar dahinter. Auf Höhe der Insel ein Geschwader von de Havilland Sea Vixen, den Allwetter-Jägern des Trägers, sowie ein weiterer auf dem Katapult. Am Heck ein einzelner Westland-Wessex-Helikopter.

Mit der *Eagle* wurde die Praxis fortgeführt, Träger mit schweren Defensivwaffen auszurüsten. Sechzehn 114-mm-Kanonen waren in acht Türmen untergebracht. Die nach vorne gerichteten Stellungen wurden bei der Generalüberholung 1959 entfernt.

TECHNISCHE DATEN		Antrieb:	Dampfturbinen; vier gekoppelte Wellen
HMS *Eagle*		Geschwindigkeit:	31,5 Knoten
		Bewaffnung:	sechzehn 114-mm-Geschütze,
Wasserverdrängung:	46.452 Tonnen (voll beladen)		32 40-mm-Kanonen, später durch
Größte Länge:	244,98 m		Seacat-Boden-Luft-Raketen ersetzt
Größte Breite:	34,37 m	Besatzung:	2.250
Tiefgang	10,13 m	Flugzeuge:	82 (nach Fertigstellung); 42 (1972)

Die sogenannte Heugabel-
Antenne gehörte zumTyp-
983-Jägerleitsystem.
Typ 982 hatte eine
Reichweite von 11 km.

Die *Eagle* hatte die gesamte
Bandbreite britischer Marine-
flugzeuge an Bord, auch die hier
abgebildete Sea Venom. Bei den
Einsätzen 1956, als der Träger am
Suezkonflik beteiligt war, trug die
Eagle sowohl Sea Venoms als auch
Hawker Sea Hawks und Westland-
Wyvern-Jagdbomber.

Am Bug hatte die *Eagle* zwei
BH5-Hydrauliikkatapulte.
Damit konnten Flugzeuge mit
einem Gewicht von bis zu
13.600 kg gestartet werden.
Da die Kampfflugzeuge
immer schwerer wurden,
ersetzte man diese durch
Dampfkatapulte, als man die
Eagle 1959 generalüberholte.

HMAS *Melbourne*

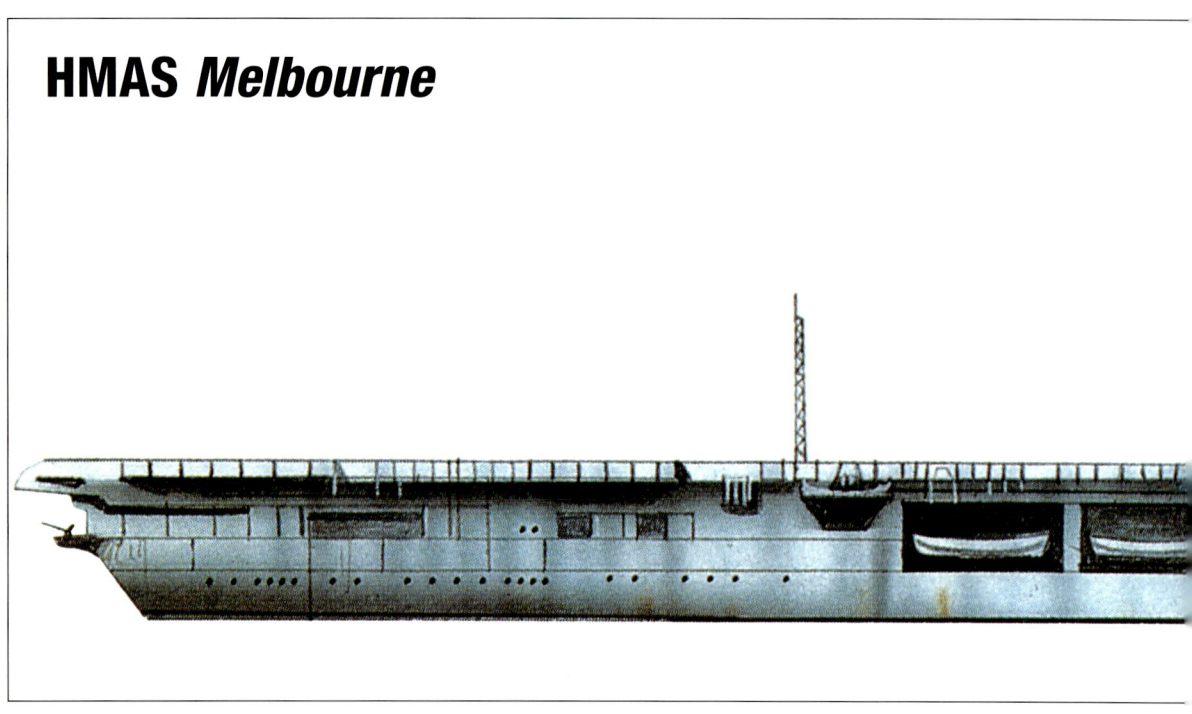

maritimes Patrouillenflugzeug, nicht als strategischer Bomber entwickelt worden war. Im April und Mai 1947 testete man die Neptune auf der USS *Coral Sea*. Sie wurde mit Starthilferaketen (RATO/rocket assisted take-off) ausgerüstet, da die Hydraulikkatapulte der Träger zu schwach für so schwere Flugzeuge waren. Allerdings konnte die Neptune nicht auf Trägern landen, sondern benötigte befreundete Militärflughäfen. Dadurch wurde die Flexibilität der Träger dramatisch reduziert, ein ebenso großer Nachteil wie jener, den Rest ihrer Luftgruppe nicht zum Einsatz bringen zu können. Für den Transport von Atomwaffen bestand sogar noch, als die zu diesem Zweck entworfene Savage in Dienst gestellt wurde, Bedarf an einem noch größeren Träger. Dieser wäre zum ersten „Supercarrier" geworden, sollte aber nie in Dienst gestellt werden.

DER AUFSTAND DER ADMIRÄLE

Die USAF blieb weiter bei der Haltung, dass die Navy nichts mit strategischen Bombern zu tun haben solle, trotzdem wurde die Erlaubnis zum Bau eines neuen Trägers gegeben, der USS *United States* (CVA-58). Die *United States* sollte ein beeindruckendes Schiff werden: 83.249 t Wasserverdrängung bei voller Beladung, 18 Bomber und über 50 Jäger an Bord. Ihr Flugdeck war ein Flush-Deck, um zu vermeiden, dass die Flügelspitzen der Bomber Gefahr liefen, mit der Insel in Kontakt zu kommen. Vier Flugzeugaufzüge und vier Katapulte waren vorgesehen. Aber das Schiff wäre unglaublich teuer geworden, und das brachte es zu Fall. Selbst dass sich die USA durch die UdSSR bedroht wähnten, vor allem, als diese 1949 selbst

eine Atombombe gezündet hatte, führte fürs Erste nicht zu einer Explosion der Verteidigungsausgaben. Die B-36 kam auf etwa sechs Millionen Dollar pro Flugzeug und die USAF wünschte sich viele von ihnen. Die B-36-Flotte und die Träger (die *United States*-Klasse sollte vier umfassen) würden ungeheuer viel kosten und dabei doch nur denselben Job erledigen. Die USAF setzte alles daran, um dies aufzuzeigen, tat sich aber schwer, weil Forrestal Träger bevorzugte. Doch dieser musste im März 1949 krankheitshalber zurücktreten. Sein Nachfolger, Louis Johnson, ließ sich von der USAF überzeugen, im April wurde das United States-Programm gestrichen. Damit begann ein unschöner Streit zwischen den Waffengattungen, als „Revolt of the Admirals" bekannt. Aus Rache versuchte die US Navy, auch das B-36 Programm zu Fall zu bringen, und entfachte eine Diskussion über die Verletzlichkeit der B-36 durch Jäger.

Den Auftakt machte Captain John G. Crommelin, der am 25. Mai 1949 in einer Pressekonferenz über den Secretary of Defense wegen der Stornierung der *United States* herzog und ihn bezichtigte, die Vereinigten Staaten schutzlos Angriffen auszuliefern. Crommelins Aktionen waren höchst umstritten, doch er wurde von nahezu allen Admirälen der US-Navy unterstützt. Daraufhin spielte er der Presse Zustimmungserklärungen mehrerer Admiräle zu (den Vermerk „confidential" – vertraulich ignorierend), bestritt aber diesen Vertrauensbruch. Die Schlagzeilen der Veröffentlichung bewogen den Vorsitzenden des House Naval Affairs Committee, Kongressabgeordneter, Carl Vinson, Anhörungen über die nationale Vertei-

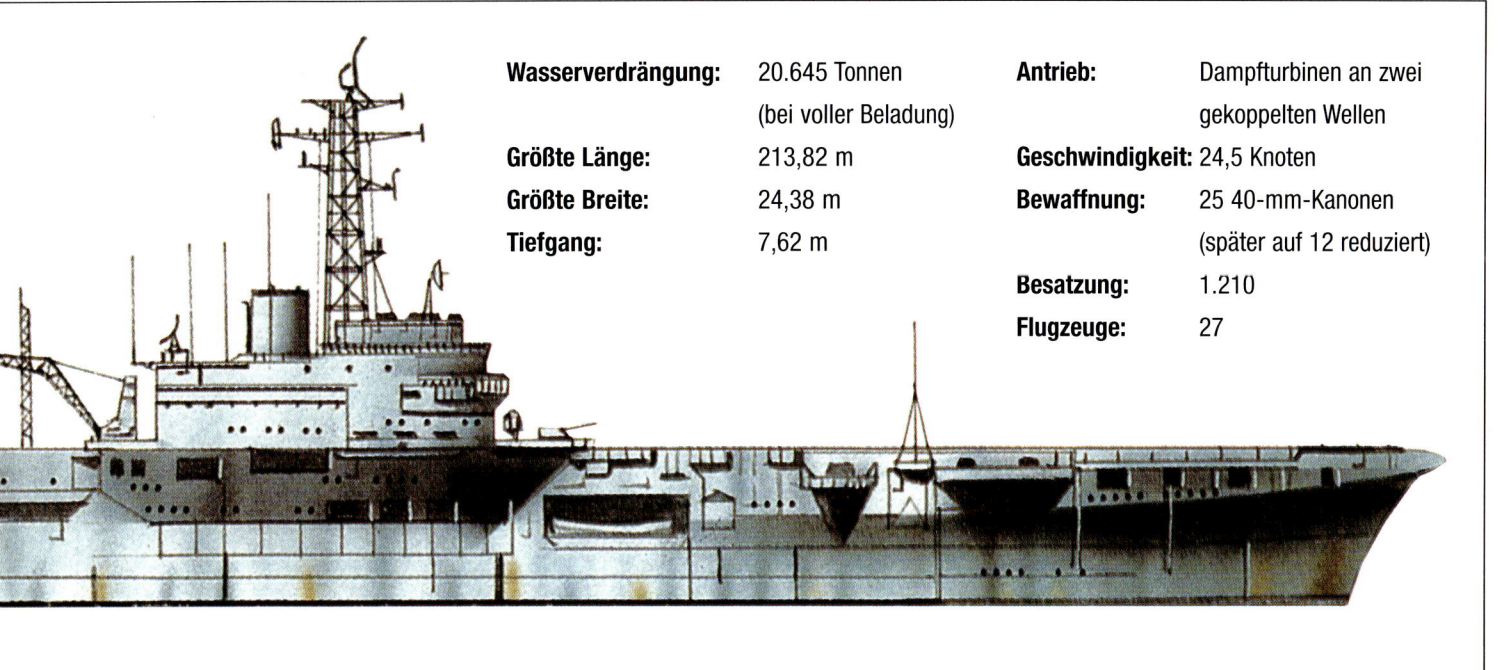

Wasserverdrängung:	20.645 Tonnen (bei voller Beladung)	**Antrieb:**	Dampfturbinen an zwei gekoppelten Wellen
Größte Länge:	213,82 m	**Geschwindigkeit:**	24,5 Knoten
Größte Breite:	24,38 m	**Bewaffnung:**	25 40-mm-Kanonen (später auf 12 reduziert)
Tiefgang:	7,62 m	**Besatzung:**	1.210
		Flugzeuge:	27

digungspolitik anzusetzen. Crommelin gestand und wurde vom Dienst suspendiert, seine Karriere war beendet. Im Jahr darauf nahm er seinen Abschied, allerdings als Rear-Admiral, was eindeutig zeigt, wie die US-Navy seinen Einsatz bewertete. Die Anhörungen verliefen spektakulär, anerkannte Persönlichkeiten wie Chester Nimitz, Raymond Spruance und Ernest J. King traten für die Träger ein. Als aber Admiral Denfield am 1. November als Chief of Naval Operations abgesetzt wurde, brach die „Revolte" zusammen. Wichtiger war, dass die Hearings das Repräsentantenhaus auf die Seite der Navy gebracht hatten und es die Supercarrier unterstützte. Zwar führte dies nicht zur Änderung der Politik, das Projekt *United States* blieb begraben, aber man bewilligte Mittel zur Modernisierung der *Essex*-Klasse, um sie besser den Erfordernissen des Jetzeitalters anzupassen. Nur sechs Monate später zeigten die Ereignisse in Korea, wie nützlich die trägergestützte Luftfahrt nach wie vor war.

BRITISCHE ENTWICKLUNGEN

Während sich die Vereinigten Staaten mit der Kontroverse um die Träger beschäftigten, begann sich die Royal Navy mit den Problemen, die größere Jets für die trägergestützte Luftfahrt mit sich brachten, auseinander zu setzen. Hydraulikkatapulte (eigentlich Beschleuniger) waren nicht für schwere Flugzeuge geeignet. Sie wurden meist nur als Starthilfe für jene Flugzeuge verwendet, die ganz vorne am Deck standen. Die anderen Maschinen hatten genügend Platz für freie Starts. Da dies mit Jets unmöglich war, musste eine Lösung gefunden werden. Es gab einige interessante Ansätze, wobei der

erste Vorschlag wahrscheinlich der interessanteste und zugleich verrückteste war.

Zweifelsohne ist eine der wichtigsten Komponenten eines Flugzeugs, auch in Bezug auf Größe und Gewicht, das Fahrwerk. Insbesondere bei trägergestützten Maschinen, da nur robuste Bauteile schlagende Decks und hohe Aufsetzgeschwindigkeiten verkraften. Kreative Köpfe zogen daraus den Schluss, durch den Verzicht auf Fahrwerke Gewicht einzusparen und statt dessen Decks mit weicher Oberfläche zu bauen, die Bauchlandungen erlaubten. Auf dem Flugfeld des Royal Aeronautical Club Establishment (RAE) in Farnborough baute man eine Landebahn mit federnder Oberfläche (offiziell „flexibles Deck", später nur „Gummideck" genannt) samt konventionellen Einrichtungen für Fanghaken. Im Dezember 1947 machte der einzigartige Eric Brown einen Landeversuch mit einer De Havilland Vampire. Die Vampire war für die Tests nicht modifiziert worden, Brown ließ einfach das Fahrwerk eingefahren. Die Landung verlief gefährlich. Brown hatte bereits beim Anflug Probleme, die Maschine sank schneller als geplant. Da sie nur langsam auf die Drosseln reagierte, konnte er kaum korrigieren, die arme Vampire setzte recht hart auf. Das Flugzeug war beschädigt, Eric Brown nicht. Er erarbeitete gemeinsam mit den Wissenschaftern des RAE eine neue Landeanflugtechnik und landete im März 1948 problemlos auf dem flexiblen Deck. Daher wurde im November versuchsweise ein ähnliches Deck auf der HMS *Warrior* installiert. Die Tests waren erfolgreich, aber bald trat zutage, dass das Gummideck keine Lösung bot. Flugzeuge mit Rädern konnten nachfolgenden Maschinen schnell Platz machen, jene ohne Fahrwerk mussten von Deck gehievt werden. Radlose Flugzeuge konnten, falls sie wegen Schlechtwetter ausweichen mussten, nicht auf konventionellen Flugfeldern landen, und der Start der Flugzeuge wäre eine interessante Herausforderung, da ein Hilfsfahrwerk erforderlich sein würde. Dennoch ließ man das Projekt nicht gleich fallen und beschäftigte sich weiter mit der Sache. Unterdessen lebte eine alte Idee, wie man schwere Flugzeuge starten könnte, wieder auf.

Schon 1936 hatte C. C. Mitchell, Techniker bei MacTaggart, Scott & Co, die Katapulte für die Royal Navy herstellten, vorgeschlagen, anstelle der Hydraulik Dampf einzusetzen. Die Navy zeigte Interesse, finanzierte aber keine Tests. Mitchell ließ sich nicht abschrecken und seinen Entwurf 1938 patentieren. Während des Kriegs arbeitete er für die Royal Navy und entdeckte, dass die Deutschen ein vergleichbares Konzept bei den Starts ihrer V-1-Flugbombe realisiert hatten. Mitchell kam auf sein Dampfkatapult zurück und erwarb erbeutete deutsche Ausrüstung für Tests auf Shoeburyness. Die Navy zeigte nun weit mehr Interesse für stärkere Starthilfesysteme, der Bedarf war drückend geworden. 1946 beschloss die Admiralität den Einsatz von Katapulten mit Dampfzylindern und begann mit dem Bau eines Prototyps. Bevor man diesen aber auf dem Wartungsträger HMS *Perseus* testen konnte, hatten sich britische Träger jenen der US Navy angeschlossen – vor Korea.

KOREA

Am 25. Juni 1950 fielen nordkoreanische Truppen in Südkorea ein. Präsident Truman verlegte sofort Luft- und Seestreitkräfte in das Gebiet, das Kommando erhielt General Douglas MacArthur, bis dahin Kommandeur der Besatzungstruppen in Japan. Die 7. US-Flotte hatte zu dieser Zeit nur einen Träger in der Region, die USS *Valley Forge*. Die „Happy Valley" hatte über 80 Flugzeuge an Bord, darunter mehr als 40 Corsairs und Skyraiders, sowie 30, eben neu eingeführte Grumman-F9F-Panther-Jagdjets. Die robuste Panther war, wie üblich, mit vier 20-mm-Kanonen bewaffnet und trug 1.361-kg-Bomben und Raketen (obwohl man die Last beim Einsatz auf Trägern meist geringer wählte). Zwar hatte sie, wie alle frühen Jets, eine geringere Reichweite als Propellermaschinen, aber der Unterschied war kleiner geworden. Die *Valley Forge*, die zu den UN-Streitkräften zählte, brach am 27. Juni nach Korea auf. Einige Lockheed-F-80-Shooting-Star-Jagdbomber der USAF waren in Japan stationiert, aber deren Reichweite erlaubte es nicht, lange über der Kampfzone zu bleiben, daher fehlte den befreundeten Truppen Luftunterstützung. Eine Stationierung der F-80 in Südkorea war unmöglich, denn dort gab es keine für Jets geeignete Rollbahnen. Trägergestützte Flugzeuge würden die Lage verbessern, insbesondere, weil sie lange über der Front bleiben könnten – und das ohne Stationierungsprobleme.

Als die *Valley Forge* vor Korea ankam, wurde sie von einem leichten Flottenträger der Royal Navy begleitet, der HMS *Triumph*. Die Fluggruppe der *Triumph* bestand nur aus 24 Maschinen, Seafire Mk47 der No. 800 Sqn und Firefly Mk 1 der No. 827 Sqn. Die Seafire 47 war die letzte Versionen des Typs und litt an den ewigen Problemen des Typs: angenehm in der Luft, ein Alptraum bei der Landung. Die Schwierigkeiten der Piloten, sie auf Deck zu setzen, waren nicht allzu groß, schwieriger war es, dafür zu sorgen, dass sie nach der Landung noch ganz war.

UNTEN: Dieses Grumman F9F-2 Panther, von Lt. (jg) J.D. Middleton geflogen, startet im November 1952 von Bord der USS *Oriskany*. Auf das Konto von F9F-2 der US Navy gingen während des Koreakriegs acht Abschüsse von MiGs.

Grumman F9F Panther

Ihre zerbrechliche Zelle gab gern nach und bildete massive Falten: Sobald diese eine gewisse Zahl oder Größe erreichten, war das Flugzeug am Ende. Ihr enges Fahrwerk machte die Landung auf einem stampfenden Deck spannend, oft kippte die Nase nach vorn, die Propeller zerbarsten am Deck, über das häufig Flügel schrammten, wenn die Seafire zur Seite kippte, oder sie setzte mit einem wenig eleganten Klatschen auf, weil das Fahrwerk unter der Belastung einbrach. Glücklicherweise war die Seafire 47 im Kampf, ihrer wichtigsten Aufgabe, extrem gut, die Pilot verziehen ihre Fehler. Die Firefly kannte solche Probleme nicht, doch stammte der Typ 1, der an der Bord *Triumph* war, aus dem Zweiten Weltkrieg und hatte damals wohl schon einige Einsätze geflogen. Man sieht: Die Probleme der Royal Navy in der unmittelbaren Nachkriegszeit waren erheblich, sie schmälerten aber nicht das Geschick, mit dem die Mannschaften ihr Geschäft erledigten.

Die beiden Träger führten am 3. Juli ihren ersten Schlag. Die Flugzeuge der *Triumph* griffen Flugfeld und Brücken bei Haeju an und verursachten schwere Schäden. Die *Valley Forge* startete 16 mit Raketen bewaffnete Corsairs, ein Dutzend bombenbeladener Skyraiders und acht Panthers gegen die nordkoreanische Hauptstadt Pyongyang. Die Panthers starteten zuletzt und kamen dank ihrer großartigen Geschwindigkeit als erste über dem Ziel an. Sie belegten das Flugfeld mit Feuer, schossen zwei nordkoreanische Yak-9-Jäger ab und stifteten allgemein Chaos, bevor die Corsairs und Skyraiders ankamen und ihren Beitrag leisteten. Man bewirkte schwere Schäden, alle Flugzeuge kehrten sicher heim. Nach zehn Einsatztagen wurde die *Triumph* zur Wartung und zum Austausch einiger verbeulter Seafire nach Japan abgezogen, die *Valley Forge* setzten ihre Aufgabe fort, bis auch sie abzog, um Nachschub zu fassen. Doch bald kehrten beide Träger zurück und beteiligten sich weiter am Kampf. Die Nordkoreaner drängten nach Süden und trieben Amerikaner und Südkoreaner vor sich her, bis diese nur mehr den südöstlichen Zipfel Koreas um Pusan hielten. Zum Schutz des Verteidigungsrings um Pusan forderte man von den Flugzeugen vor allem Nahkampfeinsätze und die ständige Bombardierung feindlicher Truppen. Während *Valley Forge* und *Triumph* die Küste umrundeten, um die Anflugzeit zur Kampfzone zu senken, entluden die Träger *Philippine Sea* und *Boxer* ihre Luftgruppen, die ihren Einsatz trainierten, und beförderten große Mengen Flugzeuge

OBEN: Zwei Grumman F9F Panther auf dem hölzernen Deck der USS *Leyte*, einem Träger der *Essex*-Klasse. Die Größe der *Essex*-Klasse erlaubte es, sie in der Nachkriegszeit mit den neuen Jets auszurüsten.

USS *Forrestal*

Wasserverdrängung:	79.248 Tonnen (Volllast)	**Bewaffnung:**	drei Sea-Sparrow-SAM-Achtfach-Raketenwerfer (keine Nachladung);
Länge:	331 m		drei 20-mm-Phalanx-CIWS
Größte Breite:	39,5 m		(später hinzugefügt)
Tiefgang:	11,3 m		
Antrieb:	Dampfturbinen an vier gekoppelten Wellen	**Besatzung:**	2.790 plus 2.150 der Luftgruppe
		Flugzeuge:	bis zu 90
Geschwindigkeit:	33 Knoten		

nach Japan. Der Eskortenträger *Badoeng Strait* setzte eine kleine Gruppe Corsairs des Marine Corps zur Luftunterstützung ab und die *Philippine Sea* nahm ihre Flugzeuge wieder an Bord, um die *Valley Forge* zu unterstützen. Die *Boxer* lief mit Volldampf über den Pazifik, holte in den USA ihre Luftgruppe ab und kehrte zurück.

Nun waren drei Träger vor Ort, ein vierter auf dem Weg. Die Luftunterstützung der Alliierten gewann an Kraft, Anfang September stabilisierte sich der Verteidigungsring um Pusan. Daher entwarf General MacArthur einen wagemutigen Plan, um den Nordkoreanern die Initiative zu entreißen: Ein Landeunternehmen bei Inchon, weit hinter ihren Linien bei gleichzeitigem Ausbruch aus dem Kessel von Pusan. Der amphibische Angriff auf Inchon war risikoreich, aber MacArthur setzte alles auf eine Karte. Er hatte drei große Träger (*Valley Forge*, *Philippine Sea* und *Boxer*) sowie die *Badoeng Strait* und die *Sicily*, jeweils mit einem einzelnen Corsair-Geschwader der Marines an Bord.

RECHTS: Die USS *Ticonderoga* in voller Fahrt. An ihr wird deutlich, wie grundlegend die *Essex*-Klasse in den 50er Jahren verbessert wurde. An Bord des Trägers zwei schwere Kampfbomber A3D Skywarrior, am Bug stehen aufgereiht Vought F8U Crusaders, Douglas A-1 Skyraiders, Douglas A4D Skyhawks und McDonnell F3H Demons.

INCHON

Die Landung bei Inchon begann am 15. September um 6:33 Uhr und traf anfangs auf wenig Widerstand. Mit der Hilfe aus der Luft konnten die Marines ihren Brückenkopf in den ersten 24 Stunden sichern, vorangegangene intensivste Bombardements nordkoreanischer Flugfelder hatten dazu geführt, dass die Nordkoreaner ihre Flugzeuge nach Norden verlegen mussten, sodass diese für die Landung kein großes Problem darstellten. Bald waren die nordkoreanischen Truppen auf dem Rückzug. Die Angreifer von Pusan fanden sich bald zwischen zwei Fronten und von ihrem Nachschub abgeschnitten. Die Alliierten stießen auf Seoul vor und befreiten die Hauptstadt Südkoreas.

Am 25. September verließ die *Triumph* die Region, der erste Einsatz eines Flugzeugträgers im Koreakrieg war vorüber. Sie hatte nur noch eine einsatzfähige Seafire, mehrere Fireflies hatten Wartungsprobleme. Als Ersatz kam die HMS *Theseus*, deren Luftgruppe ähnlich stark, aber anders zusammengesetzt war. So waren die Firefly der *Theseus* vom Typ 4 und statt der Seafires hatte sie Hawker Sea Furies an Bord. Die Sea Fury war weit robuster und sollte später mindestens einen feindlichen MiG-15 Jet abschießen.

Es schien, als wäre der Koreakrieg spätestens zu Weihnachten vorüber. Im Oktober

Zu guter Letzt war auch die *HMS Triumph* verfügbar, sie lag vor der Ostküste Koreas und sollte einen Ablenkungsangriff führen, während die amphibischen Angriffskräfte die Westküste umrundeten, um Inchon zu erreichen.

UNTEN: Die HMS *Ocean* auf dem Weg zu einer weiteren Patrouille im Meer vor Korea. Hervorragend zu erkennen: das in Längsachse gerade ausgerichtete Deck, belegt mit Hawker Sea Furies und Fairey Fireflies. Die Ocean und die anderen leichten Flottenträger an ihrer Seite waren die einzigen britischen Träger im Koreakrieg. Ihre Luftgruppen waren höchst erfolgreich.

McDonnell F2H Banshee

OBEN: Die McDonnell F2H Banshee erwies sich im Koreakrieg als effektiver Begleitschutzjäger. Das abgebildete Flugzeug ist eine als Photoaufklärer gebaute Variante, F2H-2P, des US Marine Corps.

war Südkorea frei von kommunistischen Truppen und die Alliierten stießen über den 38. Breitengrad vor, da MacArthur befahl, die nordkoreanische Armee aufzureiben. Rückblickend fällt es leicht zu sagen, dass der Vorstoß nach Nordkorea zu weit ging. Man riskierte, China zu beunruhigen, ein Eingreifen dieses gewaltigen neuen Feindes hätte die Natur des Konflikts entschieden verändert. Ende Oktober 1950 hatten UN-Truppen Pyongyang besetzt und verfolgten die Reste der nordkoreanischen Armee bis zum Fluss Yalu. An der Front entdeckten sie chinesische Truppen, eine neue, große Bedrohung. Am 8. November bombardierten trägergestützte Flugzeuge die 17 Brücken über den Yalu, über welche die Chinesen mit Nachschub versorgt wurden. Es gab Probleme. Aus politischen Gründen durfte nur die koreanischen Seite der Brücken angegriffen werden und dort war das Flakfeuer schwer.

Die ersten Angriffe flog man am 9. November, jede Welle zu 24 bis 40 Flugzeugen. Panthers wachten in der Höhe, Corsairs und Skyraiders griffen die Brücken an. Zwischen 9. und 21. November wurden unter Flakfeuer und Beschuss durch Feindflugzeuge 600 Angriffe gegen die Brücken über den Yalu geflogen. Die Feindjäger waren erfolgreicher als früher, da zu ihnen auch MiG-15 zählten. Am 9. November schoss Lt. Cdr. William T Amen, der kommandierende Offizier der VF-111, mit einer F9F Panther eine MiG-15 ab und wurde damit zum ersten Marinepiloten, der in einem Kampf Jet gegen Jet einen Abschuss erzielt hatte. Die Angriffe waren zwar erfolgreich, aber die Chinese unterliefen die Bemühungen und schlugen Pontonbrücken. Wenig später fror der Fluss zu, Nachschub kam einfach über das Eis. Am 26. November starteten die Chinesen eine große Bodenoffensive.

USS *Midway* (1945)

Wasserverdrängung:	55.822 Tonnen (Volllast)	**Geschwindigkeit:**	33 Knoten
Größte Länge:	295 m	**Bewaffnung:**	vierzehn 127-mm-Geschütze,
Größte Breite:	34,44 m		21 40-mm-Vierfachgeschütze
Tiefgang:	9,98 m		und 82 20-mm-Kanonen
Antrieb:	Dampfturbinen an vier	**Besatzung:**	über 3.000
	gekoppelten Wellen	**Flugzeuge:**	137

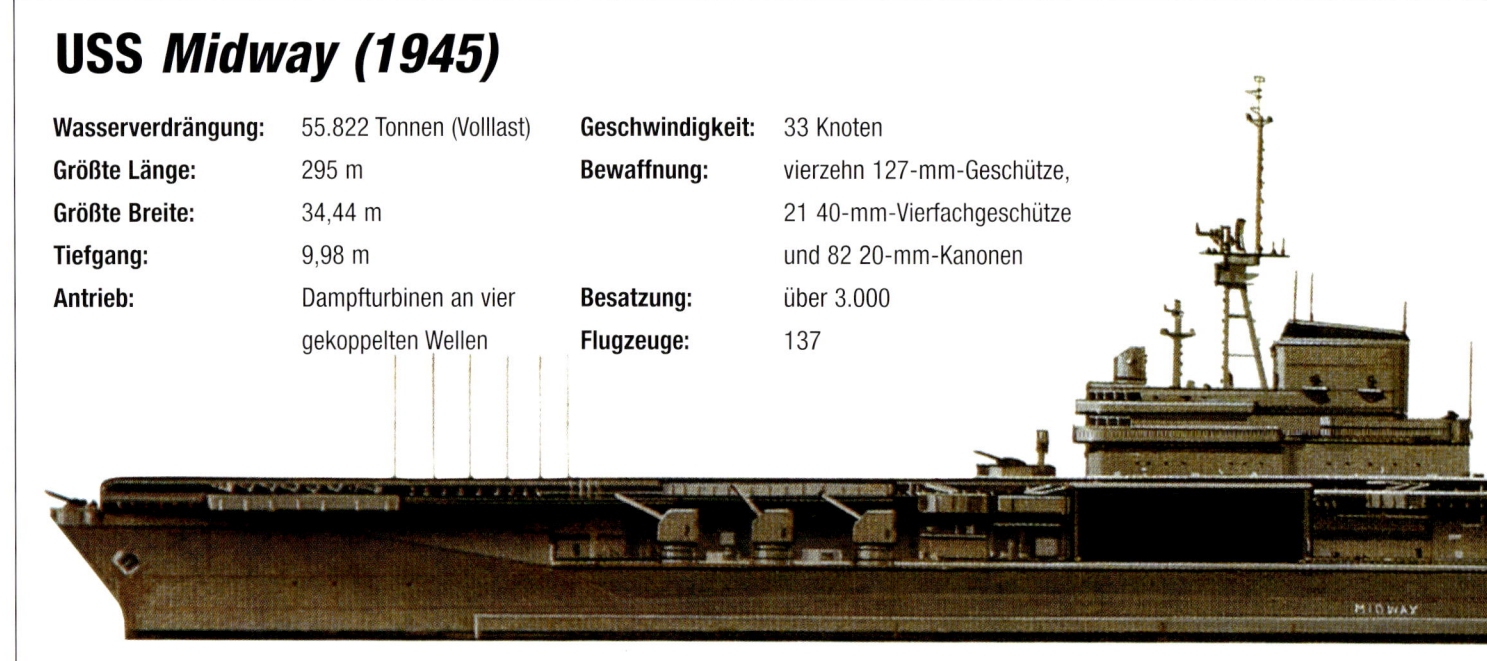

Allein ihre überwältigende Zahl zwang die Alliierten zum Rückzug, Trägerflugzeuge unternahmen alles, um die Bodentruppen zu unterstützen. Die Natur des Krieges hatte sich grundlegend geändert, der Bedarf an Trägern stieg. Die *Valley Forge* war heimgekehrt, nur die *Leyte* und *Philippine Sea* blieben vor Ort. Die *Sicily* hatte das Corsair-Geschwader der Marines entladen und Kurs auf Guam genommen, um ihre AF 2 Guardians aufzunehmen, die Schutz vor U-Booten geben sollten. Sobald sie in Japan ankam, wurden die AF-2 an die Küste verlegt, weitere Marines kamen mit ihren Corsairs an Bord. Die *Badoeng Strait* kehrte zurück, um sich ins Gefecht zu stürzen, während die *Theseus*, in Hong Kong aufgerüstet, mit voller Fahrt auf die Kampfzone zuhielt. Die USS *Bataan*, die zwei Jagdflügel der USAF nach Japan gebracht hatte, nahm ebenfalls Corsairs auf und erreichte am 15. Dezember 1950 koreanische Gewässer. Die *Princeton* (ein reaktivierter Träger der *Essex*-Klasse) hatte sie überholt und kam am 5. Dezember, großteils mit Reservisten an Bord, an. Zu guter Letzt sandte auch die *Valley Forge*, die heimbeordert worden war, ihre Luftgruppe an Land, nahm jene der *Boxer* auf und kehrte nach Korea zurück. Am 1. Januar 1951 lagen neun Flugzeugträger vor Korea.

Diese schickten zur Unterstützung der Bodentruppen Welle um Welle los. Eine Corsair mit Ensign Jesse L Brown, dem ersten farbigen amerikanischen Marinepiloten am Steuer musste neben dem Wasserreservoir von Chosin notlanden. Besorgt über ihm kreisend sahen seine Staffelkameraden, dass Brown in dem brennenden Flugzeug gefangen war. Lt. Thomas L. Hudner ging an seiner Seite absichtlich zu Boden, löste seine Gurte und eilte Brown zur Hilfe. Er konnte ihn nicht befreien und funkte nach einem Helikopter mit Schneidewerkzeug. Während er wartete, häufte Hudner Schnee auf das Cockpit von Browns Flugzeug, um die Flammen zu dämpfen. Obwohl der Helikopter bald danach vor Ort war, starb Brown, bevor er befreit werden konnte. Hudner erhielt als erstes Mitglied der US-Navy in diesem Krieg die Ehrenmedaille des Kongresses.

STÄNDIGE BOMBARDEMENTS

Ende Januar 1951 verlor die chinesische Offensive an Schwung. Die Träger setzten ihre unterbrochenen Bombardements fort und wechselten Ende April, angesichts einer neuen chinesischen Offensive, zu verstärkter Nahkampfunterstützung. Am 30. April griffen Skyraiders der *Princeton* den Damm von Hwachon an, damit die Chinesen den Wasserstand nicht mehr zu ihrem Vorteil regulieren konnten. Beim ersten Angriff wurde lediglich ein Schleusentor durchlöchert, am nächsten Tag trugen die Skyraiders Torpedos: Sechs von acht explodierten und zerstörten den Damm. Im Lauf des Mai starteten die Alliierten eine Gegenoffensive, die US-Army forderte Luftangriffe, um den Nachschub für die Kommunisten zu unterbinden. Die zu diesem Zweck am 5. Juni 1951 gestartete Operation Strangle wurde zur Enttäuschung. Zwar wurden Hunderte Trucks zerstört, Brücken und Straßen abgeschnitten, aber die Chinesen setzten anstelle der Fahrzeuge Menschen zum Transport ein, hoch effektive Reparaturtrupps behoben

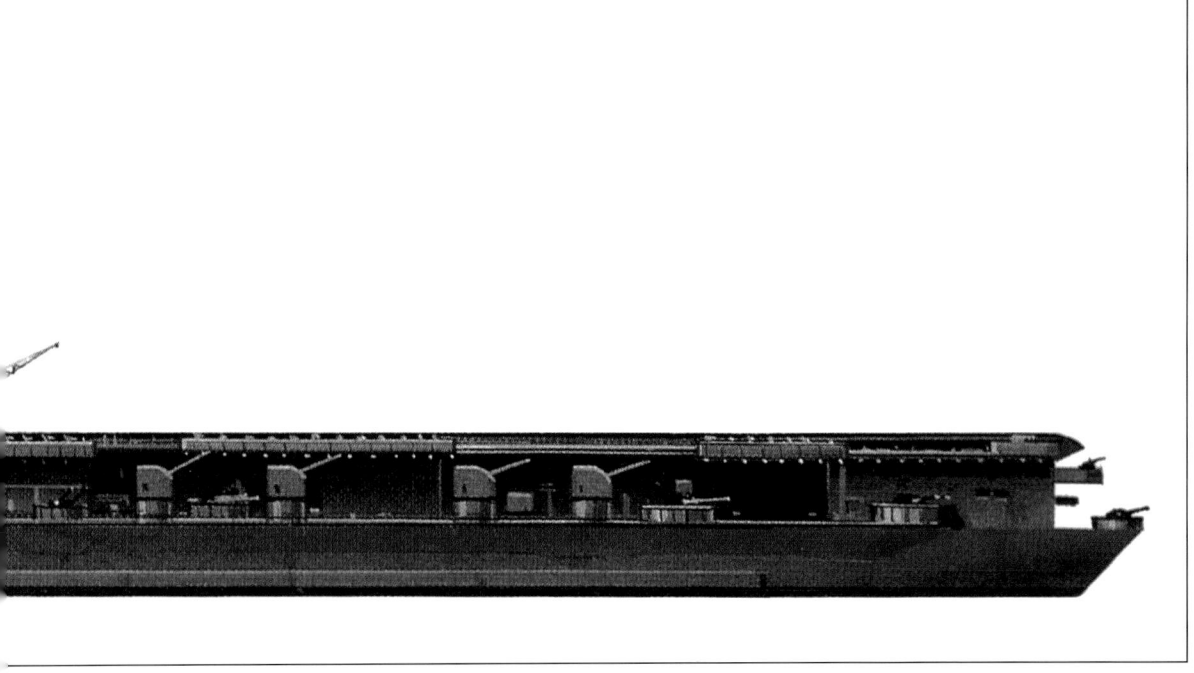

rasch die Schäden der Luftangriffe. Einmal mehr spielten Flugzeuge der Marine, darunter die neue McDonnell F2H Banshee, die mit der USS *Essex* Korea Ende August erreichte, eine wichtige Rolle. Zu dieser Zeit kam der Krieg fast zum Erliegen, im Juli hatten Waffenstillstandsverhandlungen begonnen, aber es sollte noch zwei Jahre dauern, bis sie erfolgreich waren.

STILLSTAND

Nach Beginn der Verhandlungen begann auf den Trägern eine vertraute Routine von Flä-chenbombardements und unterstützenden Luftangriffen, so angefordert. Eine für den Rest des Krieges andauernde Situation, nur die Träger wechselten nach einigen Monaten Einsatzzeit. Das Waffenstillstandsabkommen vom 27. Juli 1953 setzte den Kampfhandlungen ein Ende, formal dauert der Konflikt immer noch an, da nie Friedensverträge unterzeichnet wurden.

NEUENTWICKLUNG NACH KOREA

Die Koreakrieg verdeutlichte den Wert der Träger. Bereitwilligst stimmte der Kongress

HMCS *Bonaventure*

Wasserverdrängung:	20.320 Tonnen (Volllast)	Geschwindigkeit:	24,5 Knoten
Größte Länge:	214,8 m	Bewaffnung:	vier 76-mm-Geschütze
Größte Breite:	24,38 m	Besatzung:	1.370
Tiefgang:	7,62 m	Flugzeuge:	21/24
Antrieb:	Dampfturbinen an zwei gekoppelten Wellen		

dem Umbau der Träger der *Essex*-Klasse zu, 15 von ihnen wurden für Einsätze mit Jets adaptiert. Gerade rechtzeitig für den Umbau brachten die 1951 erfolgreich getestet Dampfkatapulte eine entscheidende Verbesserung. Eine weitere britische Erfindung, das gewinkelte Deck, sollte noch wichtiger werden. Am 7. August 1951 schlug Captain Dennis Campbell, RN, bei einer Besprechung am RAE in Bedford zum Konzept des flexiblen Decks vor, Decks abgewinkelt anzulegen. Dadurch könnten gelandete Maschinen schnell zur Seite gebracht und der Abstand zwischen den Landungen verkürzt werden. Die Besprechung endete mit dem Ergebnis, dass diese Konstruktion auch für konventionelle Träger vorteilhaft wäre. Träger mit einem Flugdeck in der Längsachse hatten eine wesentliche Schwachstelle: Das Parkdeck am Bug behinderte landende Maschinen und machten Sicherheitsbarrieren erforderlich. Falls ein Flugzeug alle Fangseile verfehlte, hielt es die Barriere davon ab, mit anderen Flugzeugen zu kollidieren. In der Theorie klang das ganz gut, oft aber übersprangen Maschinen die Barriere und pflügten durch den Deckpark, nicht selten mit fatalem Ausgang. Auf einem gewinkelten Deck hätten die Maschinen freie Bahn, sodass ein Pilot, der die Seile verfehlte, einfach Schub geben, durchstarten und eine weiteres Mal anfliegen könnte. Die Idee hatte enorme Bedeutung und wurde mit Feuereifer verwirklicht. Die Royal Navy konnte nur nach und nach umrüsten, die US-Navy nutzte den Umbau der *Essex*-Klasse, um das neue Deck generell einzuführen und

modifizierte auch die Pläne der vom Kongress genehmigten neuen Supercarrier. Die Verbesserung der Flugdecks wurde durch Spiegellandehilfen komplettiert, die den Piloten die Einschätzung des Anflugs deutlich erleichterten. Vor Korea gab es kaum Chancen auf neue Träger, nun lag die Sache völlig anders. Die Träger hatten gezeigt, dass sie auch in einem begrenzten Krieg eine entscheidende Rolle spielten. Den nächsten Beweis erhielten Briten und Franzosen, als sie sich von ihren Kolonien lösten und eine große Aktion in Suez durchführten.

TRÄGER DER BRITEN UND FRANZOSEN

In der Zeit nach Korea kam auch die Trägerflotte der Royal Navy in den Genuss der Neuerungen, insbesondere des gewinkelten Decks. Ab 1955 wurden neue Träger in Dienst gestellt, die die leichten Flottenträger verdrängten. *Ark Royal*, *Centaur*, *Albion*, *Bulwark* und *Hermes* wurden der *Eagle* als Hauptbestandteile der Trägerkräfte zur Seite gestellt. Die Schiffe der *Illustrious*-Klasse, mit Ausnahme der HMS *Victorious*, wurden wegen finanzieller Probleme ausgemustert. Die Umrüstung der *Victorious* verzögerte sich, es mangelte an Arbeitskräften und es gab neue Innovationen: Sie kam erst 1958 aus den Docks. Zwar war die Trägerflotte modernisiert, die Schwierigkeit lag aber vor allem darin, dass nur *Ark Royal* und *Eagle* groß genug für den Einsatz späterer Flugzeuggenerationen waren. Die Einführung der exzellenten Hawker Sea Hawk und der De Havilland Sea Venom half, beide waren leistungsfähig – wenn auch im Vergleich mit

den US-Maschinen veraltet – und passten problemlos an Bord britischer Träger.

Die französische Marine hatte mit ihren größere Probleme, die Träger *Arromanches*, *Lafayette* und *Bois Belleau* waren veraltet. Die *Arromanches* hatte ihre Karriere als HMS *Colossus* begonnen und war erst von Großbritannien verliehen, dann verkauft worden. Die *Lafayette* und die *Bois Belleau* waren leichte Träger der amerikanischen *Independence*-Klasse. Sie konnten lediglich Flugzeuge mit Kolbenmotoren einsetzen, allen voran die F4U-7-Varianten der Corsair, und die F6F Hellcat. Dieser Umstand war jedoch in Anbetracht der Aufgaben der Träger zu vernachlässigen. Beide Flugzeuge erwiesen sich im Kampf gegen die Viet Minh, als sich Frankreich (vergeblich) bemühte, seine Kolonien in Indochina zu halten als nützlich und leisteten später, gegen algerische Rebellen, in einem ähnlich fruchtlosen Versuch, Algerien nicht aufgeben zu müssen, gute Dienste.

SUEZ

Französische und britische Träger hatten ihre Bewährungsprobe 1956 bei der Reaktion auf die Suezkrise. Ägyptens Präsident, Gamal Abdel Nasser, hatte den Suezkanal verstaatlicht, um den Bau des Assuandamms zu finanzieren. Auf diese Entscheidung re-

agierten London und Paris mit Grauen, da der Kanal von anglofranzösischen Aktionären kontrolliert worden war. Die Regierungen beider Länder planten, den Kanal mit Waffengewalt zurückzuerobern und konspirierten mit Israel: Israel sollte die Sinaihalbinsel angreifen, England und Frankreich würden die Einstellung des Feuers fordern. Wenn Ägypten dies zurückwies (was ziemlich gewiss war), würden Franzosen und Briten intervenieren – offiziell, um den Kanal zu schützen, tatsächlich aber, um den Wasserweg wieder einzunehmen, nicht „zu bewahren". Dafür waren, neben landgestützten Flugzeugen, fünf Flugzeugträger vorgesehen (siehe Tabelle S. 107).

Die Israelis griffen am 29. Oktober 1956 an, das britisch-französische Ultimatum zur Einstellung der Kampfhandlungen wurde erwartungsgemäß ignoriert. Am 31. Oktober griffen Briten und Franzosen mit auf Malta und Zypern stationierten Flugzeugen ägyptische Flugfelder an. Am nächsten Morgen begannen auch die Einsätze der fünf Träger. 40 Sea Hawks und Sea Venoms der britischen Träger flogen den ersten Angriff, wieder gegen Fliegerhorste. Die französischen Corsairs, begleitet von Wyverns der Eagle, jagten nach Zufallszielen. Es gab kaum Widerstand von ägyptischer Seite, Nasser zog seine Flugzeuge lieber aus dem Kampfgebiet ab, als die Vernichtung seiner Luftwaffe zu riskieren. Allerdings wurde man von Flugzeugen amerikanischer Träger gestört. Präsident Eisenhower, ob der Invasion empört, entsandte die 6. US-Flotte mit dem Auftrag, durch ihre Präsenz auf die anglofranzösischen Marinekräfte Druck auszuüben. Es scheint unwahrscheinlich, dass Eisenhower riskiert hätte, die NATO zu zerstören, indem er seinen Einheiten einen Schlag gegen England und Frankreich befahl. Allein die mangelnde Unterstützung durch die USA führte nach der Krise dazu, dass sich viele britische Ladenbesitzer weigerten, amerikanischen Soldaten zu bedienen.

Die Luftangriffe dauerten sechs Tage, danach, am 5. November, wurden Fallschirmjäger bei Port Said abgesetzt, der amphibische Angriff begann. Die Royal Navy übte eine neue Art der amphibischen Kriegsführung und setzte Whirlwind- und Sycamore-Helikopter ab Deck ihrer Träger ein. Das Luftlandeunternehmen war erfolgreich, wenn auch improvisiert: Die Whirlwind konnten nur fünf, die Sycamores bloß drei Marines befördern und mussten dabei noch Sitze und Türen entfernen, um Gewicht zu sparen. Die Passagiere saßen auf dem Boden. Der Mann in der Mitte hielt die beiden anderen fest, um zu verhindern, dass sie durch die Öffnungen abstürzten.

Proteste aus der ganzen Welt, vor allem

Flugzeugträger	Luftgruppe
HMS *Eagle*	17 Sea Venom (Allwetter-Jadgbomber); 24 Sea Hawk (Jadgbomber); 9 Wyvern (Angriff); 4 Skyraider (luftgestützte Frühwarnung); 2 Dragonfly-Helikopter
HMS *Albion*	8 Sea Venom; 19 Sea Hawk; 2 Skyraider; 2 Dragonfly
HMS *Bulwark*	30 Sea Hawk; 2 Avenger (U-Boot-Abwehr); 2 Dragonfly
FNS *Arromanches*	14 F4U-7 Corsair; 5 Avenger; 2 HUP-2-Helikopter
FNS *Lafayette*	22 F4U-7 Corsair; 2 HUP-2

aus den Vereinigten Staaten, führte dazu, dass die Operation Suez am 7. November 1956 um Mitternacht abgebrochen wurde. Ein politisches Desaster, hatte die Aktion einmal mehr die Nützlichkeit der Träger bewiesen. Ihre Stationierung nahe der Kampfzone ermöglichte, dass Angriff um Angriff geflogen werden konnte, was von Malta und Zypern aus unmöglich gewesen wäre. Die Kampagne zeigte aber auch, dass sich träger- und landgestützte Flugzeuge perfekt ergänzen konnten, und demonstrierte, dass große Träger mit großen Luftgruppen effektiver waren. Das wussten die Amerikaner längst und entwickelten deshalb die „Supercarrier". Diese hatten bald Gelegenheit, ihre Fähigkeiten unter Beweis zu stellen – im langen und bitteren Vietnamkrieg.

UNTEN: Die mächtige Westland Wyvern diente 1956 während der Suezkrise an Bord der HMS *Eagle*. Sie war der einzige Turbopropjäger der Marine, der je in den operativen Einsatz kam.

SECHSTES KAPITEL

VIETNAM: TRÄGER IM EINSATZ

Amerikas Engagement in Vietnam begann noch bevor die Franzosen der Nation die Unabhängigkcit gaben. Präsident Eisenhower fürchtete die Ausbreitung des Kommunismus in Südostasien und gewährte den Franzosen bei ihrem Versuch, die Kontrolle über Indochina wiederherzustellen, beschränkte Unterstützung.

LS DIE VIETMINH den Vorposten Dien Bien Phu belagerten, ersuchte Frankreich um Luftunterstützung durch im süd-chinesischen Meer stationierte amerikanische Träger. Die politische Lage sprach dagegen, am 7. Mai 1954 fiel Dien Bien Phu. Im Lauf des Jahres kam es in Genf zu Friedensverhandlungen zwischen Franzosen und Vietminh. Vietnam wurde geteilt, Norden und Süden durch eine demilitarisierte Zone (DMZ) am 17. Breitengrad

LINKS: Obwohl diese Aufnahme nach Kriegsende entstand, vermittelt sie ein stimmiges Bild vom Einsatz der Träger und der Zusammenstellung der Luftgruppen gegen Ende des Vietnamkriegs. Auf dem Katapult der USS *John F. Kennedy* eine Grumman EA-6B Prowler, im Hintergrund A-6 Intruders, eine E-2 Hawkeye sowie A-7 Corsairs.

UNTEN: Eine Vought F-8 Crusader der VF-33 „Tarsiers" an Deck der USS _Enterprise_. Die Crusader war bei ihren Piloten äußerst beliebt, sie meinten: „Hast du keine F-8, hast du keinen Jäger". Ein Grund dafür waren die Kanonen der Crusader, während sich die Phantom allein auf Raketen verlassen konnte.

getrennt. Die Teilung sollte nur bis zu den Wahlen aufrecht bleiben. Daraus würde mit großer Wahrscheinlichkeit der Kopf der Vietminh, Ho Chi Minh, als Sieger hervorgehen. Die Amerikaner sahen darin ein Problem, denn Ho wurde als Marxist betrachtet und die Vorstellung, ein Kommunist würde ganz Vietnam regieren, war ihnen unerträglich: Sie verhinderten die Wahlen. Historiker diskutieren seit damals, ob die USA bei der Bewertung Hos irrten und sehen ihn vor allem als Nationalisten. Es war Ho gewesen, der Amerika gegen Ende des Zweiten Weltkriegs um Unterstützung bei der Befreiung von der französischen Kolonialherrschaft gebeten hatte. Trotzdem bleibt die Überlegung, ob Vietnam amerikafreundlich

geblieben wäre, hätten die USA Hos Bitte entsprochen, pure Spekulation. Aber ab Mitte der 50er Jahre wurden Amerika und Nordvietnam zu erbitterten Gegnern.

DER GOLF VON TONKIN
Amerikanische Flugzeugträger spielten ab Beginn der 60er-Jahre eine Rolle in diesem Konflikt, ihre Aufklärer beobachteten nordvietnamesische Aktivitäten, vor allem jene zur Unterstützung der Guerilla um die DMZ. Ab 1964 patrouillierten Träger und andere Marineeinheiten permanent im Golf von Tonkin, leisteten Aufklärungsarbeit und unterstützten Einsätze gegen die Kommunisten. Als Teil der sogenannten Desoto-Patrouille waren Trägerflugzeuge für Fotoaufklärung,

LINKS: Drei A-4E Skyhawks an Deck der USS *Ranger*. Flugzeug 204 und 206 sind mit AGM-45-Shrike-Antiradar-Raketen für Angriffe auf nordvietnamesische SAM-Stellungen bestückt. Die unter dem Codenamen „Iron Hand" geführten Einsätze zählten zu den gefährlichsten dieses Kriegs, da sich die Piloten mit feindlicher Flak und Raketen duellieren mussten.

Überwassereinheiten für elektronische Lauschangriffe verantwortlich. Am 2. August 1964 lief der Zerstörer USS *Maddox* auf einer dieser Patrouillen, als auf seinem Radarschirm drei Signale sichtbar wurden, die sich mit hoher Geschwindigkeit näherten. Die *Maddox* identifizierte sie als nordvietnamesische PT-Torpedoboote und begann ein Ausweichmanöver. Als sie in Reichweite kamen, wurde ein Warnschuss abgefeuert, aber die PT-Boote drehten nicht ab, zwei feuerten mit Torpedos zurück. Die *Maddox* entging den Torpedos und erwiderte das Feuer. Man sandte vier Vought-F-8-Crusader-Jagdflugzeuge des Trägers *Ticonderoga*, die auf einer Routine-Übung gewesen waren, zur Unterstützung. Die Crusader war zwar ein Jäger, konnte aber auch verschiedenste Waffen für Bodenangriffe tragen. Beim Übungseinsatz waren sie mit 127-mm-Zuni-Raketen bestückt, das kam gelegen. Sie beschossen die PT-Boote mit ihren 20-mm-Kanonen und feuerten einige Raketen ab, als die Torpedoboote in Richtung Nordvietnam abdrehten. Eines der Boote sank.

Die Vereinigten Staaten beschlossen, nicht direkt auf den Angriff zu reagieren, verlegten aber den Träger *Constellation* und den Zerstörer *Turner Joy* in die Region. Zwei Nächte später meldeten Radarbeobachter der *Turner Joy* und der *Maddox* Kontakte, die sich aus Ost an der Oberfläche näherten. Die Zerstörer erhöhten ihre Geschwindigkeit, aber die Kontakte verfolgten sie weiter. Nachdem sie sich der *Maddox* auf etwa 5,5 km genähert hatten, eröffneten die Zerstörer mit ihrer Hauptbewaffnung das Feuer und Luftschutz wurde abgeordnet. Während der kommenden vier Stunden wurden immer wieder Torpedospuren in der Nähe der Zerstörer gemeldet. Es schien, als hätten die Nordvietnamesen wieder Schiffe in internationalen Gewässern angegriffen, aber dieser zweite Kontakt wurde nie gänzlich geklärt: Als von der *Ticonderoga* entsandten Flugzeuge die feindlichen Positionen erreichten, fanden sie nichts. Mittlerweile wird spekuliert, ob die Radarkontakte nicht nur auf atmosphärische Störungen, die von der verständlicherweise angespannten Besatzung missinterpretiert wurden, und die Torpedospuren eher auf belasteten Nerven und Vorstellungskraft als auf echte Torpedos zurückzuführen waren. Aber diese Zweifel werden keinesfalls allgemein geteilt. Ob es nun den zweiten Angriff gegeben hat oder nicht, Präsident Johnson gestattete eine Serie von Vergeltungsschlägen auf Basen der PT-Boote. 64 Angriffsflüge der *Constellation* und *Ticonderoga* zielten auf fünf Basen. Die Angriffskräfte bestanden aus angejahrten Skyraiders, Douglas A-4 Skyhawks und vor allem Crusaders. Zahlreiche PT-Boote und viele Einrichtungen ihrer Stützpunkte wurden zerstört, zwei amerikanische Flugzeuge gingen verloren: Ein Skyraider-Pilot wurde getötet und Lt. (junior grade) Everett Alvarez, der den Schleudersitz seiner Skyhawk verwendet hatte, geriet in Gefangenschaft. Es sollte achteinhalb Jahre lang Kriegsgefangener bleiben. Am gleichen Tag erteilte der Kongress der Vietnampolitik Präsident Johnsons mit der Verabschiedung der „Tonkin Gulf Resolution" seine Zustimmung, Johnson erhielt immense Entscheidungsbefugnis zum Krieg gegen den Kom-

RECHTS: Eine A-1E Skyraider wirft Napalm auf Stellungen der Vietkong in Südvietnam. Die Skyraider erwies sich in diesem Konflikt als äußerst vielseitige Waffe. Sie wurde sowohl von der US-Navy als auch von der US Air Force geflogen. Die Navy trug 1968 ihren letzten Angriff mit der Skyraider vor, die USAF setzte die Maschine bis Kriegsende ein.

munismus in Vietnam. Wie hinlänglich bekannt, führte die Machtfülle zum „Mikromanagement" des Krieges, die US-Streitkräfte operierten unter Umständen, in welchen politische Zweckmäßigkeit wichtiger als militärische Erfordernisse waren. So durften etwa bestimmte Schlüsselziele nicht aus der Luft angegriffen werden, gleiches galt für die Bekämpfung von Stellungen der Surface-to-Air-Missiles (SAM-Raketen).

DER BEITRAG DER TRÄGER

Im September 1964 kam die USS *Ranger* zur Verstärkung in den Golf von Tonkin, in diesem Jahr kamen Träger aber kaum zum Einsatz. Dies änderte sich im Februar 1965, als Guerillas US-Militärberater im Gebiet um Pleiku angriffen, neun Mann töteten, 75 verwundeten und mehrere Helikopter zerstörten. Als Antwort flogen unter dem Codenamen „Flaming Dart One" über 100 Flugzeuge gegen Ziele nördlich der DMZ. Maschinen der *Coral Sea*, *Hancock* und *Ranger* bildeten die größte Angriffsgruppe, die seit dem Koreakrieg von US-Trägern abhob. Die Flugzeuge der *Ranger* erreichten ihre Ziele nicht, aber jene der *Hancock* und *Coral Sea* verursachten schwere Schäden.

OPERATION ROLLENDER DONNER

Die Politik, ausschließlich zur Vergeltung gegen Nordvietnam vorzugehen, wurde im März 1965 geändert, Rolling Thunder, eine ausgedehnte Bombenoffensive, startete. Der Einsatz amerikanischer Träger stieg enorm, sie wurden an zwei Stellen vor der Küste Vietnams stationiert. Nördlich der DMZ, im Golf von Tonkin, wurde „Yankee Station" eingerichtet, von der Einsätze gegen Ziele in Nordvietnam ausgingen. Von „Dixie Station" vor Südvietnam aus konnten trägergestützte Flugzeuge Ziele südlich der DMZ und in Kambodscha angreifen. Als der Krieg heftiger wurde, sandte man neu in die Kampfzone verlegte Träger zuerst zur „Dixie Station". Dort hatten sie Gelegenheit, in relativ freundlicher Umgebung Kampferfahrung zu sammeln und ihre Fähigkeiten zu perfektionieren. Danach verlegte man sie auf die „Yankee Station", um sie bei Operationen über dem weit gefährlicheren Gebiet Nordvietnams einzusetzen.

Der erste Bombenangriff von „Rolling Thunder" wurde von Flugzeugen der *Coral Sea* und *Hancock* geführt. Skyhawks und Skyraiders gingen gemeinsam mit einigen wenigen A-3D Skywarriors gegen verschiedenste Ziele vor. Obwohl die Besatzungen höchst professionell waren, wurde Rolling Thunder ein absoluter Misserfolg, da aufgrund des politischen Mikromanagements nur wenige Ziele zulässig waren. Viele strategisch wichtige Objekte durften nicht angegriffen werden. Überdies war die nordvietnamesische Flugabwehr mit Hilfe der Sowjetunion und Chinas substanziell verbessert worden. Boden-Luftraketen (SAM) stellten die ausgeklügeltste Bedrohung dar, aber sie waren nicht so tödlich wie die entsetzlich dichte Flak der Nordvietnamesen. Das war aber noch nicht alles, die nordvietnamesische Bevölkerung war auf breitester Basis bewaffnet worden. Diese Waffen waren zwar einfach, aber ein einziger guter Schuss genügte, um ein tief fliegendes Flugzeug ernsthaft zu beschädigen. Außerdem reihten sich Kampfflugzeuge, vor allem MiG 17 und MiG 21 unter die Verteidiger.

Um die Abwehr zu schwächen, entwickelte die US-Navy den „Alpha Strike". Dieser bestand aus gemischten Gruppen oder Verbänden trägergestützter Maschinen mit unterschiedlichen Aufgaben. Die Hauptmacht griff befohlene Ziele an, die anderen Flugzeuge hatten sie zu unterstützen. Einige setzten Splitterbomben und Raketen gegen die Flak ein, Jäger auf „combat air patrols" (CAP – Kampfpatrouillen) sollten die Bedrohung durch Feindflugzeuge mindern. Der Verband war straff koordiniert und darauf ausgelegt, die Verteidigung am Zielort durch schiere Übermacht auszuschalten. Die Koordination ermöglichte auch Electronic Countermeasures (ECM – elektronische Gegenmaßnahmen) gegen das Feuerleitradar des Feindes, wobei allein schon die Konzentration an Maschinen ein Störpotenzial war. Der „Alpha Strike" wurde zur wichtigsten Kampfstrategie der Träger gegen Nordvietnam. Die Einsätze waren nie einfach, die Vielfalt der Bedrohungen durch den Feind wuchs im Lauf der Zeit.

DIE FLUGZEUGE

Als die Amerikaner ihre „Polizeiaktion" in Vietnam begannen, hatten die Träger vier wichtige Flugzeugtypen an Bord. Angriffe wurden vor allem von A-4 Skyhawks und bereits in die Jahre gekommenen A-1 Skyraiders vorgetragen. Auf manchen Trägern waren auch A-3 Skywarriors stationiert, allerdings erforderten diese liebevoll „Wal" genannten Maschinen an Bord kleiner Träger einiges Können. Die A-3 war zum Transport von Atomwaffen entworfen worden und dementsprechend groß, sodass sie den Platz mehrerer kleiner Maschinen beanspruchte. Nach etwa zwei Jahren wurden Skywarriors kaum noch bei Angriffen eingesetzt, man benötigte sie für lebenswichtige Versorgungsaufgaben, etwa zur Betankung und zur elektronischen Kriegsführung. Die erste Skyhawk im Kampfeinsatz war Typ A-4C, die nur drei Waffenträger unter den Tragflächen hatte. So Zusatztanks benötigt wurden, hatte die Skyhawk nur noch eine Station für Bomben frei. Zwar konnte mit einem Mehrfachträger die Bombenlast erhöht werden, aber das war keineswegs ideal: Bald wurde die A-4E vorgestellt, die zwei zusätzliche Waffenstationen und damit größere Flexibilität besaß.

An Bord der Träger waren zwei Jägertypen stationiert. Die Vought F-8 Crusader und die McDonnell Douglas F-4 Phantom. Beide stammten aus den 50er Jahren, unterschieden sich aber erheblich. Die Crusader, ein von den Piloten geliebter, einsitziger Jäger, war hervorragend für Luftkämpfe geeignet. Die F-8 trug vier 20-mm-Kanonen und bis zu vier von Infrarot (IR) gesteuerte AIM-9-Sidewinder-Raketen an Rumpfstationen. Überdies konnte sie an zwei Stationen unter den Tragflächen mit verschiedensten Bomben bestückt werden. Die Startschienen der Sidewinder konnten auch gegen spezielle Rampen für 127-mm-Zuni-Raketen getauscht werden. Jene F-8, welche die

UNTEN: Die Skyraider war eines der am meisten eingesetzten und vielseitigsten Flugzeuge über Vietnam. Diese A1-H Skyraider war zwischen 1964 und 1966 die Maschine von Commander Bill Phillips, zu dieser Zeit Kommandant der VA-52 an Bord der USS *Ticonderoga*.

Douglas A1-H Skyraider

LINKS: In der Schlacht im Golf von Leyte waren die Flugzeuge der *Lexington* allein für die Versenkung des Trägers *Zuikako* und des Kreuzers *Nachi* verantwortlich und trugen zum Untergang des Schlachtschiffs *Musashi* und der Träger *Chitose* und *Zuiho* wesentlich bei.

Zusätzlich zu den 20-mm-Kanonen war die *Lexington* mit bis zu 60 40-mm-Kanonen bestückt, meist, wie auf dem Bild zu sehen, in Vierfach-Stellungen. Ihre Zahl wurde erhöht, nachdem sich die 20-mm-Waffen als weniger effektiv gegen die Kamikaze-Angriffe erwiesen hatten.

Im Pazifik sahen sich die US-Träger massiven Attacken aus der Luft gegenüber, vor allem, als die Japaner zu Kamikaze-Angriffen übergingen. Die *Lexington* und andere Schiffe der Essex-Klasse erhielten bis zu 80 20-mm-Kanonen und kämpften mit diesen schnell feuernden Flugabwehr-Waffen oft bis zum letzten Atemzug.

Auf amerikanischen Trägern sollte an Deck ebenso ausreichend Platz sein wie in den Hangars. Diese Einstellung stand im Gegensatz zu der ursprünglichen Ansicht der Briten, die so viele Flugzeuge wie nur irgend möglich auf ihren Trägern unterbrachten.

Die Schiffe der Essex-Klasse wurden von vier gekoppelten Dampfturbinen mit acht Babcock & Wilson Kesseln betrieben.

USS *Lexington*

Der zweite Träger mit dem Namen *Lexington* war der am längsten dienende US-Träger des Zweiten Weltkriegs. Nach ihrem harten Einsatz im Pazifik wurde die *Lexington* für die U-Boot-Abwehr umgebaut, im Anschluss daran für das Trainieren von Landungen an Deck benutzt und zu guter Letzt 1992 außer Dienst gestellt.

Wie die anderen Schiffe der *Essex*-Klasse konnte die *Lexington* über 100 Flugzeuge an Bord nehmen. Ihre Größe entsprach auch den Nachkriegs-Anforderungen, da sie die Maschinen der neuen Generation problemlos aufnehmen konnte.

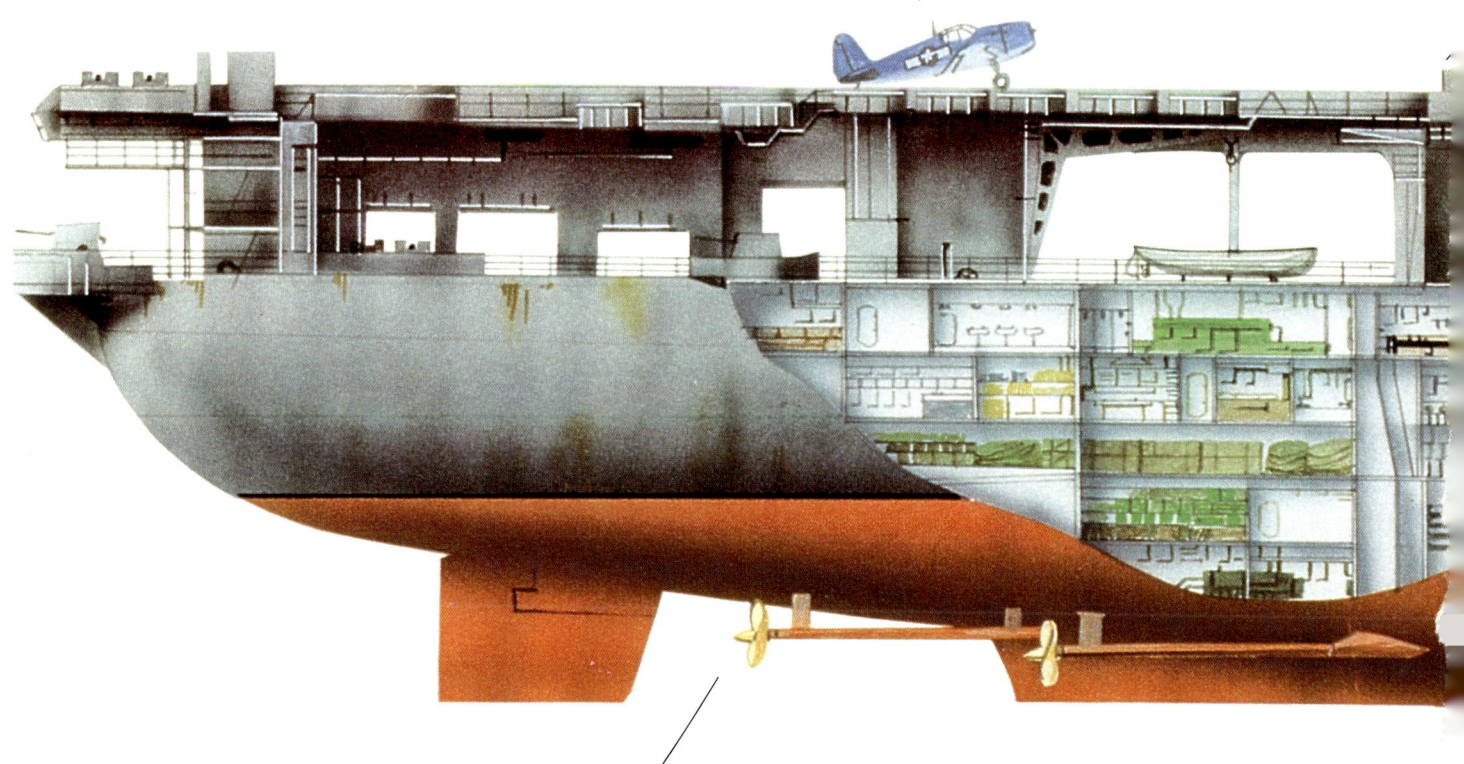

Die vier Wellen der *Lexington* wurden von Dampfturbinen angetrieben. Mit deren Leistung von 111.000 kW (150.000 PS) machte das Schiff 61 km/h (33 Knoten).

Maddox beim Zwischenfall im Golf von Tonkin unterstützt hatten, waren bei diesem Nachteinsatz so ausgerüstet gewesen. Die Phantom war ein großer, zweistrahliger und zweisitziger Abfangjäger, der Mach 2 erreichen konnte. Sie war zu groß für Träger der *Essex*-Klasse und daher auf die Decks der *Midway* und, ab der USS *Forrestal*, auf Supercarrier beschränkt. Anders als die Crusader hatte die Phantom keine Kanonen, sie setzte vollständig auf Raketen. Die Hauptwaffe (die Angreifer lange, bevor sie in Reichweite der Flotte gelangen konnten, zerstören sollte) waren radargelenkte AIM-7 Sparrow. Die Sparrow nutze ein semiaktives Radar-Zielerfassungssystem (SARH), das Abschüsse außerhalb der Sichtweite erlaubte. In der Theorie sollten auf den Feind, nachdem er vom leistungsfähigen Radar der Phantom aufgespürt worden war, eine oder mehrere Raketen abgefeuert werden, die ihr Ziel mit Hilfe des SARH fanden und zerstörten, noch bevor die Crew der Phantom Sichtkontakt hatte. In der Praxis war das ganz anders. Politische Zwänge erforderten, dass ein Ziel vor dem Angriff auch optisch positiv identifiziert sein musste, die Effektivität des Systems sank. Überdies war die Sparrow im Kampf wenig zuverlässig und arbeitete nicht wie erhofft. Dies beruhte

allerdings darauf, dass sie unter völlig anderen Bedingungen als ihren Entwicklern vorgeschwebt war eingesetzt wurde. Über dem Meer, gegen große Sowjetbomber, hätte sie beste Erfolgschancen gehabt, gegen behände nordvietnamesische Jäger, die den Radarkontakt brechen oder die Raketen ausmanövrieren konnten, schlug sich die Sparrow weit schlechter. Obwohl die Phantom auch vier Sidewinder einsetzen konnte, war sie gegenüber den wendigeren nordvietnamesischen MiG im Nachteil. Zudem hatte die US-Navy (wie auch die US Air Force) die Crews der Phantom kaum für den Luftkampf ausgebildet, da dies nicht ihre Aufgabe sein sollte. Dieser Umstand sollte später Anlass zu großer Besorgnis geben.

ERSTE ABSCHÜSSE

Obwohl die Phantom gegenüber den kleineren nordvietnamesischen Flugzeugen im Nachteil war, erzielte sie für die Jagdeinheiten der US-Navy den ersten Sieg in einem Luftkampf. Dieser wurde allerdings nicht mit einer nordvietnamesischen, sondern mit einer chinesischen Maschine ausgefochten. Zwei F-4B der USS *Ranger*, die am 9. April 1965 auf einer CAP waren, kamen China so nahe, dass MiG-17 zu einem Abfangeinsatz starteten. Ein chinesisches Flugzeug wurde

UNTEN: Eine F-4J Phantom der VF-102 verlässt 1968, als der Träger vor Vietnam stationiert war, das Katapult der USS *Amerika*. Die Phantom war ein exzellenter Abfangjäger und Angreifer, der allerdings im Nahkampf gegenüber der nordvietnamesischen MiG den Nachteil geringerer Wendigkeit hatte.

RECHTS: Eine RA-5C Vigilante bereitet sich auf den Start vor. Die Vigilante begann ihr Leben als Kernwaffenbomber. Probleme mit ihrem einzigartigen Abwurfsystem (die Bombe wurde zwischen den Düsen ausgestoßen) hatten jedoch zur Folge, dass die „Vigi" sich bald als Aufklärer eingesetzt fand, eine ihr wie auf den Leib geschriebene Rolle.

verschiedene Flugzeugtypen: Es gab zwei Kategorien von *Essex*-Trägern: CVA (Angriff) und CVS (U-Boot-Abwehr). Träger zur U-Boot-Abwehr hatten üblicherweise S-2 Tracker und Helikopter sowie einige A-4 für Angriffe und Jagdschutz (die A-4 war dieser Aufgabe mehr als nur gewachsen, auch wenn dies nicht ihre primäre Rolle war) an Bord. Träger für Angriffe waren vielfältiger ausgestattet. Die Luftgruppe der *Oriskany* (der zum modernsten Stand aufgerüstete *Essex*-Träger) bei ihren Einsätzen 1966 ist repräsentativ für kleine Träger: Auf der USS *Oriskany* waren zwei Jagdgeschwader mit F-8 und drei Kampfgeschwader (zwei mit

Skyhawks, und eines mit Skyraiders) statio-niert. Eine Untergruppe der VAH-4 flog bei schweren Angriffen einige Skywarriors, eine Abteilung der VAP-61, die allerdings nicht während des gesamten Turnus an Bord war, stellte ein paar RA-3-Fotoaufklärer. Eine weitere Abteilung von Aufklärern flog RF-8 Crusader, eine andere E-1 Tracer Frühwarn-flugzeuge. UH-2-Helikopter für Such- und Rettungsaufgaben vervollständigten die Luftgruppe. Die Fliegergruppe konnte bis zu 70 Flugzeuge umfassen, die Träger waren mehr als nur dicht belegt. Die Träger der *Midway*-Klasse waren mit etwa 75 Flug-zeugen (auch der Phantom) besetzt, die

North American RA5-C Vigilante

Die *Lexington* hatte eine komplexe, multifunktionale Radaranlage, einschließlich der SM(CXBL) Höhensuch-Anlage, welche ganz oben an der Dreibein-Befestigung zu erkennen ist. Allerdings konnte die Anlage einen Winkel von über 75° über dem Horizont nicht absuchen, sodass Feindflugzeuge oft unbemerkt durchkamen. Bis Ende des Zweiten Weltkriegs wurde dieser Mangel nicht ganz behoben.

Acht der zwölf 127-mm-Geschütze der *Lexington* waren jeweils paarweise in Türmen vor und hinter der Insel angebracht. Diese Waffen wurden beim Umbau der *Lexington* entfernt.

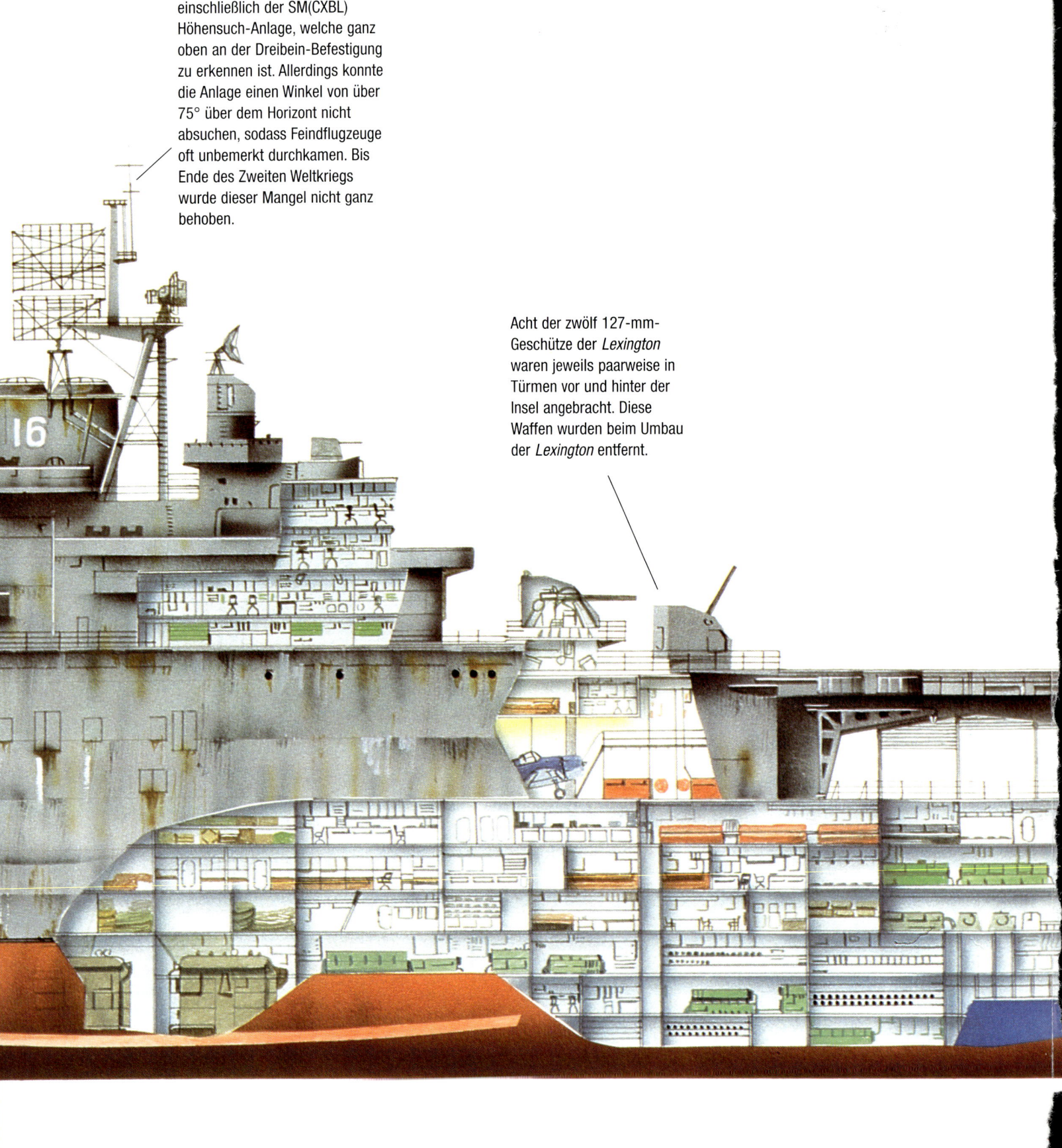

TECHNISCHE DATEN			Antrieb:	Dampfturbinen
USS *Lexington*				an vier gekoppelten Wellen
			Geschwindigkeit:	32,7 Knoten
Wasserverdrängung:	35.438 Tonnen (Volllast)		Bewaffnung:	zwölf 127-mm-Geschütze, 32 40-mm-
Größte Länge:	265,8 m			und 46 20-mm-Kanonen
Größte Breite:	28,4 m		Besatzung	2.682
Tiefgang:	7,01 m		Flugzeuge:	60–70

Die *Lexington* hatte drei
Flugzeugaufzüge. Einer davon
befand sich an backbord, am
Ende des Decks, die anderen
beiden waren in der Mitte des
Flugdecks. Die Abbildung zeigt
den vorderen Lift, der die
Maschinen direkt zwischen die
Hydraulikkatapulte hob.

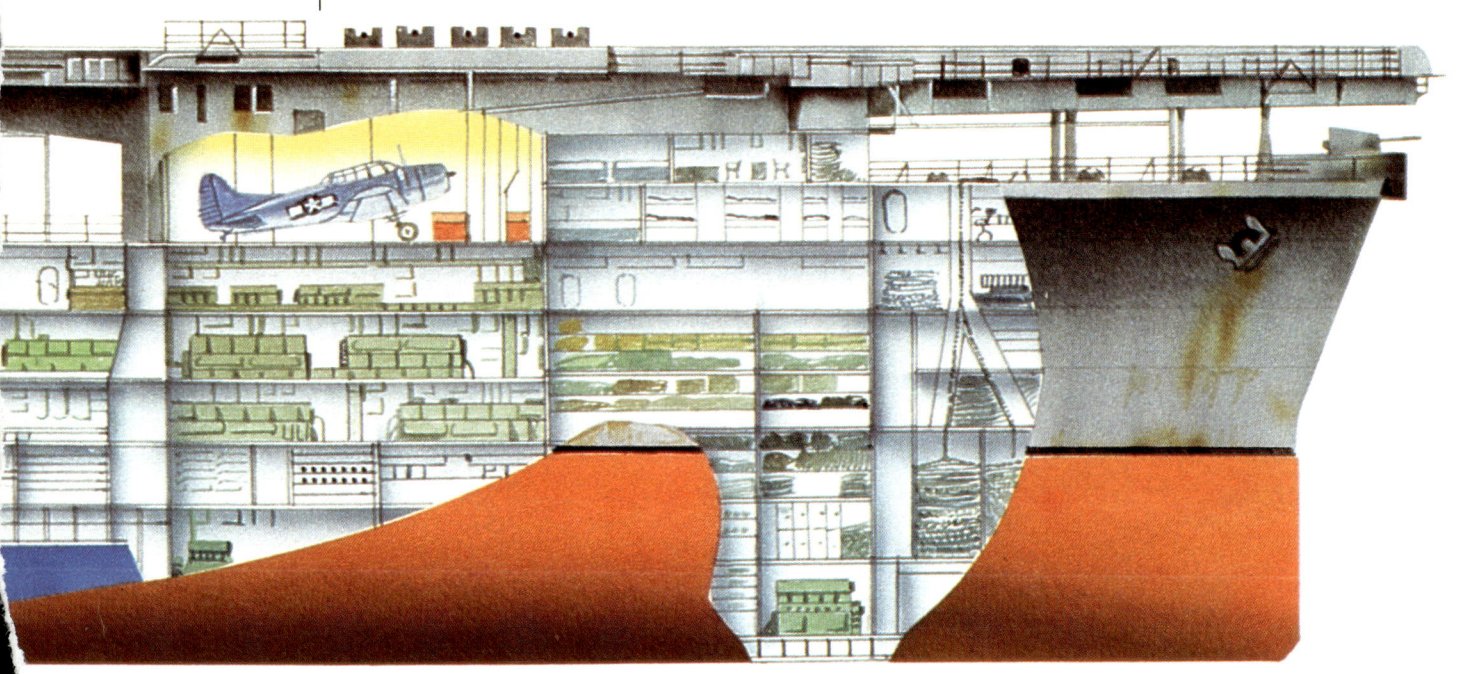

McDonnell Douglas F-4 Phantom II

abgeschossen, eine Phantom kehrte nicht heim. Die Chinesen verzichteten darauf, ihren Erfolg auszuschlachten, veröffentlichten aber, dass eine ihrer Maschinen durch eine Phantom abgeschossen worden war. Nach diesem ungünstig Start trafen am 17. Juni F-4 der *Midway* auf zwei nordvietnamesischen MiG-17. Die Crews der Phantom (Cdr. Louis Page und Lt. John C. Smith, sowie Lt. Dave Batson und Lt. Cdr. Robert Doremus) schossen sie ab und kehrten zurück. Die *Midway* trug damals gemischte Jagdstaffeln: VF-21 flog die Phantom, VF-111 die F-8D. Es wäre spannend zu wissen, wie die Crusader-Piloten, die die Phantom für hässlich, unterbewaffnet und plump hielten, auf den Erfolg reagiert haben.

Drei Tage später kam es zu einem noch spektakuläreren Abschuss. Zwei Skyraiders, mit Lt. Charlie Hartman bzw. Clint Johnson am Steuer, wurden von MiGs angegriffen. Diese machten den fatalen Fehler, sich in einen „Tanz" mit der Skyraider einzulassen, die weit beweglicher war als jeder andere Jet. Unter dem Feuer der 20-mm-Kanonen der Skyraider ging je eine MiG in Flammen auf und stürzte ab. Allerdings blieb dies bis 1966 der letzte Sieg eines trägergestützten Flugzeugs.

Die Luftgruppen der Träger
Aufgrund der Vielfalt der erforderlichen Einsätze fanden sich an Bord der nach Vietnam entsandten Träger beeindruckend viele

OBEN: Die McDonnell F-4 Phantom II kam erstmals 1962 an Bord der USS *Enterprise* zum Einsatz. Das abgebildete Flugzeug diente zwischen 1954 und 1969 bei vier Einsatzzyklen im Golf von Tonkin an Bord der USS *Constellation*.

LINKS: Drei A-4E Skyhawks des Angriffsgeschwaders VA-56 fliegen, zu Beginn des Vietnamkriegs für die Kamera Formation. Der weiße Aufbau hinter dem Kopf der Piloten ist ein Schutzschirm gegen den bei Atomexplosionen entstehenden Blitz. Er sollte verhindern, dass die Piloten geblendet werden und war eingebaut worden, weil die A-4 ursprünglich als Träger von Nuklearwaffen gebaut worden war. Im Verlauf des Vietnamkriegs wurde die Skyhawk jedoch zum Instrument konventioneller Kriegsführung und die Schilde entfernt.

Supercarrier mit etwa 90 Maschinen. Die USS *Enterprise* hatte bei ihrem ersten Einsatz in Vietnam eine der größten Luftgruppen eines mit Jets besetzten Träges an Bord. Dazu zählten nicht weniger als vier Skyhawk-Geschwader, zwei Phantom-Einheiten und etwa ein Dutzend Skywarriors. Darüber hinaus hatte sie die übliche Mischung an Helikoptern und Frühwarnflugzeugen sowie eine Squadron (RVAH-7) mit der beeindruckenden RA-5C Vigilante an Bord. Die Vigilante, eigentlich ein Überschallbomber für Atombombenabwürfe, der seine wahre Bestimmung als Aufklärer fand, operierte in Geschwadern zu sechs bis acht Flugzeugen. Mit Fortdauer des Kriegs kamen neuere Typen an Bord der Träger. Zwar stieg damit die Schlagkraft der Luftgruppen, aber die Kriegsführung wurde nicht einfacher, da die von Washington vorgegebene Strategie Erfolge ernsthaft behinderte.

PROBLEME

Die amerikanische Trägerflotte hatte 1965 neben den durch politische Beschränkungen verursachten Schwierigkeiten unzählige praktische Probleme. Um das Tempo der Operationen halten zu können, fehlte es an Männern, Flugzeugen, Munition, Bomben und Raketen. Die Lösung wurde in der Erhöhung des Durchsatzes an auszubildenden Piloten und in einer Ankurbelung der Rüstungsindustrie gesucht, wobei zu beachten ist, dass Typen wie die Skyraider ausliefen und in dem Ausmaß, wie ihre Zahl abnahm, durch neue Modelle ersetzt werden mussten. Das Kernproblem war aber die Bereitstellung von Trägern. Viele der Träger der *Essex*-Klasse näherten sich dem Ende ihres

Einsatzlebens oder mussten zumindest generalüberholt werden, auch einige neue Träger hätten der Wartung bedurft. So dauerte etwa die Überholung der *Midway*, deren Einsatzturnus 1965 endete, bis zum Jahr 1970. Es war offensichtlich, dass die Pazifikflotte nicht in der Lage war, genügend Träger zu stellen, außer man hätte nur die Bordmannschaften und die Besatzungen der Luftgruppe gewechselt, ohne die Schiffe abzuziehen. Zwangsläufig auftretende Wartungsmängel hätten jedoch Effektivität und Lebensdauer der Schiffe gesenkt. Daher wurden auch Träger der Atlantikflotte vor Vietnam eingesetzt, als erster traf im Juni 1965 die USS *Independence* ein. Die *Enterprise* wurde, als sie 1966 von ihrem Turnus zurückkehrte, wieder der Pazifikflotte zugeteilt. Fünf weitere Träger der Atlantikflotte kamen vorübergehend nach Vietnam, um andernfalls entstandene Engpässe zu vermeiden. Es bestand kein Zweifel, dass Marineflugzeuge einen wichtigen Beitrag zu „Rolling Thunder" leisteten und man wollte möglichst viele von ihnen einsetzen können.

BOMBENPAUSEN UND ESKALATION

„Rolling Thunder" wurde 1965 fortgesetzt, Kommando- und Leiteinrichtungen, die den Einsatz der Träger betrafen, verbessert. Um die effektive Koordination der Einsatzkräfte zu ermöglichen, teilte man Nordvietnam in „Route Packages" (oder „Route Pacs"), die mit römischen Ziffern bezeichnet wurden. Route Package VI wurde in die Route Pacs VIA und VIB unterteilt. Träger waren für Ziele in den Route Pacs II, III, IV und VIB verantwortlich. Diese umfassten urbane

LINKS: Da sie nahezu Schallgeschwindigkeit erreichte, war die RA-5C nur schwer abzufangen. Sie lieferte mit die exaktesten Aufklärungsinformationen, die je gewonnen werden konnten: Bei einem ihrer Einsätze erbrachten die Sensoren der Vigilante den Beweis, dass ein amerikanisches Football-Feld einige Fuß zu kurz war. Sie wurde 1979 außer Dienst gestellt – die US-Navy hat bis heute kein ähnlich leistungsfähiges Aufklärungssystem gefunden.

USS *Oriskany* (1970)

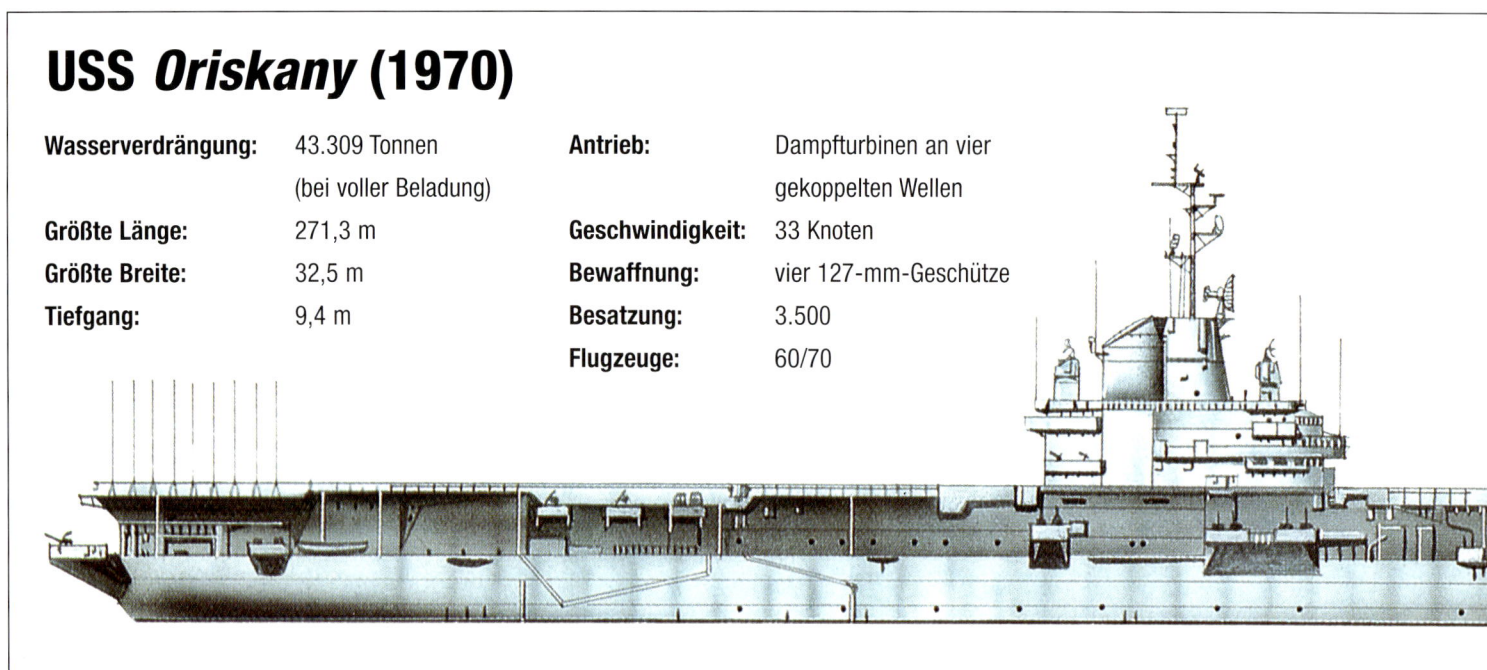

Wasserverdrängung:	43.309 Tonnen (bei voller Beladung)	**Antrieb:**	Dampfturbinen an vier gekoppelten Wellen
Größte Länge:	271,3 m	**Geschwindigkeit:**	33 Knoten
Größte Breite:	32,5 m	**Bewaffnung:**	vier 127-mm-Geschütze
Tiefgang:	9,4 m	**Besatzung:**	3.500
		Flugzeuge:	60/70

Gebiete um Dong Hoi, Haiphong und Nam Gai. Zwar schien dies als probate Koordinierungsmaßnahme, aber sie erwies sich als ineffektiv. (So lehnte man etwa 1990 beim Golfkrieg eine Neuauflage ab.) Das größte Problem bei den Route Pacs hatte man jedoch durch die in Washington getroffenen Zielfreigaben. Hanoi und Haiphong waren „off-limits", durften nicht angegriffen werden. Nordvietnam entdeckte dies bald und errichtete in den sicheren Regionen kriegswichtige Einrichtungen.

An Weihnachten 1965 befahl Präsident Johnson, „Rolling Thunder" einzustellen, aber Ende Januar 1966 wurde die Kampagne wieder aufgenommen. Die Bombenpausen waren heftig umstritten, gaben sie doch Nordvietnam Gelegenheit, Schäden zu reparieren und seine Truppen mit Nachschub zu versorgen. Es besteht kein Zweifel: Die Abwehrmaßnahmen waren, als die Operation wieder aufgenommen wurde, stärker. Als Johnson befahl, die Bombardements wieder aufzunehmen, wurden die USS *Enterprise, Kitty Hawk* und *Hancock* als Teil der Task Force 77 aktiv. Sie hatten Verbindungseinrichtungen anzugreifen und trafen auf heftiges Flugabwehrfeuer, allerdings machten sich SAM und Feindflugzeuge durch ganzliches Fehlen verdächtig. Dies änderte sich dramatisch, als im April Angriffe auf Ziele der Route Pacs IV und VIB, darunter Brücken, Kommunikations- und Nachschublinien geflogen wurden. Die Bedrohung durch MiGs eskalierte, die Jäger erhielten reichlichst Arbeit. Am 12. Juni 1966 erzielte die F-8 ihren ersten Erfolg gegen eine MiG.

VF-211, bei diesem Einsatz unter dem Kommando von Cdr. Harold L. Marr, sicherte einen Angriff von Skyhawks gegen Ziele im Norden Haiphongs. Als die Kampfgruppe das Ziel verließ, stieß Lt. (jg) Phil Vampatella ein „Tally Ho" aus, MiGs näherten sich den amerikanischen Flugzeugen. Marr blickte in die von Vampatella angegebene Richtung und sah, in nur 1,5 Meilen Entfernung, vier MiG-17. Er flog eine harte Wendung und gab, wie er später sagte, hauptsächlich, um sich Mut zu machen, einen kurzen Feuerstoß aus seinen Kanonen ab. Ein Schlagabtausch begann, einmal mehr schoss Marr auf eine MiG und verfehlte sie. Plötzlich fand sich Marr 1000 Fuß über einer der MiGs. Er feuerte eine Sidewinder ab, die jedoch wegen der hohen G-Belastung den Kontakt verlor und zu Boden raste. Der Pilot der MiG sah eine Chance zu entkommen und sich vom Gegner zu lösen. Marr betätigte den Nachbrenner, um die Distanz zu verkleinern, und setzte sich mit einer Rolle hinter die MiG. Aus einer halben Meile Entfernung feuerte er seine zweite und letzte Sidewinder ab. Die Rakete fand ihren Weg, durchschnitt Heck und Steuerbord-Tragfläche der MiG, die wie einen Stein zu Boden fiel. Marr wechselte den Kurs und verließ, einmal mehr mit Hilfe seines Nachbrenners mit Höchstgeschwindigkeit das Kampfgebiet. Neun Tage später sollte auch Phil Vampatella eine MiG-17 abschießen. Obwohl sein Flugzeug bereits schwer beschädigt war und Treibstoff verlor, versuchte Vampatella, sofort anzugreifen, als er den Feind sichtete. Nach einem Hochgeschwindigkeitskampf kaum über Baumhöhe vernichtete er die

einer MiG keineswegs die wichtigste Aufgabe für die Piloten trägergestützter Flugzeuge. Die Bombenangriffe gegen Nordvietnam wurden verstärkt, da man die Regierung in Hanoi zwingen wollte, ihre Unterstützung der Vietcong-Guerilla im Süden einzustellen. Am 23. Juni gab Washington die Erlaubnis für Angriffe auf Erdölraffinerien. Bevor es aber zu einem Schlag kommen konnte, wurde der Plan aufgrund von Indiskretionen der Presse bekannt, die Einsätze mussten abgesagt werden. Nach einer Phase der Ungewissheit erlaubte man die Angriffe erneut. Am 29. Juni 1966 wurden erste Einsätze gegen Öl- und Benzineinrichtungen in der Nähe Haiphongs geflogen. Skyhawks der *Ranger* warfen über 19 t Bomben auf die Anlage und verwandelten sie in einen brennenden Haufen.

Die Auswirkungen dieses Erfolgs waren jedoch eher gering, es gelang Hanoi, die Treibstoff- und Ölversorgung aufrecht zu halten. Der Präsident war zwar darauf hingewiesen worden, dass nur eine Kombination von Angriffen auf Raffinerien und Transportwege Nordvietnam in Bedrängnis bringen könnte, hatte dies aber aus politischen Gründen nicht genehmigt. Die Nordvietnamesen verstanden die Warnsignale und legten Untergrundlager an, für den Fall, dass die Amerikaner ihre Treibstoffversorgung

MiG mit einer Sidewinder, kehrte zu seinem Träger, der *Hancock*, zurück und landete glatt. Die steigende Wahrscheinlichkeit eines Luftsiegs war gut für die Moral der F-8-Piloten und nährte die Rivalität zwischen Crusader und Phantom.

Obwohl spektakulär, war der Kampf mit

UNTEN: Die Folgen des tragischen Brandes an Bord der USS *Forrestal*: Grotesk entstellte, kaum erkennbare Flugzeugteile, nachdem das Inferno gewütet hatte – im rechten unteren Abschnitt des Bildes kann man die Nase einer A-7 ausnehmen. 134 Mann starben in den Flammen und bei den Löscharbeiten. Es kam zu diesem ungewöhnlichen Unfall, weil sich eine Zuni-Rakete durch heiße Auspuffgase entzündet hatte und in neben ihr abgestellte Flugzeuge einschlug. Feuer war nur eine der vielen Gefahren, welchen die Besatzung eines Trägers ausgesetzt war.

zu unterbrechen versuchten. Da die Amerikaner nichts unternahmen, um den nordvietnamesischen Nachschub abzuschneiden (so waren Vorschläge, den Hafen von Haiphong zu verminen, zurückgewiesen worden), bewirkten die Angriffe wenig. Weiträumig verteilte Untergrundanlagen, gepaart mit Versorgung aus Übersee bedeuteten, dass Nordvietnam Angriffen auf seinen Treibstoffnachschub die Stirn bieten konnte.

1966 endete für die US-Träger desaströs, mit einem gewaltigen Feuer an Bord der *Oriskany*. Als man am 26. Oktober Leuchtfallschirmbehälter verstaute, zündete einer. Seine immense Hitze entfachte ein Feuer, das außer Kontrolle geriet. Rasch erfasste es Hangardeck, Kombüsen und Waffenlager, wo weitere Bomben, Raketen und Munition explodierten. Geschicktes Schadensmanagement und der Mut der Besatzung brachten das Feuer unter Kontrolle, aber der Preis war hoch. Bei der Brandbekämpfung kamen 44 Mann ums Leben. Viele Flugzeuge mussten abgeschrieben werden. Die *Oriskany* lief in langsamer Fahrt nach Subic Bay auf den Philippinen, wurde provisorisch repariert und steuerte den Heimathafen an, um umfassend wiederhergestellt zu werden. Sieben Monate später war sie für einen weiteren Einsatz bereit. Dies sollte leider nicht das letzte Feuer sein, unter dem die Trägerflotte vor Vietnam zu leiden hatte.

1967

Die Fortführung der Bombenkampagne 1967 war aus verschiedensten Gründen wichtig. Da die Gefahr durch nordvietnamesische SAM-Raketen gestiegen war, wurden verbesserte elektronische Störmethoden und neue Abwehrwaffen eingeführt. Die US Air Force nahm ein Spezialflugzeug, ein modifiziertes F-105-Thunderchief-Kampfflugzeug in Dienst, die berühmte „Wild Weasel". Wild Weasels waren mit Elektronik zur Ortung feindlicher Radarstrahlen ausgerüstet- und hatten einige unangenehme Überraschungen für feindliche Radarbeobachter an Bord. Ein forciertes Entwicklungsprogramm führte zu Anti-Radiation Missiles (ARM), wie der AGM-45 Shrike und, später, der AGM-72 Standard ARM, mit denen die Weasel das Radar der SAM zerstören konnte. Der Zugang der US-Navy war ähnlich, obwohl diese anfangs keine hochspezialisierten Flugzeuge einführte, sondern Standardmaschinen (meist Skyhawks) mit verbessertem ECM und der Möglichkeit zum Abschuss von Shrikes nachrüstete. Diese Flugzeuge flogen an einem Tag sogenannte „Iron Hand" SAM-Abwehreinsätze und setzten tags darauf Bomben ins Ziel. Die Piloten waren nicht unbedingt gezwungen, das Feindradar zu zerstören. Es genügte, wenn die Einrichtungen aus Angst vor den ARM nicht aufgebaut wurden, denn ohne Radar traf die SAM nicht ins Ziel. Am 20. April 1967 konnte Lt. Cdr. Michael J. Estocin von der *Ticonderoga* bei einem einzigen „Iron Hand"-Flug drei SAM-Stellungen neutralisieren, bevor seine Skyhawk beim Anflug auf eine vierte schwer beschädigt wurde. Sechs Tage später flog Estocin bei einem Angriff auf Haiphong einen weiteren „Iron Hand"-Einsatz. Die Maschine wurde getroffen und fing Feuer. Estocin feuerte unbeeindruckt seine Shrikes ab, bevor seine Skyhawk vom Feuerball einer weiteren explodierenden SAM eingehüllt wurde. Das Flugzeug geriet außer Kontrolle, Estocin konnte es abfangen und funkte, dass er über dem Meer aussteigen würde. Bevor er die Küste erreichte, geriet die Skyhawk in unkontrollierbares Trudeln und verschwand, mit dem Bauch nach oben, in tief

UNTEN: Die Grumman A-6 Intruder war als trägergestützter Allwetter-Kampfbomber entworfen worden. Während des Vietnamkriegs flog die A-6 rund um die Uhr Bombereinsätze. Bis 1967, als die General Aerodynamik F-111 eingeführt wurde, war kein anderes Flugzeug zu einer solchen Leistung in der Lage.

Grumman A6 Intruder

liegenden Wolken, Estocin überlebte nicht. Er erhielt für seine „Iron Hand"-Missionen posthum die Ehrenmedaille des Kongresses.

Von den Trägern starteten aber nicht nur gefährliche Missionen dieser Art, sondern auch mittlerweile effektive Nachtangriffe gegen Ziele in Nordvietnam. 1965 war die VA-75 mit der Grumman A-6 Intruder auf der USS *Independence* in Dienst gestellt worden. Die ersten Einsätze der Intruder verliefen katastrophal, binnen eines Monats gingen drei A-6 verloren, da Bomben nach dem Ausklinken vorzeitig explodierten. Der nächste Kampfeinsatz der Intruders erfolgte beim turnusmäßigen Dienst der *Kitty Hawk* zwischen Oktober 1965 und Juni 1966: Es kostete sechs Flugzeuge, bis man einsah, dass es unangebracht war, die Intruder gegen Ziele geringer Bedeutung einzusetzen. Die extrem komplexe Bordelektronik der Intruder ermöglichte es, nachts und bei schlechtem Wetter äußerst exakte Angriffe zu fliegen. Die taktische Änderung trug erstmals zwischen Juni und Dezember 1966, beim nächsten Turnus, bei dem die Intruder an Bord der *Constellation* stationiert war, Früchte: Aber erst ab 1967 würde die Intruder beweisen, wozu sie fähig sei.

1967 wurde auch durch verstärkte Aktivitäten der Marinejäger geprägt. Anfang des Jahres trafen die Angriffskräfte der Navy nicht mehr viele MiGs, anders die USAF, die zwischen Januar und Juni '46 abschoss. Ansuchen, MiGs auf den Flugfeldern angreifen zu dürfen, wurden von Washington vorerst zurückgewiesen, doch die Kommandanten blieben hartnäckig und setzten sich durch. Im April erlaubte man Attacken gegen feindliche Fliegerhorste (seit 1918, wenn nicht schon länger, eine Kernmaßnahme der Luftkriegsführung). Die Navy erkor die größte MiG-Basis in Kep als Ziel.

Flugzeuge der *Kitty Hawk* und *Bon Homme Richard* starten am 24. April. Eine Gruppe A-6 und A-4 griff bei Tag an, weitere A-6 flogen einen Nachtangriff. Die Rollbahn wurde mit Bombentrichtern übersät, zahlreiche Flughafengebäude und Maschinen beschädigt oder zerstört. Auch die Jägereskorte des Tageinsatzes hatte einigen Erfolg: F-4 der VF-114 schossen zwei MiG-17 ab, als diese aufsteigen wollten. Da Kep als Ziel freigegeben war, machte die Navy einen weiteren Besuch. Am 1. Mai, schoss Commander Ted Swartz mit einer Skyhawk und ungelenkten Raketen eine MiG ab. Dies war der ungewöhnlichste von 12 Abschüssen, die ein Marineflugzeug zwischen April und Juli 1967 gegen die MiG erzielte. Die Erfolge wurden einmal mehr von einer Tragödie überschattet. Am 29. Juli wurde Task Force 77 wieder Opfer eines furchtbaren Brandes.

Die *Forrestal* hatte den Heimathafen Norfolk/Virginia einen Monat zuvor verlassen und war seit 25. Juli auf Yankee Station im Einsatz. Nach vier Tagen kam es zur Katastrophe. Flugzeuge standen, für die zweite Einsatzwelle des Tages bewaffnet und betankt, startbereit an Deck. Aus dem Auspuff eines Startgeräts neben einer F-4 schlugen Flammen bis zum Waffenträger der Phantom. Die Hitze brachte eine Zuni-Rakete zur Explosion, die quer über das Flugdeck raste und in eine vollgetankte, bewaffnete Skyhawk einschlug. Die Maschine explodierte, Feuer umhüllte das Heck des Trägers, breitete sich nach unten aus und erfasste Bomben- und Munitionslager. In der Nähe liegende Schiffe beteiligten sich an den Löscharbeiten, nach einer Stunde war der Brand an Deck gelöscht, die Feuer unter Deck brannten weitere 12 Stunden. Die Löschmannschaften waren tapfer, Deckmannschaften entfernten Bomben von Flugzeugen, die zum Teil bereits vor Hitze glühten, und warfen sie über Bord, andere versuchten Flugzeuge aus dem Bereich des Feuers zu retten. Als „Brand aus" gemeldet wurde, waren 134 Mann gestorben und 62 verletzt worden, 21 Flugzeuge gänzlich zerstört, 43 unterschiedlich schwer beschädigt, manche konnten nicht mehr repariert werden.

Den Rest des Jahres 1967 dauerten, gegen entschiedenen Widerstand, die Angriffe wie gewohnt fort. Am 24. Oktober wurde das Flugfeld von Phuc Yen, die größte MiG Basis, die bisher verschont worden war, Ziel einer konzentrierten Aktion von Marinefliegern und USAF. Mindestens 30 SAM-Raketen wurden auf die Angreifer abgefeuert, trotzdem konnte die Rollbahn schwer beschädigt werden. Als am nächsten Tag Flugzeuge der *Coral Sea* die Basis erneut angriffen war der Widerstand deutlich geringer.

Im Dezember kehrte die USS *Ranger* in die Kampfzone zurück, an Bord ein neuer Flugzeugtyp, die Vought A-7 Corsair II. Der F-8 äußerlich ähnlich, war sie doch ein gänzlich anderes Flugzeug. Sie war entworfen worden, um die A-4 als Kampfflugzeug zu ersetzen. An den sechs Stationen unter der Tragfläche der A-7 konnte nahezu jede Waffe aus dem Inventar der Navy angebracht werden. Zusätzlich hatte sie zwei Rumpfstationen für Sidewinders und zwei 20-mm-Kanonen (später durch eine sechsläufige Gatling-20-mm-Vulcan-Kanone ersetzt). Auch ihre gegenüber der A-4 höhere Reichweite und äußerst präzise Bordelektronik machten sie zu einer exzellenten Angriffswaffe. Die erste Corsair hatte noch ein paar Probleme. Ihr tief angesetzter Lufteinlass saugte immer wieder Fremdkörper ein, gelegentlich standen sogar Deckmannschaften

OBEN: Die USS *Midway*, **einer der am längsten dienenden Träger, nach Umbauten für den Einsatz von Jets. Als die** *Midway* **1945 in Dienst gestellt wurde, konnte sie über 100 Flugzeuge an Bord nehmen. Die drei Schiffe der** *Midway*-**Klasse wären, anders als** *Essex*-**Träger, in der Lage gewesen, die neuen schweren Angriffsflugzeuge auch ohne Modifikation einzusetzen, wurden aber dennoch ständig verbessert.**

zu nahe und inhalierten auch vom Katapult entweichenden Dampf, was die Leistungsfähigkeit ihrer Motoren nicht eben hob. Zudem war die TF30-Turbine etwas schwächlich, Vought suchte bereits Ersatz, der bald in der TF41 gefunden wurde. Das letzte „Problem" war ihr Name: „Corsair II" sollte an die F4U erinnern, die Piloten sahen dies aber anders. Sie tauften ihren gedrungen Untersatz „SLUF", was für „Short Little Ugly Fellow" stand – nett interpretiert: „kurzer hässlicher Kommunistenfreund". Trotzdem begannen sie die A-7 nach und nach zu schätzen. Im letzten Kriegsjahr sollte sie eine wichtige Rolle spielen.

TET UND DANACH

An Weihnachten 1967 wurden einmal mehr die Bombardements eingestellt. Die Nordvietnamesen nutzen diese Geste, um mehr Truppen denn je über den Ho-Chi-Minh-Pfad in den Süden zu bringen. Flugzeuge, die die Truppenbewegungen entdeckten, erhielten keine Erlaubnis zum Angriff. Die Tet-Offensive von Nordvietnamesen und Vietcong, die sich gegen nahezu jede wichtige Stadt des Südens richtete, lief am 31. Januar 1968 an. Mittels konventioneller Taktiken konnten die Amerikaner dem Feind ernste Schäden zufügen, diese Erfolge blieben allerdings irrelevant. Das Medienecho auf Tet machte glauben, Nordvietnam und Vietcong

könnten und würden an jedem Ort ihrer Wahl zuschlagen. Die USA, so meinte man, stünden in einem Krieg, der nicht zu gewinnen sei. Es wäre zu simpel zu behaupten, Tet hätte die Kampfmoral der Amerikaner zerstört, aber die Offensive leistete ihren Beitrag zur Beendigung des Kriegs (von amerikanischer Seite), auch wenn bis dahin noch fünf Jahre vergingen. Die Regierung war, einmal mehr, zögerlich. Am 31. März erklärte Präsident Johnson in einer Rede an die Nation die Einstellung der Bombardierung Nordvietnams. Die Rede war dramatisch, das Ende überraschend. Nach seinen Aussagen zu Vietnam informierte Johnson das amerikanische Volk, dass er eine zweite Amtszeit weder anstrebe noch eine Nominierung der Demokraten akzeptieren würde. Am nächsten Tag wurden Kampfeinsätze nördlich des 20. Breitengrads ausgesetzt.

DER ABSCHIED DER SKYRAIDER

Der April 1968 war für die US-Navy auch aus einem anderen Grund von Bedeutung, die Skyraider-Geschwader flogen ihren letzten Einsatz. Die A-1 (wie man die AD nach Einführung des dreifachen Bezeichnungssystems 1962 nannte) war 1947 in Dienst gestellt worden und 1968 bei Angriffen radargelenkter Flak praktisch schutzlos ausgeliefert. Einige Monate später wurden auch jene Versionen außer Dienst gestellt, die zur elektronischen Kriegsführung ausgerüstetet waren, allerdings flog die USAF den Typ bis 1974 zur Unterstützung von Such- und Rettungshubschraubern. Die Skyraider wurde durch mehr A-6 und A-7 ersetzt, welche die Leistungsfähigkeit der Navy steigerten, was aber aufgrund der Umstände wenig Bedeutung hatte. Zwar dauerten Einsätze südlich des 20. Breitengrads im Frühjahr und Sommer fort, aber dies war nicht von Dauer. Im Interesse der Verhandlungen mit Nordvietnam befahl Johnson, am 1. November 1968 ab 21:00 Uhr sämtliche Bombenangriffe gegen das Land einzustellen. Damit war der Krieg keinesfalls zu Ende, er war nur anders geworden, erst ein neuer Präsident sollte den Schlussstrich ziehen.

1968 BIS 1972

Die Aussetzung der Bombardements gegen Nordvietnam beendete keineswegs den Einsatz der Träger. Ihre neue Aufgabe war, den Nachschub, der über den Ho-Chi-Minh-Pfad zu den Guerillas im Süden gelangte, zu unterbinden. Der Ho-Chi-Minh-Pfad war keineswegs ein einzelner Weg, er bestand aus verschiedensten Routen, die durch Laos führten. Daher waren die Transporte nahezu unmöglich zu stoppen. Wegen der Luftangriffe war der Verkehr bei Tageslicht gering, er erreichte seine Spitze nachts. Jedes nur denkbare Transportmittel wurde verwendet: Büffel, Lastwagen, Fahrräder, Fußgänger, um nur einige zu nennen. Das hatte zur

Folge, dass selbst die ausgefeilteste Technologie der Navy-Flugzeuge den ständigen Versorgungsfluss nie zum Versiegen brachte.

1972

Die Einstellung der Bombardements gegen den Norden senkte die Luftaktivitäten zwar drastisch, hatte aber keineswegs ihr völliges Ende zur Folge. Amerikanische Aufklärer hatten sich bei ihren Routineeinsätzen an die „protective reaction" genannten Regeln zu halten, die erlaubten, das Feuer zu erwidern, wenn auf sie geschossen wurde.

Nachdem ein Aufklärer gemeldet hatte, dass eine MiG-21 in einer Höhle bei Quang Lang untergebracht worden wäre, wurde ein weiter Einsatz zur Beobachtung von Details gestartet. Am 19. Februar 1972 verhinderte Schlechtwetter diese Mission, zu der Maschinen der *Constellation* abgeordnet worden waren. Die für den Einsatz zusammengestellte Streitmacht war eindrucksvoll. Die RA-5C Vigilante sollte die Aufnahmen machen und wurde von einer Eskorte aus A-7 und A-6 gedeckt, die gegen jeden Angriff von Fliegerabwehrstellungen vorgehen würden. Schutz gegen Feindjäger boten Jagdflugzeuge der VF-96.

Sofort als der Schwarm Quang Lang erreichte, geriet er unter Sperrfeuer. Die A-7 und A-6 griffen nach den Regeln für einen erlaubten Gegenschlag an, die Verteidiger erhöhten ihre Anstrengungen. Neben der schweren Flak kamen nun auch SAM zum

UNTEN: Kriegsende 1975: Eine südvietnamesische UH-1 „Huey" wird über Bord eines amerikanischen Trägers (wahrscheinlich der USS *Midway*) gestoßen, um Platz für weitere Flugzeuge zu schaffen, welche südvietnamesische Flüchtlinge vor dem unvermeidlichen Fall Saigons evakuierten.

Einsatz. Die Phantoms hatten sich unwissentlich genau über zwei SAM-Stellungen positioniert, von denen sie unter Beschuss genommen wurden. Eine Phantom wurde von Lt. Randy Cunningham und seinem Radar-/Waffenoffizier, Lt. (jg) Willie Driscoll geflogen. Cunningham flog einige geschickte Manöver, um eine SAM auszuschalten, und hatte das Kunststück sofort zu wiederholen, da eine zweite Rakete anflog. Eine dieser Aktionen brachte seine Phantom in senkrechte Position, die Nase direkt zur Erde gerichtet. Zwei A-7 gelangten in sein Blickfeld, die, wie er meinte, den Schauplatz eben verließen. Erst auf den zweiten Blick erkannte er, dass die Maschinen mit Nachbrenner flogen, eine Einrichtung, die die A-7 nicht besaß. So schaute Cunningham etwas genauer. Er ging aus der Wende und identifizierte die Flugzeuge als MiG-21.

Cunningham setzte seine eigenen Nachbrenner ein und verfolgte die MiGs, die in nicht einmal 150 m Höhe flogen. Driscoll erfasste das Führungsflugzeug mit einer AIM-7 Sparrow. Cunningham, der in seiner Ausbildung viele Versager von Sparrows erlebt hatte, wählte eine Sidewinder. Er feuerte sie ab, aber die MiG brach aus, die Rakete verlor den Kontakt. Als sich Cunningham erneut hinter die MiG setzte, erkannte er, dass die Piloten ihren Verfolger aus den Augen verloren hatten. Die MiG blieben vor den Phantom, Cunningham feuerte eine zweite Sidewinder ab, die das Heck der MiG zerriss. Sein Erfolg war seit 18 Monaten der erste Abschuss einer MiG, sollte aber weder der letzte der US-Navy, noch von Cunningham und Driscoll bleiben.

OFFENSIVE DER NORDVIETNAMESEN

Als am 30. März 1972 die Nordvietnamesen eine massive Offensive gegen den Süden begannen, lebten die Bombenangriffe gegen den Norden erneut auf. Präsident Nixon informierte die Öffentlichkeit am 8. Mai, dass er die Verminung der Häfen Nordvietnams befohlen habe. Damit wurde ein Plan umgesetzt, der schon vor Jahren vorgeschlagen, aber von Washington abgelehnt worden war. A-7 und A-6 der *Coral Sea*, *Constellation* und *Midway* flogen die Einsätze zur Verminung der Häfen. Die Abwehr war heftig. Vom März bis zum 9. Mai, wurden fünf MiGs abgeschossen, darunter wieder eine von Cunningham und Driscoll.

Am 10. Mai kam es zum heftigsten Luftkampf dieses Kriegs. VF-92 und VF-96 der *Constellation* deckten den Morgenangriff gegen Lagergelände im Norden Haiphongs. Nachdem das letzte Kampfflugzeug das Zielgebiet verlassen hatte, entdeckten zwei Phantom der VF-92, die Kep überwachten, zwei startende MiG-21. Die führende Phantom, unter Lt. Curt Dosé und Lt. Cdr. Jim McDevitt hängte sich hinter eine der MiGs. Verärgert mussten Dosé und McDevitt erkennen, dass ihre erste Sidewinder die MiG nur um wenige Fuß verfehlte und der Sprengkopf nicht detonierte. Aber die zweite Sidewinder schlug in das Heck der MiG und sandte sie wie einen Stein zu Boden. Da der Treibstoff knapp wurde, wandte Dosé sein Flugzeug ab und hielt auf die See zu. Als er zurückkehrte, berichteten Geheimdienstoffiziere an Bord der *Constellation*, dass sein Kampf über Kep zu so heftigem Funkverkehr geführt habe, wie

USS *America*

selten in diesem Krieg. Ein Zeichen weiterer Aktivitäten, die noch an diesem Tag folgten.

ASSE

Der zweite Angriff des Tages richtete sich gegen Eisenbahnanlagen bei Hai Duong. Da man heftige Abwehr vom Boden erwartete, trugen mehrere Phantom der Eskorte neben Luft-Luft-Raketen Splitterbomben gegen die Flak. Randy Cunningham und Willie Driscoll zählten zu diesen Besatzungen, deren Aufgabe die Unterdrückung von Flakfeuer war. Als sie das Zielgebiet erreichten, war die Abwehr erstaunlich schwach. Jene A-7, die zu „Iron Hand"-Aufgaben eingeteilt waren, feuerten ihre Shrike wie vorhergesehen gegen SAM-Stellungen ab. Die Phantoms zur Flakabwehr beschleunigten und hielten auf ihre Ziele zu. Die Flugabwehrgeschütze eröffneten das Feuer, die Phantoms gaben ihre Bomben frei. In diesem Moment meldete ein im Golf von Tonkin als Radarbeobachtungsposten stationierter Zerstörer (Codename „Red Crown") startende MiGs. Cunningham sah sie als erster, als er an Höhe gewann. Er versuchte, eine MiG-17 ins Schussfeld seines Flügelmanns zu locken, aber der Pilot der MiG flog eine scharfe Attacke gegen ihn und brach aus. Cunningham wendete und feuerte eine Sidewinder. Diese blieb auf Spur und zerfetzte die MiG.

Während er ein weiteres Manöver einleitete, entwickelten sich die Nahkämpfe über Hai Doung zum großen Luftgefecht. Cunningham kehrte mit seiner Phantom nach Hai Duong zurück und entdeckte eine F-4, die von zwei MiG-17 und einer MiG-21 verfolgt wurde. In diesem Moment hängte sich eine MiG-17 hinter Cunningham und Driscoll. Die Geschwindigkeit der Phantom erlaubte es Cunningham, die MiG-17 auf ein „Abstellgleis" zu schicken, und seine Aufmerksamkeit den drei Flugzeugen zu widmen, welche die andere F-4 bedrängten. Er fand eine gute Feuerposition und gabe eine zweite Sidewinder auf eine MiG frei. Die Rakete erfasste den Auspuff der MiG, hielt Kontakt und explodierte, der Pilot betätigte seinen Schleudersitz. Vier weitere MiG-21 flogen an, Cunningham fand es an der Zeit, das Gebiet zu verlassen. Als er den Abgang machte, entdeckte er vor ihnen eine weitere MiG-17 und wich aus, um die MiG längsseits kommen zu lassen. Cunningham und Driscoll waren Absolventen der jüngst gegründeten Fighter Weapons School (besser bekannt als „Top Gun") und hatten dieses Manöver in der Ausbildung geübt. Nur gab es einen kleinen Unterschied: Das andere Flugzeug konnte zurückfeuern. Cunningham wurde schnell der schweren Kanonen der MiG-17 gewahr, als an deren Nase Feuer aufblitzte. Cunningham zog sein Flugzeug in einen nahezu vertikalen Steigflug und freute sich: Die MiG folgte, er hatte einen würdigen Gegner gefunden. Beide Maschinen blieben in dem Manöver, bis sie den Schwung verloren, die MiG zuerst. Der Kampf ging weiter, beide Piloten suchten ihren Vorteil und gerieten einmal mehr in vertikalen Steigflug. Cunningham entschied, etwas Neues zu versuchen. Er stellte die Drosseln auf minimalen Schub, fuhr die Geschwindigkeitsbremsen aus und trat auf die Seitenruderpedale, um die Phantom gegen den Bauch der MiG zu wenden. Der feindliche

Wasserverdrängung:	82.808 Tonnen (bei voller Beladung)	**Geschwindigkeit:**	33,6 Knoten
Größte Länge:	319,3 m	**Bewaffnung:**	drei Achtfach-Sea-Sparrow-SAM-Werfer; drei 20-mm-Phalanx-CIWS
Größte Breite:	39,6 m		
Tiefgang:	11,3 m	**Besatzung:**	2.900
Antrieb:	Dampfturbinen an vier gekoppelten Wellen		plus 2.500 der Luftgruppe
		Flugzeuge:	bis zu 90

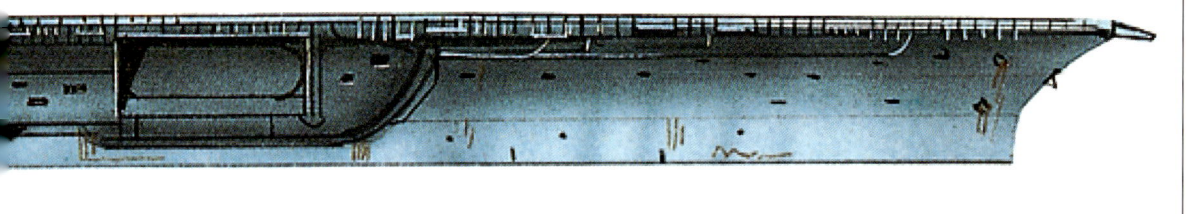

RECHTS: Auf dem Heck der USS *Constellation* wartet eine gemischte Einsatzgruppe auf den Beginn des täglichen Flugbetriebs. Im Vordergrund, drei RA-5C. Inmitten der Vigilantes eine A-7, die mit AGM-45 Shrike und einer Rockeye-Splitterbombe bestückt ist und noch auf ihren Piloten wartet. Beinahe am Ende des Hecks bereiten sich die F-4 der VF-92 „Silver Kings" und der VF-96 „Fighting Falcons" auf die Fahrt zum Katapult vor.

Pilot versuchte verzweifelt, bei der geringen Geschwindigkeit die Kontrolle zu behalten, und tauchte nach unten ab. Aber die Phantom war in idealer Schussposition. Kurz dachten Cunninghamer und Driscol, ihre Sidewinder hätte nicht getroffen, da dem Aufschlag des Gefechtskopfs nur ein kleiner Blitz folgte. Sekunden später explodierte die MiG jedoch in einem Feuerball.

Cunningham und Driscoll hielten auf ihren Träger zu, aber als sie die Küste erreichten, traf sie eine SAM. Die Phantom begann, außer Kontrolle zu geraten, Cunningham versuchte, sie aufs Wasser hinaus zu bringen, indem er Nachbrenner und Seitenruder wie ein Virtuose bediente. Kurz nach der Küste mussten er und Driscoll aussteigen, da die Instrumente der Phantom versagten. Sie wurden von einem CH-46 Helikopter des US-Marinekorps gerettet und kehrten zur *Constellation* zurück, wo man sie als Helden willkommen hieß, sie waren zu den ersten Assen des Vietnamkriegs geworden.

ABGESANG

Tag für Tag flog man Einsätze gegen Schlüsselziele im Norden. Diese konzentrierteren Aktionen hatten zur Folge, dass die Nordvietnamesen bald Nachschubprobleme bekamen. Als in Paris Friedensgespräche zwischen Amerikanern und Nordvietnamesen begannen, befahl Nixon einen Bombenstopp – aber Nordvietnam verhandelte zögerlich und verließ am 13. Dezember 1972 die Friedenskonferenz.

Nixons Antwort: Die Operation „Linebacker II", die am 18. Dezember begann. Die Operation bestand aus massierten strategischen Lufteinsätzen: B-52 und F-111 der US Air Force sowie A-6 der Flugzeugträger griffen an. Linebacker II zwang die Nordvietnamesen an den Verhandlungstisch zurück, am 3. Januar 1973 endeten alle Bombenflüge gegen den Norden. Zwanzig Tage später wurden die Friedensverträge unterzeichnet, ab 12. Februar amerikanische Kriegsgefangene entlassen. Darunter war auch Everett Alvarez, der als erster, beinahe 10 Jahre zuvor, in Gefangenschaft geraten war.

Aber die Friedensverträge bedeuteten nicht das Ende der Beteiligung amerikanischer Träger am Vietnamkrieg. Die Nordvietnamesen nahmen ihren Feldzug wieder auf, im April 1975 standen ihre Truppen vor Saigon. Die Evakuierung der amerikanischen Botschaft wurde befohlen, die Träger *Enterprise*, *Midway*, *Hancock* und *Coral Sea* zur Hilfe entsandt. Ihre Decks wurden zur Basis von Pendelflügen. Hubschrauber brachten amerikanische Bürger und Tausende südvietnamesische Flüchtlinge endgültig außer Landes. An Bord der *Enterprise* dienten VF-1 und VF-2 mit dem letzten neuen Typ eines trägergestützten Flugzeugs, das vor Vietnam zum Einsatz kam, der F-14A Tomcat. Die neue Maschine sicherte, für den Fall, dass die nordvietnamesische Luftwaffe eingreifen würde, die Helikopter von oben. Zwar gab es gegen die Tomcats gerichtetes Flakfeuer, auf eine Begegnung mit der MiG würden sie aber noch warten müssen. Am 30. April 1975 fiel Saigon und wurde in Ho-Chi-Minh-Stadt umbenannt.

Der Vietnamkrieg war zu Ende.

LINKS: Randall Cunningham und Willie Driscoll entspannen sich an Bord der USS *Constellation* nach ihrem legendären Einsatz am 5. Oktober 1972, bei dem sie zu den ersten „Assen" des Vietnamkriegs wurden.

SIEBENTES KAPITEL

DER AUFSTIEG DER SUPERTRÄGER

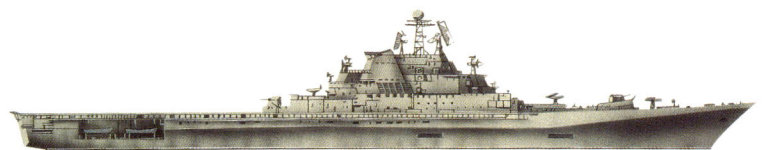

Die Einstellung der USS *United States* erwies sich für die US-Navy nur als temporärer Rückschlag. Da das Projekt im Kongress Rückhalt fand und die Ergebnisse der Anhörung durch Carl Vinson positiv waren, durfte die Navy zurecht auf die Erlaubnis zum Bau neuer Träger hoffen. Zusätzlich hatte sich 1950 die Einschätzung der Rolle der Flugzeugträger grundlegend geändert.

D IE ANNAHME SCHIEN VERNÜNFTIG, dass der technische Fortschritt zu Atomwaffen mit so geringem Gewicht führen würde, dass man damit trägergeeignete Flugzeuge in der Größe von Jägern bestücken könnte. Die Ereignisse in Korea hatten diese Vision verstärkt. Am 11. Juli 1950, knapp ein Monat nach Beginn des Koreakriegs, beschlossen die Joint Chiefs of Staff, weitere Überlegungen hinsichtlich der Kürzung der Trägerflotte vorerst hintanzustellen. Am nächsten Tag stimmte Verteidigungsminister Johnson, der sich ob der Einstellung der *United States* die Feindschaft vieler in der US-Navy

LINKS: Ein Katapultoffizier an Bord der USS *Independence* beugt sich nieder, um der Katapultmannschaft das Signal zum Start der nächsten Maschine zu geben (im Hintergrund braust eine S-3 Viking vorbei). Bei Tag können die vier Katapulte eines amerikanischen Supercarriers alle 37 Sekunden zwei Flugzeuge starten.

zugezogen hatte, dem Bau eines neuen Trägers zu. Am 30. Oktober 1950 approbierte der Secretary of the Navy, F. P. Matthews, die Prioritätenliste der Navy (darin fand sich der Umbau der *Essex*-Klasse an sechster, der Bau eines neuen Trägers an achter Stelle). Nach Johnsons Vorgänger im Verteidigungsministerium sollte der neue Träger laut Matthews *Forrestal* (CVA-59) genannt werden.

1952 setzte sich die Navy das Ziel, jährlich einen neuen Träger zu bauen. Nach einigem Hin und Her wurde der Gesamtbestand an Trägern auf 15 festgesetzt. Man wollte drei Schiffe der *Midway*-Klasse behalten und bis Ende der 60er Jahre 12 neue Träger bauen. Allerdings wurden in dem Jahrzehnt nur neun „Supercarrier" fertiggestellt, während einige Träger der *Essex*-Klasse bis in die 70er Jahre sowohl in der Offensive als auch zur U-Boot-Abwehr Dienst taten.

FORRESTAL (CVA-59)

Die neuen Träger mussten nicht nur die letzte Generation der Jets an Bord nehmen, sondern sollten (wie nur wenig bekannt) auch bereits auf jene Flugzeugmodelle vorbereitet sein, die in den nächsten zehn oder mehr Jahren entwickelt würden. Die Träger mussten nicht nur groß genug für die Flugzeuge sein, sondern auch ausreichend Platz für Treibstoff und Personal bieten. Außerdem übernahm man zwei britische Erfindungen zur Unterstützung des Flugbetriebs. Auch die US-Navy sah, dass das Hydraulikkatapult den neuen, schweren Düsenjägern nicht gewachsen war und experimentierte mit Explosivstoffen zu deren Antrieb. Das Explosivkatapult hielt allerdings bei Tests nicht stand. Stattdessen übernahm man das britische Dampfkatapult, das bei geringerem Gewicht schwerere Flugzeuge startete. Auch das abgewinkelte Deck vereinfachte die Flugoperationen. Zwar verzichtete man nicht auf die Sicherheitsbarriere, diese sollte aber vor allem Flugzeuge, welche die Fangseile verfehlt hatten, auffangen und sie vor dem Zusammenstoß mit geparkten Maschinen bewahren. Die *Forrestal* (CVA-59) erhielt vier Katapulte, um die Startrate zu maximieren. Das Schiff wurde am 14. 7. 1952 auf Kiel gelegt und am 1. 10. 1955 abgenommen. Zu diesem Zeitpunkt waren bereits drei Schwesternschiffe in Bau, die Träger *Saratoga* (CVA-60), *Ranger* (CVA-61) und *Independence* (CVA-62), ein viertes bewilligt. In späterer Folge wollte man einige der zwölf geplanten Einheiten mit Nuklearantrieb ausstatten. Im August 1951 hatte ein Team unter Captain Hyman G. Rickover mit Studien zum Nuklearantrieb für große Schiffe und U-Boote begonnen, drei Jahre später wurde das „Großschiff-Reaktorprojekt" bewilligt. Zwar sollte es dauern, bis die Entwicklung den Trägern zugute kam, als es dann aber so weit war, wurden die ohnehin eindrucksvollen Fähigkeiten der US-Träger noch um einiges besser.

FLUGZEUGE FÜR DIE SUPERCARRIER

Obwohl bereits für die neue Flugzeuggeneration vorbereitet, operierte die *Forrestal* zu Beginn ihrer Karriere mit jenen Typen, die man vom Koreakrieg her kannte. Die F2H Banshee blieb im Dienst, allerdings in einer größeren und schwereren Variante, als man in Korea geflogen hatte. Die Banshee war

USS *Midway* (1973)

Wasserverdrängung:	60.858 Tonnen (Volllast)	**Geschwindigkeit:**	33 Knoten
Größte Länge:	295 m	**Bewaffnung:**	zwei Sea-Sparrow-SAM-
Größte Breite:	34,44 m		Achtfach-Raketenwerfer
Tiefgang:	10,52 m	**Besatzung:**	2.615 plus
Antrieb:	Dampfturbinen an vier		1.800 in der Luftgruppe
	gekoppelten Wellen	**Flugzeuge:**	75

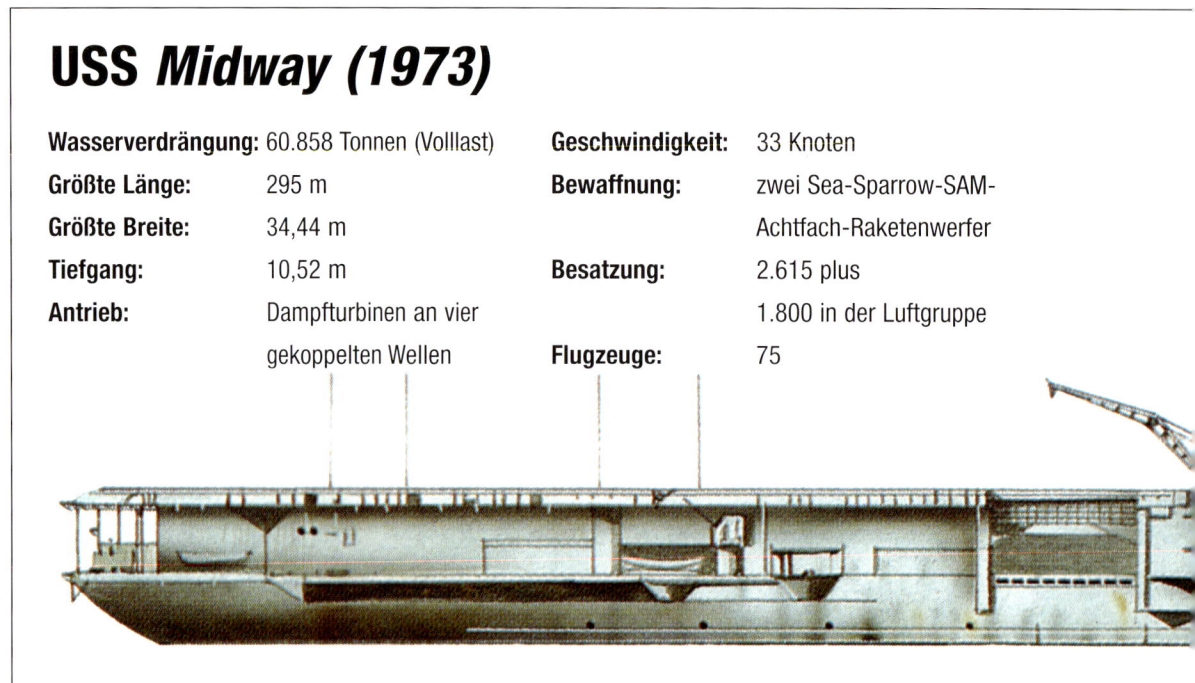

ein adäquates Flugzeug, bei den Maschinen mit geraden Tragflächen war man allerdings besorgt, ob sie der MiG-15 und ihren Nachfolgern gewachsen wären. Die Bedenken führten zu einem Redesign der F9F Panther, die mit Ende des Koreakriegs als Modell F9F-6 mit gepfeilten Tragflächen und dem Namen „Cougar" vorgestellt wurde. Sie konnte eine ähnliche Waffenlast wie die Panther tragen (vier 20-mm-Kanonen und 1.814-kg-Bomben oder Raketen), ab 1956 wurde die Cougar jedoch mit der neuen Infrarot-Luft-Luft-Lenkrakete GAR-83 (später AIM-9) Sidewinder ausgestattet.

Kurz nach dem Ende der Feindseligkeiten in Korea wurde der Cougar ein weiterer Pfeilflügler zur Seite gestellt. Der Erfolg der North American F-86 Sabre ließ die Navy ein maritimes Modell der Maschine anfordern. Die Ironie dabei: Die Sabre war eine Weiterentwicklung der FJ-1 Fury der Navy. Dem Laien mochten die FJ-2 und die F-86 fast identisch erscheinen, die einzigen offensichtlichen Unterschiede waren der Fanghaken, Faltflügel und vier 20-mm-Kanonen statt sechs 12,7-mm-Maschinengewehre. Die ersten Furies erreichten die Flotte im Jänner 1954. Als die *Forrestal* in den Regeldienst übernommen wurde, hatte sie ein späteres Modell der Fury, die FJ-3 an Bord, bestückt mit Sidewinder-Raketen, welche die Schlagkraft dieses Flugzeugs entscheidend erhöhten. Als die FJ-3 in Dienst gestellt wurde, stand die FJ-4, knapp vor der Fertigstellung. Ende 1956 flogen 23 Navy- und Marine-Geschwader mit der FJ-3.

Zu den Cougars und Furies gesellten sich zwei neue Typen, die Douglas F4D Skyray

LINKS: Ein Mann der Deckmannschaft der USS *Independence* schleppt die Befestigungsketten für ein Flugzeug. Die Deckmannschaft ist für den sicheren Betrieb an Bord eines Carriers unabdingbar, ihr Job ist gefährlich, schmutzig und laut. Verschiedenfarbige Hemden kennzeichnen die Funktion jedes Einzelnen an Deck; dieser Mann im braunen Hemd ist ein „Plane Officer" und für die Wartung einer bestimmten Maschine der Luftgruppe verantwortlich.

und die McDonnell F3H Demon. Die Skyray war ein unglaubliches Flugzeug mit keulenförmigen Tragflächen, vom großen Ed Heinemann für Jagdaufgaben entworfen. Ihre Leistung war beeindruckend: 1953 stellte sie den offiziellen Geschwindigkeits-Weltrekord auf. Die große (wenn auch nicht immer zuverlässige) Radaranlage erlaubte Allwetter-Operationen, Luftabwehrraketen mit einklappbaren Flügeln (FFA) und Sidewinder-Raketen ergänzten die universelle 20-mm-

Douglas A4E Skyhawk

OBEN: Diese Douglas A-4E Skyhawk war an Bord der USS *Independence* während ihres Einsatzes im Südchinesischen Meer im Mai 1965. Die Skyhawk war so klein, dass sie ohne faltbare Tragflächen auskam und dennoch platzsparend auf den Carriern untergebracht werden konnte.

Kanone. Parallel dazu entstand die Demon, allerdings erwies sich ihr Triebwerk, ein Westinghouse J40, als schieres Desaster. Seinetwegen erreichte das erste Lot der FH3 niemals die kämpfende Truppe, viele gingen geradewegs als Schulungszellen an Service-einheiten. 1954 wurde die Demon überarbeitet, sie erhielt das Allison-J71-Triebwerk, womit die Probleme behoben waren. Trotz der Verzögerung war die Demon das erste Flugzeug, welches zusätzlich zu Sidewinder-, herkömmlichen und Luft-Boden-Raketen mit der radargelenkten Sparrow ausgerüstet war.

Als sichtbares Zeichen der rasanten Entwicklung der 50er Jahre wurden etwa zur selben Zeit noch andere Jäger in Dienst gestellt. Der erste und am wenigsten erfolgreiche war the Vought F7U Cutlass. Mit ihren steil gepfeilten Flügeln, ohne horizontales Leitwerk, sah die Cutlass vielleicht am ungewöhnlichsten von allen Navy-Flugzeugen aus. Das vertikale Heckleitwerk war an den Tragflächen, etwa in der Mitte zwischen Flügelspitzen und Rumpf angebracht. Die ersten F7U erwiesen sich als hoffnungslos untermotorisiert und schwer zu fliegen. Verbesserte Triebwerke (mit den ersten Nachbrennern bei Flugzeugen der Navy) lösten nur einen Teil der Probleme, die Cutlass

blieb bei den Piloten unbeliebt, litt unter schlechtem Handling und alarmierend hohem Verschleiß. So wurde die Cutlass, obwohl sie auch mit der Sparrow bestückt werden konnte, 1957 außer Dienst gestellt.

Die zweite auffällige Neuerscheinung war die Grumman F11F Tiger. Bei der Tiger wurde ein neues aerodynamisches Konzept zur Reduktion des Luftwiderstands, „area rule/Flächenregel" genannt, erstmals konsequent umgesetzt. So war die Tiger schneller als alle Vorgänger und durchbrach als erster Jäger der Navy im Geradeausflug die Schallmauer. Ihre Piloten liebten sie, nicht zuletzt wegen der respektablen Bewaffnung von vier 20-mm-Kanonen und bis zu vier Sidewinders. Sie wurde sogar zum bevorzugten Gerät der Blue Angels, der Kunstflug-Staffel der Navy, aber trotz ihrer Beliebtheit nicht an breiter Front eingesetzt.

Der Grund dafür lag im dritten maritimen Jäger der späten 50er Jahre, der Vought F8U Crusader. Die Crusader war ein Meisterstück ihrer Konstrukteure. Damit sie auch von kleineren Trägern aus operieren konnte, hatten sie Stellflügel. Bei Start und Landung wurden die Tragflächen 7° nach oben geschwenkt, sodass sie im Kampf genügend Auftrieb hatte und der Rumpf beim Landen nicht absackte. Die Crusader durchbrach bereits im ersten Testflug die Schallmauer. Die Navy war mit Recht stolz auf sie. In weiterer Folge stellte die Maschinen eine ganze Serie von Rekorden auf und schraubte den Geschwindigkeits-Weltrekord auf 1.609 km/h. Im Juni 1957 starteten zwei Crusaders von der *Bon Homme Richard* vor der kalifornischen Küste und überflogen, in der Luft betankt, die gesamten Vereinigten Staaten, bis sie auf der *Saratoga* vor der Küste Floridas landeten.

TRÄGER IM KAMPF

Als die Supercarrier in Dienst gingen, fand auch an Bord der konventionellen Träger ein Generationswechsel statt. Obwohl die *Forrestal* (CVA-59) als erste für den Einsatz mit Jets konstruiert war, hatte die gute alte Skyraider noch lange nicht ausgedient. Obwohl die Maschine nach der Abnahme der *Forrestal* noch ein Jahrzehnt im Dienst blieb, gaben einige ihrer Eigenschaften Grund zur Sorge. Zwar nahm die Skyraider eine beachtliche Waffenlast auf, aber es dauerte doch geraume Zeit, bis sie ihr Ziel erreicht hatte und wieder beim Träger war. Manchmal mussten die Piloten, wenn sie in Korea von acht Stunden oder länger dauernden, gefährlichen Einsätzen zurückkehrten, vor Müdigkeit aus dem Cockpit gehievt werden. Ob die Skyraider in einer nuklearen Auseinandersetzung bestehen könnte, war mehr als fraglich, darüber hinaus hatte man Bedenken bezüglich der Bodenabwehr. Steigendes Gewicht und wachsende Größe der Maschinen ließ die Navy nach einem leichten Flugzeug suchen, das allen Ansprüchen genügte.

Die Ausschreibung war eine Herausforderung. Die US-Navy verlangte ein Flugzeug, das, mit einer der Skyraider vergleichbaren Bombenlast bestückt, einen Aktionsradius von mindestens 483 km und ein maximales Gesamtgewicht von 13.605 kg haben sollte.

Bei Douglas teilte Chefdesigner Ed Heinemann die Bedenken hinsichtlich der immer schwerer werdenden Kampfflugzeuge und forschte intensiv nach Möglichkeiten zur Gewichtsreduktion. Er reichte einen Konstruktionsentwurf ein, der das Bureau for Aeronautics (BuAer) der Navy in höchstes Erstaunen versetzte: Er war kaum halb so schwer wie ausgeschrieben. Nicht wenige Offiziere meinten, Heinemann habe den Verstand verloren. Die Sache konnte einfach nicht funktionieren. Andererseits gab es im BuAer aber nicht wenige, die der Vorschlag faszinierte. Heinemanns Ruf sprach für sich, und sein Entwurf wurde angenommen. Als der Konstrukteur dann seinen Prototyp vorstellte, die YA4D Skyhawk, war auch der letzte Zweifler überzeugt, und als die A4D-1 1956 zu den Flottengeschwadern kam, erhielt die US-Navy mit ihr ein Flugzeug, das etwa 2.268 kg Bomben tragen konnte und – wichtiger noch – in großer Zahl an Bord der Träger Platz fand. Die Skyhawk war so klein, dass sie sogar ohne die bisher bei maritimen Flugzeugen üblichen Faltflügel auskam.

Alles in allem stellte die Skyhawk einen gewaltigen Schritt vorwärts dar, doch Heinemann zeichnete auch für das größte Flugzeug verantwortlich, das auf einem Träger gedient hatte: die A3D Skywarrior. Sie entstand zu einer Zeit, als leichtgewichtige Atomwaffen bloßes Wunschdenken waren. Voll beladen wog die Skywarrior 37.187 kg und wurde, wie die Skyhawk, 1956 in Dienst gestellt, und zwar auf den Schiffen der *Midway*-Klasse zu je sieben bis zehn Flugzeugen. 1956 konnten aber nicht nur *Midway*-Träger die Skywarrior an Bord nehmen, die *Forrestal* war einsatzbereit.

DIE FORRESTAL TRITT AN

Am 24. Januar 1956 lief die *Forrestal* zu ihrer ersten Fahrt aus, die drei Monate dauern sollte. Sie hatte eine Luftgruppe von

UNTEN: Die North American AJ-2 Savage war speziell als trägergestützter Bomber konstruiert worden. Sie hatte für gewöhnlich zwei Kolbenmotoren plus ein Turboaggregat im Heck.

North American AJ-2 Savage

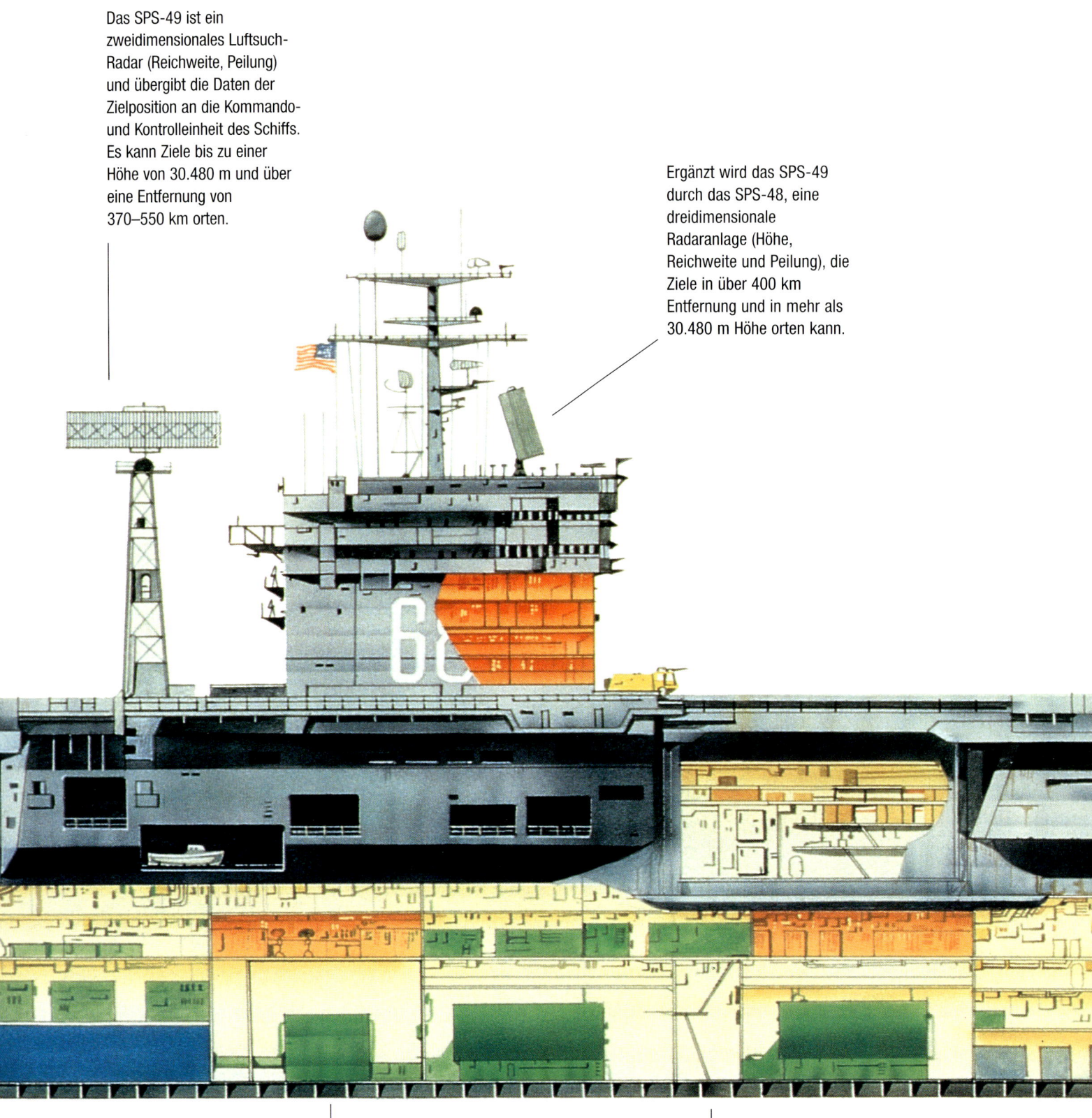

Das SPS-49 ist ein zweidimensionales Luftsuch-Radar (Reichweite, Peilung) und übergibt die Daten der Zielposition an die Kommando- und Kontrolleinheit des Schiffs. Es kann Ziele bis zu einer Höhe von 30.480 m und über eine Entfernung von 370–550 km orten.

Ergänzt wird das SPS-49 durch das SPS-48, eine dreidimensionale Radaranlage (Höhe, Reichweite und Peilung), die Ziele in über 400 km Entfernung und in mehr als 30.480 m Höhe orten kann.

Die Verwendung des Nuklearantriebs gibt der *Nimitz* eine theoretische Reichweite von über 1,85 Millionen km.

Zusätzlich zu den Atomreaktoren hat die *Nimitz* vier Dieselmotoren als Notaggregate.

USS *Nimitz*

Die *Nimitz* konnte über 80 Kampfflugzeuge an Bord nehmen und war so ein mächtiger Beweis amerikanischer Militärmacht in der Zeit des Kalten Kriegs. Nunmehr mit einer kleineren, den neuen strategischen Gegebenheiten angepassten Luftgruppe versetzen die Schiffe der *Nimitz*-Klasse Amerika in die einzigartige Lage, ihre Luftstreitkräfte Tausende von Meilen von zu Hause entfernt einzusetzen.

Die Träger der *Nimitz*-Klasse haben vier Flugzeugaufzüge an den Enden des Decks, drei an steuerbord, einen backbord. Die Platzierung der Aufzüge an den Ecken des Flugdecks gewährleistet, dass der Flugbetrieb durch an Deck gehobene oder in den Hangar hinab zu lassende Maschinen nicht gestört wird.

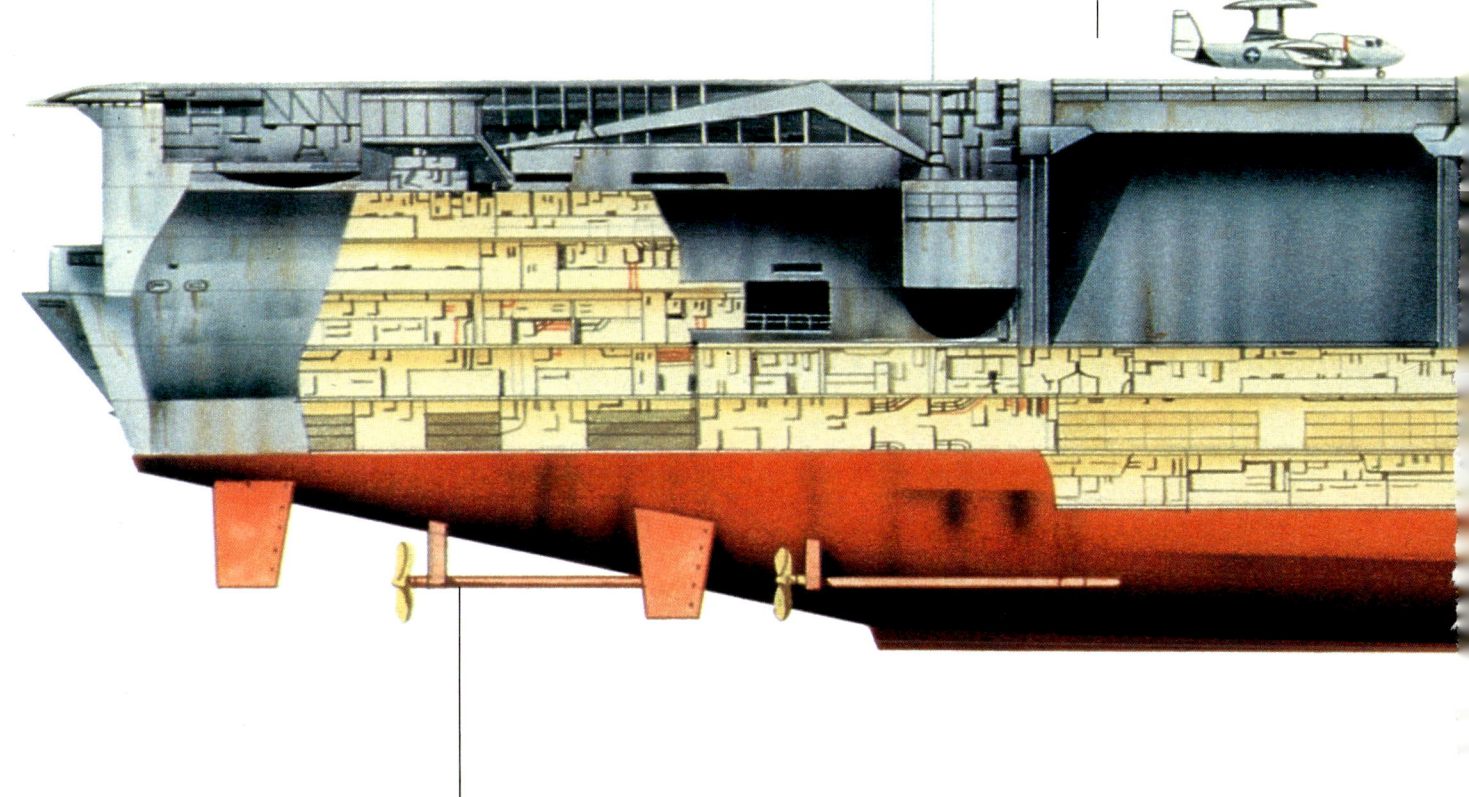

Die vier fünfblättrigen Schrauben erreichen eine Leistung von insgesamt 208.900 kW (280.000 PS) und sorgen für eine Höchstgeschwindigkeit von über 56km/h (30 Knoten).

fünf Geschwadern an Bord. F2H-3 Banshees und FJ-3 Furies als Jagdbomber wurden von je einem Cutlass- und einem Skyraider-Geschwader sowie einer Squadron schwerer Kampfbomber mit AJ-2 Savages ergänzt. Abgerundet wurde die fliegende Truppe durch einige Hubschrauber. Diese Luftgruppe war jenen an Bord anderer Träger durchaus ähnlich, allerdings führte der Generationswechsel bei den Flugzeugen bald zu einer Änderung der Flugzeugtypen. Ende der 50er Jahre waren auf einem Träger üblicherweise eine Squadron mit Allwetter-Jägern (entweder F4D Skyrays oder F3H Demons), eine Tagjäger-Einheit mit der F8U Crusader und zwei oder drei Geschwader mit leichten Jägern stationiert. Diese flogen anfangs die Banshee F2H-3 oder -4, die F9F-8 Cougar oder die FJ-4B Fury und wechselten gegen Ende des Jahrzehnts auf die Skyhawk. Eine Einheit Skywarriors oder Savages vervollständigte meist die Angriffsgruppen. Für Spezialaufgaben waren Fotoaufklärer (meist F8U-1P), AEW-Maschinen (die E-1 Tracer oder AD-5W Skyraider) und Flugzeuge für die elektronische Kriegsführung (AD-5Q Skyraiders) sowie vielseitig einsetzbare Helikopter an Bord. Die *Essex*-Träger, die der U-Boot-Abwehr dienen sollten, hatten dafür U-Boot-Jäger, wie die S-2 Tracker an Bord.

Der *Forrestal* stellte man bald Schwesternschiffe zur Seite. Die *Saratoga* wurde am 14. August 1956 abgenommen und die *Ranger* folgte im Jahr darauf, am 10. August. Als diese Hochleistungsträger die Flotte verstärkten, zog man die schwächsten Schiffe der *Essex*-Klasse zur U-Boot-Abwehr ab. Mitte 1958 bestand die Angriffsflotte aus 15 Trägern, die *Coral See* wurde gerade überholt, die *Independence* war in Bau (Fer-

tigstellung 1959). Und zwei der Supercarrier machten ihre ersten Kampferfahrungen, noch bevor das Jahr um war.

DIE LIBANONKRISE
1958 waren die Verhältnisse im Mittleren Osten äußerst instabil geworden. Im Anschluss an die Suezkrise nahm der Einfluss Präsident Nassers und mit ihm die Idee des Panarabischen Nationalismus in der muslimischen Welt dramatisch zu. Diese Entwicklung erreichte im Februar 1958 einen ersten Höhepunkt, als sich Ägypten und Syrien zur Vereinigten Arabischen Republik zusammenschlossen. Jordanien war bedroht und hatte mit einer Revolte pro-ägyptischer Elemente in seiner Armee zu kämpfen. Am 14. Juli wurde die irakische Regierung in einem Staatsstreich gestürzt, der König und sein erster Minister ermordet. Auch der Libanon sah sich in Gefahr und Präsident Chamoun wandte sich an Präsident Eisenhower mit der Bitte um militärischen Beistand zur Aufrechterhaltung der Ordnung. Er sandte eine ähnliche Bitte auch nach London und Paris, doch man kam in der NATO überein, dass Großbritannien aufgrund seiner guten Beziehungen zu Jordanien seine Truppen dorthin entsenden sollte, während die USA dem Libanon beistand.

So sandte Eisenhower seine drei verfügbaren Flugzeugträger, die *Saratoga*, *Essex* und den Anti-U-Boot-Träger *Wasp* Richtung Libanon, um die US-Marines nach ihrer Landung am 15. Juli zu unterstützen. Gemischte Einheiten von FJ-3 und Skyraiders der *Essex* wurden über Zypern geschleust und deckten die erste Landung der Marines, welchen die Bevölkerung höchst freundlich entgegenkam. Die *Saratoga* erreichte das Gebiet

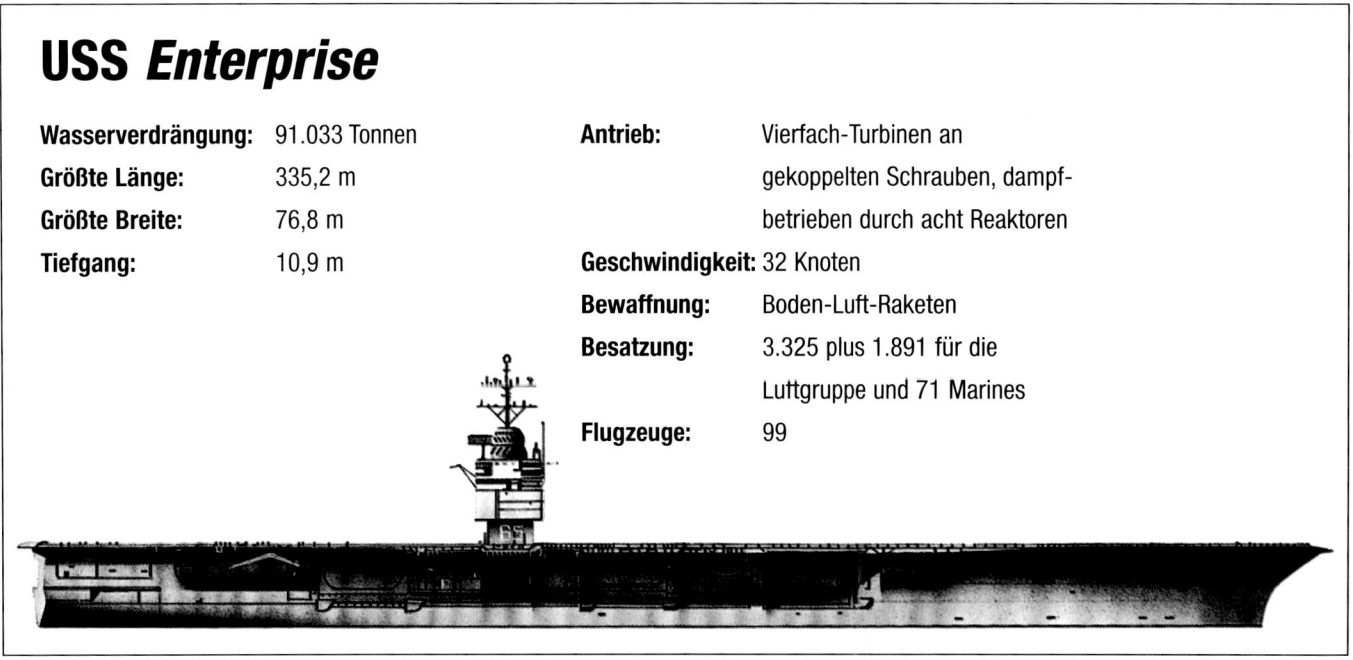

USS *Enterprise*

Wasserverdrängung:	91.033 Tonnen	**Antrieb:**	Vierfach-Turbinen an gekoppelten Schrauben, dampfbetrieben durch acht Reaktoren
Größte Länge:	335,2 m		
Größte Breite:	76,8 m		
Tiefgang:	10,9 m	**Geschwindigkeit:**	32 Knoten
		Bewaffnung:	Boden-Luft-Raketen
		Besatzung:	3.325 plus 1.891 für die Luftgruppe und 71 Marines
		Flugzeuge:	99

am Abend des 17. Juli, bereit, die Landungstruppen zu unterstützen. Innerhalb von nur drei Tagen nach Chamuns Anforderung hatte die US-Navy drei Träger und mehr als 200 Flugzeuge in Position gebracht, bereit zuzuschlagen. Welch beredtes Zeugnis der Vorzüge trägergestützter Lufteinsätze. Das Bravourstück wurde noch einmal wiederholt: Im August wurden konventionelle Träger ausgesandt, sie sollten Quemoy und Matsu schützen, als die Volksrepublik China Formosa unter kommunistische Kontrolle bringen wollte. Obwohl sich der Nutzen der Träger wieder einmal gezeigt hatte, war das Trägerbauprogramm weiter umstritten.

DER UMSTIEG AUF NUKLEARANTRIEB

Ende der 50er Jahre wurde es immer schwieriger, die Zustimmung des Kongresses zum Bau neuer Träger zu erhalten. Ein Kernproblem waren die steigenden Kosten. CVA-63 und CVA-64 (*Kitty Hawk* bzw. *Constellation*) wurden als modifizierte *Forrestal*-Träger bewilligt. Der nächste Träger, CVA-

TECHNISCHE DATEN		Antrieb:	Zwei A4w/A1G-Nuklear-Reaktoren
USS *Nimitz*		Geschwindigkeit:	35 Knoten
		Bewaffnung:	drei Sea-Sparrow-SAM-Achtfach-
Wasserverdrängung:	92.955 Tonnen (voll beladen)		Raketenwerfer (kein Nachladen);
Größte Länge:	332,9 m		drei 20-mm-Phalanx-CIWS
Größte Breite:	40,8 m	Besatzung:	6.300
Tiefgang:	11,3 m	Flugzeuge:	bis zu 90

LINKS: Einige Tomcats der Jagdsquadron 41 (VF-41) „Black Aces" warten auf ihren Start vom Steuerbord-Bugkatapult der USS *Nimitz*. Vom Backbord-„Kat" startet gerade eine Skywarrior. Die Tomcats der VF-41 schossen 1981 zwei libysche Su-22 ab, und während des Luftkriegs über Bosnien 1995 verwendete die Einheit als erste die Tomcat für Luft-Boden-Attacken.

Nur etwa die Hälfte der an Bord befindlichen Flugzeuge werden im Hangar untergebracht, der Rest ist an Deck geparkt.

Aus Sicherheitsgründen wird der Treibstoff für die Flugzeuge unter der Wasserlinie gelagert. Etwa 9.000 Tonnen finden Platz, um die Luftgruppen operational zu halten.

Ebenso wie die Treibstofflager befinden sich auch die Munitionsmagazine aus Sicherheitsgründen unter der Wasserlinie – sie können im Notfall geflutet werden, um Explosionen und Brandkatastrophen zu verhindern.

65, rief einige Diskussionen hervor. Er sollte nuklear angetrieben werden, was eine Änderung der Typenbezeichnung von CVA auf CVAN zur Folge hatte. Der Träger, *Enterprise* genannt (allerdings nicht wie behauptet, zu Ehren von Star Trek), würde mit 445 Millionen Dollar das teuerste Schiff sein, das jemals gebaut worden war.

Die Gegner der *Enterprise* und all ihrer Nachfolger kamen aus verschiedensten Lagern, einer der einflussreichsten: Clarence Cannon, der Vorsitzende des Appropriations Committee im Repräsentantenhaus. Cannon wollte seine Zeit nicht mit Flugzeugträgern und deren Befürwortern verschwenden, in Zeiten des Kalten Kriegs hielt er sie für irrelevant. Das Repräsentantenhaus sprach sich dafür aus, den nächsten Träger (CVAN-66) aus dem Budget zu streichen, wurde aber vom Senat überstimmt. Admiral Rickover plädierte vor dem Kongress, dass ein Schiff ohne Nuklearantrieb ein gewaltiger Rückschritt wäre, doch trotz seiner glühenden Worte beschloss man den Bau eines konventionellen Trägers, CVA-66. Sollte man noch irgendwann einmal einen atomar betriebenen Träger bauen wollen, musste die *Enterprise* erst ihren Wert beweisen.

„BIG E"

Die *Enterprise* stieß am 25. November 1961 zum Flottenverband und war mit den modernsten Flugzeugen ausgerüstet. Zusätzlich zu einem Geschwader Skyraiders hatte die *Enterprise* die ersten F4H-Phantom-II-Jäger und den Bomber A3J Vigilante an Bord. Der Allwetter-Jäger Phantom mit acht Luft-Luft-Raketen hob, als er 1963 zum Einsatz kam, die Kampfkraft der Luftgruppe dramatisch. Dennoch wurde er von Crusader-Piloten oft verspottet: Er wäre hässlich, träge und unterbewaffnet. The Vigilante sollte der Überschall-Nachfolger der Skywarrior werden. Sie war so ziemlich die fortschrittlichste Maschine ihrer Zeit (mit dem ersten je in Flugzeugen verwendeten Bordcomputer), aber ihr neuartiges Bombenabwurfsystem machte sie zu einem Misserfolg. In einer Röhre zwischen den Düsen, eingeklemmt von zwei Treibstofftanks, befand sich eine einzelne Atombombe. Die Vigilante sollte ihr Ziel mit hoher Geschwindigkeit überfliegen und dabei das Treibstoff-Bomben-Paket absprengen. Leider war die Idee ein Flop. Einerseits gab es ernsthafte Schwierigkeiten, das Bündel aus dem Flugzeug zu bekommen, andererseits hatten die Treibstofftanks (mit einer Attrappe) die hässliche Angewohnheit, unter der Belastung von Start oder Landung einfach herauszufallen. Dabei zog der große Bomber einen gewaltigen Feuerschweif hinter sich her – allein

der Gedanke, das könnte mit einer Nuklearwaffe passieren, war zuviel und die Vigilante wurde zum Aufklärer. In dieser Rolle war die Vigilante ein großer Erfolg, nicht zuletzt wegen ihrer gediegenen Ausstattung. Seit sie Ende der 70er-Jahre den aktiven Dienst verließ, sucht man noch immer nach einem adäquaten Ersatz. Die *Enterprise* sammelte während der Kubakrise 1962 ihre erste Einsatzerfahrung und machte sich dann auf die Reise um die Welt. Doch noch bevor der Träger voll im Dienst stand, besiegelte Verteidigungsminister Robert S. MacNamara das Schicksal ihrer beiden Nachfolger (CVA-66 und -67) als ölbetriebene Träger. Wieder gab es in höchsten Kreisen Zweifel an der Durchschlagskraft der Träger – der Vietnamkrieg sollte sie zum Schweigen bringen.

DER WECHSEL ZUM ATOMANTRIEB

Nach CVA-66 und CVA-67 (*America* und *John F. Kennedy*), die man mit Ölantrieb gebaut hatte, führte der Erfolg der *Enterprise* zu einem neuerlichen Umdenken hinsichtlich des Antriebs von Flugzeugträgern. Immerhin bereitete der Nuklearantrieb weit weniger logistische Probleme, ein solcher Träger musste weder aufgetankt werden noch Platz für Ölbunker haben. Vietnam überzeugte McNamara vom Nutzen der Träger, sodass er seinen ursprünglichen Plan aufgab, die Trägerflotte auf 13 zu reduzieren, und stattdessen 15 bewilligte. Mit Indienststellung der neuen Träger wurden auch die Luftgruppen verändert. Die veralteten Anti-U-Boot-Träger wurden eingezogen und ihre Flugzeuge auf die Angriffsträger verlegt. Ob der vielfältigen Aufgaben ihrer Luftgruppen verloren diese in der Typenbezeichnung das „A" (Angriff) und wurden zu CV oder CVN. Dennoch wurde der nächste Träger bei der Bewilligung 1967 noch als CVAN-68 bezeichnet. Man nannte ihn *Nimitz* nach Admiral Chester Nimitz, dem verdienstvollen Befehlshaber in der Pazifikschlacht. Als die *Nimitz* im Mai 1975 in Dienst gestellt wurde, hatte sich die Zusammensetzung der Luftgruppen grundlegend verändert.

LUFTGRUPPEN IN DEN 70ER-JAHREN

Die Entscheidung, U-Boot-Jäger an Bord zu nehmen, blieb nicht die einzige Änderung in diesem Jahrzehnt. Die Träger erhielten auch eine neue Generation von Kampfflugzeugen. Die Skyraider verschwand 1968 aus den Bestandslisten, die Skyhawk der Hochleistungsträger wich bald der A-7 Corsair. Die A-6 Intruder wurde zum Allwetter-Jäger erster Wahl, wobei ihre Avionik bei dem nach dem Vietnamkrieg gebauten Modell A-6E weiter verbessert wurde. Für die luftgestützte Frühwarnung wählte man die Grumman E-2 Hawkeye, und als neuer U-Boot-Jäger trat die the Lockheed S-3 Viking 1975 ihren Dienst an. Die F-4 Phantom blieb vorerst der bevorzugte Abfangjäger und wich ab 1975 der Grumman F-14 Tomcat. Bei der Tomcat wurden einige Mängel behoben, die man an der Phantom während des Vietnamkriegs festgestellt hatte. Ihr stromlinienförmiges Design machte sie wendiger und sie erhielt die M61 Vulkan, eine 20-mm-Kanone mit mehreren gebündelten Rohren,

als Nahkampf-Waffe. Zusätzlich zu den üblichen Sparrow- und Sidewinder-Raketen trug die Tomcat die AIM-54 Phoenix, eine Langstrecken-Lenkrakete, die mit einem leistungsstarken (wenn auch anfangs unzuverlässigen) Radar-Zielsystem gekoppelt war. Mit ihr konnten die Tomcat-Piloten auch Ziele in über 160 km Entfernung aufspüren und vernichten. Die Tomcat trat ihren Dienst 1975 an Bord der *Enterprise* an, wo sie die Evakuierung Saigons deckte,

LINKS: Die Insel der USS *Enterprise* zu Beginn ihrer Dienstzeit, etwa 1963/64. Die Radaranlagen an der flachen Seite der Insel wurden später bei einem Umbau entfernt. Zu ihren Füßen sieht man das schnellste und das langsamste Kampfflugzeug, welche zu der Zeit, als diese Aufnahme entstand, in der US-Navy Dienst taten. Das Heck einer Vigilante ragt hinter einer Skyraider hervor, die am Deckrand steht.

und kam kurz danach auch zu anderen Navy-Geschwadern. Sie war noch größer als die Phantom und konnte unmöglich von Schiffen der *Midway*-Klasse aus operieren. Man befürchtete sogar, dass die *Forrestal*-Träger weiter mit der Phantom auskommen müssten. Auf die entsprechende Ausschreibung hin wurde Ende der 70er-Jahre, als Nebenprodukt eines gleichartigen Wettbewerbs der USAF (der zur F-16 führte), ein Programm für einen leichteren Kampfjäger gestartet. Die US-Navy gab dem erfolglosen Kandidaten den Vorzug: Vor allem wegen ihres zweiten Triebwerks (die F-16 hatte nur eines) wählte man die Northrop YF-17 und McDonnell Douglas entwickelte das Flugzeug zur F/A-18 Hornet weiter. Dieser Allzweck-Jäger wurde 1983 in Dienst gestellt.

Von Ende der 70er-Jahre bis zum Ende des Kalten Kriegs hatten die amerikanischen Hochleistungsträger üblicherweise zwei Jagdgeschwader zu je 12 Maschinen (entweder F-14 oder F-4) an Bord. Dazu kamen zwei Einheiten mit leichten – mit je zwölf A-7 (bzw. F/A-18 ab Mitte der 80er-Jahre) – sowie eine mit mittelschweren Kampfbombern, und zwar der A-6 Intruder. Diese Geschwader bestanden gewöhnlich aus zehn A-6 und vier zur Betankung in der Luft adaptierten KA-6D Intruder. Zur U-Boot-Abwehr hatte man ein Geschwader mit bis zu zehn S-3 Viking an Bord, für die luftgestützte Frühwarnung sorgten vier E-2 Hawkeyes. Die Radarstörung übernahm eine viersitzige Weiterentwicklung der Intruder, die EA-6B Prowler, mit einer Geschwaderstärke von meist 4 Maschinen. Zu guter Letzt hatte ein Carrier noch bis zu acht SH-3-Sea-King-Helikopter für U-Boot-Abwehr, Such- und Rettungseinsätze an

Bord. Bis Mitte der 80er-Jahre (dann ersetzt durch F-14 mit TARPS als taktische Aufklärer) sorgten RF-8 Crusaders für Fotoaufklärung und bis zum Ende des Jahrzehnts waren in kleiner Zahl umgerüstete Skywarriors für die Betankung in der Luft ein gängiger Anblick. Manchmal war auch eine C-2 Greyhound für Transportaufgaben an Bord, allerdings zählte diese Maschine nicht zur Standard-Luftgruppe eines Trägers.

SUPERCARRIER IM KAMPF

Nach Ende des Vietnamkriegs unterzog man das amerikanische Militär einer grundlegenden Reorganisation. Die ablehnende Haltung der Öffentlichkeit sowie der Wahlsieg Jimmy Cartes 1976 ließ die Diskussionen um den Militäretat erneut aufflammen. Nach der *Nimitz* waren die Träger CVN-69 (*Dwight D. Eisenhower*, 1977 in Dienst gestellt) und CVN-70 (*Carl Vinson*) in Bau. Carter versuchte, die Verteidigungsausgaben zurückzuschrauben, und so entstand das Konzept der „CVV", kleinerer Träger mit konventionellem Antrieb. Diese konnten jedoch keinesfalls die 90 Maschinen starke Luftgruppe der nuklearen und ölbetriebenen Hochleistungsträger an Bord nehmen, und daher war die US-Navy nicht interessiert. Der Wahlsieg Ronald Reagans im November 1980 stellte dann die Zukunft der nuklearen Träger sicher.

Bei Reagans Amtsantritt war dieser überzeugt: Die Sowjetunion war eine ernste Gefahr für die USA und alle westlichen Demokratien. Er hatte Cartes Sparmaßnahmen immer kritisiert und schraubte den Verteidigungsetat in ungeahnte Höhen. Sein Ziel: Eine Marine mit mehr Trägern als je zuvor. Pläne zur Reaktivierung einiger Schiffe der

Kiev

Wasserverdrängung:	42.672 Tonnen	**Bewaffnung:**	vier 76-mm-Geschütze, acht
Größte Länge:	274 m		30-mm-Kanonen, zehn 533-mm-
Größte Breite:	41 m		Torpedorohre, vier SA-N3-, vier
Tiefgang:	10 m		SA-N-4 SAM- und acht SS-N-12-
Antrieb:	Dampfturbinen		Raketen
	an vier Wellen	**Besatzung:**	2.500
Geschwindigkeit:	32 Knoten	**Flugzeuge:**	33

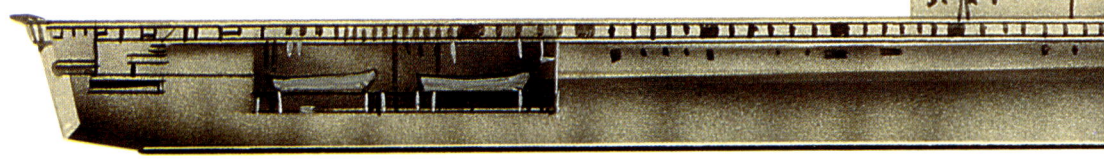

Essex-Klasse wurden ad acta gelegt, als man erkannte, dass sie nicht mit den neuen Flugzeugen operieren konnten, und als neue Träger der *Nimitz*-Klasse in Dienst kamen, trennte man sich auch von den letzten beiden *Midway*-Trägern (*Midway* und *Coral Sea*). Allerdings kam die *Coral Sea* zuvor noch einmal zum Kampfeinsatz, dank Libyens Führer, Muammar Al Ghadaffi.

AMERIKA UND LIBYEN

Zur ersten Konfrontation zwischen den USA und Libyen kam es 1981. Colonel Ghadaffi war 1967 durch einen Staatsstreich gegen ein pro-westliches Regime an die Macht gekommen. Er ließ sich von der UdSSR mit Waffen beliefern und wurde zu einem ernsthaft besorgniserregenden Faktor im Mittelmeerraum und Mittleren Osten. Einseitig

OBEN: Drei A-7E Corsair über der USS *Eisenhower*. Beginnend mit Vietnam erfreute sich die Corsair einer glänzenden Karriere. Sie flog über dem Libanon, nahm an den Einsätzen in Grenada und Libyen und zuletzt am Golfkrieg teil.

Grumman F-14 Tomcat

OBEN: Seit ihrem ersten Einsatz 1975 verdrängte die Tomcat mehr und mehr die Phantom als am häufigsten an Bord amerikanischer Träger stationierter Jäger. Seither gilt sie vielen als der beste Abfangjäger der Welt. Mit ihren AIM-54-Phoenix-Raketen kann sie feindliche Ziele über extrem große Entfernungen angreifen.

dehnte er die libyschen Hoheitsgewässer bis über die Große Syrte hinaus aus. Die USA anerkannten diesen Anspruch nicht, sondern betrachteten ihn, wie viele andere Nationen, als Bruch internationalen Rechts. So nahm der Konflikt seinen Anfang. Ghaddafis Unterstützung für die PLO machte gemeinsam mit seinem Einmarsch im Tschad Libyen zu einem gefährlichen „Schurkenstaat". Reagans selbstbewusste Außenpolitik ließ die *Nimitz* in Begleitung anderer amerikanischer Schiffe in der Großen Syrte kreuzen, um seinem Standpunkt der „freien Seewege" Nachdruck zu verleihen. Am 19. August 1981 wurden zwei F-14 der Jagdsquadron VF-41 auf einem Patrouillenflug von der *Nimitz* auf einen Radarkontakt aufmerksam gemacht. Die Beobachtung stellte sich als zwei Suchoi-22 „Fitter-J" Maschinen der libyschen Luftwaffe heraus. Als sich die Tomcats den Fitters näherten, blitzte unter der Tragfläche einer

der Suchois Feuer auf. Beide Tomcat-Piloten (Cdr. Hank Kleeman und Lt. Larry „Music" Muczynski) hielten dies für eine Rakete. Das Geschoss verfehlte die Tomcats, welche sich daraufhin bereit machten und das Feuer erwiderten. In Sekunden war Muczynski in Schussposition und feuerte eine einzelne Sidewinder auf eine der „Fitters" ab. Die Rakete war gut gezielt, fuhr in eine Düse der Su 22 und explodierte. Kleeman wartete, bis die zweite Suchoi an der Sonne vorbei war (um das Infrarot-Lenksystem der Sidewinder durch diese Hitzequelle nicht zu verwirren) und feuerte ebenfalls. Ein Volltreffer. In wenigen Minuten hatten die F-14 die beiden feindlichen Flugzeuge zerstört. Obwohl die Flotte in höchster Alarmbereitschaft blieb, für den Fall, dass Ghadaffi einen Gegenschlag versuchen sollte, verlief das Manöver ohne weitere Zwischenfälle.

1983, nach dem Einmarsch Israels im Jahr davor, wurden US-Truppen als Teil einer

USS *John F. Kennedy*

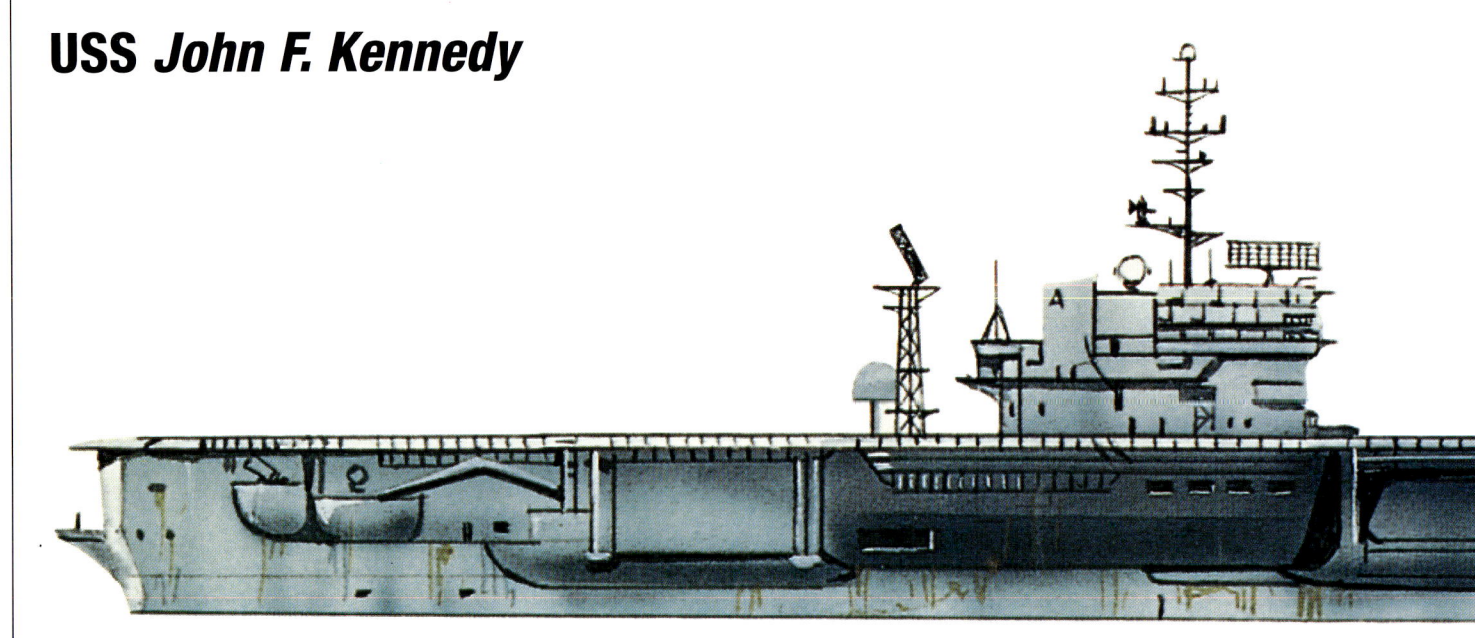

UNO-Friedensmission in den Libanon entsandt. Diesmal begegnete man Amerika weit weniger freundlich: Eine Autobombe zerstörte die Basis der US-Marines in Beirut und tötete 242 Menschen.

Zwar lagen die Träger *John F. Kennedy* und *Independence* vor der Küste, konnten aber nach dem Bombenanschlag auf die Kaserne der Marines nicht eingreifen, da die Urheber nicht ausgeforscht wurden – ein Ziel fehlte. Am 3. Dezember 1983 wurden zwei F-14 der *JFK* auf einem Aufklärungsflug von mindesten zehn syrischen SAM beschossen. Die Flugzeuge blieben heil, aber Syrien hatte einen Gegenschlag herausgefordert. Eine gemischte Gruppe von A-6 und A-7 griff syrische Stellungen und Munitionsdepots an. Beim Angriff auf eine SAM-Rampe wurde eine Intruder abgeschossen, der Pilot getötet und der Bombenschütze/Navigator gefangen genommen (allerdings später frei gelassen). Als der Geschwaderkommandant von der *Independence* (Cdr. Edward Andrews) die Rettung der A-6-Crew einleitete, wurde auch seine A-7 vom Himmel geholt. Andrews stieg aus und wurde von einem US-Hubschrauber aus dem Meer geborgen. Alles in allem war die Aktion von 1983 ein Misserfolg. Die USA zogen sich (mit England und Frankreich) aus dem Libanon zurück, da es offensichtlich keinen Frieden gab, den die Friedensmission sichern konnte. Weitere Einsätze gegen Libyen 1986 und 1989 hatten mehr Erfolg.

OPERATION EL DORADO CANYON

Ghaddafis Antwort auf den Zwischenfall in der Großen Syrte von 1981 entsprach ganz seiner Einstellung gegenüber dem Westen.

Mitte der 80er-Jahre trat Ghaddafi offen für die PLO ein und man vermutete, dass er auch andere, von Amerika und seinen Alliierten als terroristisch betrachtete Gruppen unterstützte. 1985 wurde in London eine Polizistin getroffen und getötet, als man aus der libyschen Botschaft heraus das Feuer auf Demonstranten eröffnete. Präsident Reagan stellte daraufhin klar, dass terroristische Aktionen entsprechend beantwortet würden. Ghaddafi erklärte im Gegenzug die Große Syrte zur „Todeszone": Jeder Eindringling würde angegriffen. Also sandte Reagan neuerlich Einheiten der 6. Flotte in die Region, um den Seeweg frei zu halten. Bei dieser Operation, „Prairie Fire", führten die Träger *Saratoga* und *Coral Sea* die Flotte an. Als am 24. März 1986 libysche SAM-Raketen gegen Trägerflugzeuge abgefeuert wurden, ließ die Antwort nicht lange auf sich warten. Die SAM-Basis wurde von A-7 mit HARM Anti-Radar-Raketen angegriffen. Daraufhin bedrohten libysche Marineeinheiten die US-Schiffe, gerieten allerdings etwas durcheinander, als die Intruders zuerst ein Combattante-II-Patrouillenboot und wenige Stunden später eine Korvette der Nanuchka-Klasse versenkten. Eine andere libysche Patrouille beging den Fehler, sich dem Kreuzer USS *Yorktown* zu nähern und machte unliebsame Bekanntschaft mit dessen Harpoon-Raketen. Doch alle Hoffnungen, Ghaddafi zum Einlenken zu bewegen, wurden von einer Bombe begraben, die am 6. April in einer Diskothek in Berlin explodierte. Ein amerikanischer Soldat wurde getötet.

Der Geheimdienst präsentierte Reagan Hinweise auf libysche Urheberschaft und dieser entschied zu reagieren. Operation „El

Wasserverdrängung:	79.502 Tonnen	**Bewaffnung:**	drei Sea-Sparrow-SAM-Achtfach-Raketenwerfer und drei 20-mm-Phalanx-CIWS
Größte Länge:	323,8 m		
Größte Breite:	39,42 m		
Tiefgang:	10,67 m	**Besatzung:**	2.900 plus 2.500 in der Luftgruppe
Antrieb:	Dampfturbinen an vier gekoppelten Wellen	**Flugzeuge:**	82/90
Geschwindigkeit:	33,6 Knoten		

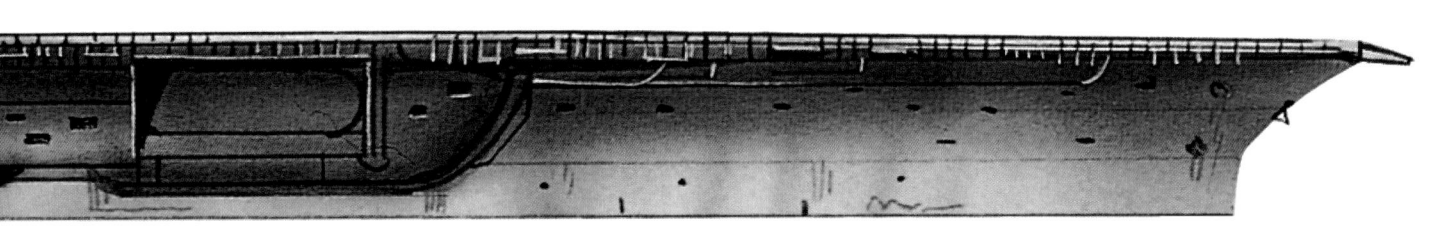

RECHTS: Die *Nimitz* war der zweite atombetriebene Flugzeugträger im Einsatz und gab einer Klasse den Namen, die insgesamt zehn Schiffe umfassen soll. Passenderweise war die *Nimitz* auch das erste Schiff ihrer Klasse in einer direkten Konfrontation, als 1981 zwei F-14 von einem ihrer Jagdgeschwader zwei libysche Su-22 vom Himmel holten.

Dorado Canyon" startete am 15. April. Die Hauptstreitmacht bestand aus F-111 vom USAF-Stützpunkt RAF Lakenheath in England, aber auch die Flugzeugträger hatten einiges zu tun. Ziele im Gebiet um Bengasi wurden der Navy genannt und in derselben Nacht angegriffen. Acht A-6E der *Coral Sea* attackierten gemeinsam mit sechs F/A-18 Hornets und sechs A-7E das Flugfeld von Baninah. Mindestens acht libysche Flugzeuge wurden zerstört, weitere beschädigt. Sechs A-6 der *America* griffen, unterstützt von anderen Flugzeugen der Träger, die Kaserne in Al Jamahiriyah an. F-14- und F/A-18-Jäger flogen Begleitschutz für den Fall eines Eingreifens der libyschen Luftwaffe und EA-6B Prowler störten die SAM-Radar- und Kommunikationseinrichtungen.

Die Aktion hatte einen heilsamen Einfluss auf Ghaddafi, sein Enthusiasmus für terroristische Gruppierungen ließ deutlich nach. Und sie hatte erneut den Nutzen trägergestützter Luftangriffe bewiesen. Die F-111 mussten ihre Ziele unter großen Umwegen anfliegen, da die europäischen Verbündeten (außer Großbritannien) Überfluggenehmigungen verweigerten. Dadurch vergrößerte sich der Weg zum und vom Einsatzort, sodass man in der Luft auftanken musste. Über 60 Tankflugzeuge wurden auf Basen in Großbritannien verlegt und nährten das Gerücht eines bevorstehenden Luftangriffs. Zwar schien Ghaddafi aus dieser Warnung keinerlei Nutzen zu ziehen, aber die Aufmerksamkeit der Presse für die Aktionen der Flugzeugträger wurde geringer. Die Carrier waren viel näher am Einsatzort und

hätten eigentlich auch allein gegen alle libyschen Ziele vorgehen können, wenn man dies von ihnen verlangt hätte.

DER GOLF

Der Krieg zwischen Iran und Irak erregte im Westen Besorgnis, vor allem, als die Kontrahenten (vor allem der Irak) Öltanker angriffen. Dies führte 1987 zur Bildung von Konvois, US-Kräfte schützten die Tanker. Bald bekamen es iranische Kriegsschiffe mit Flugzeugen der *Enterprise*, Marine- und Armee-Hubschraubern zu tun. Die Intruders und Corsairs gaben den Iranern ein paar unliebsame Antworten und der Tankerkrieg verlor für beide Seiten an Attraktivität, niemand wollte Amerika in den Krieg hineinziehen. Er endete 1988 mit einem Waffenstillstand und sowohl der Iran als auch der Irak begannen den Wiederaufbau. Dies war der Hintergrund für das nächste entschiedene Eingreifen der US-Supercarrier ins Weltgeschehen.

1990 hatte der Kalte Krieg endgültig aufgehört, da die Politik Mikhail Gorbachovs dem sowjetischen Einfluss auf Osteuropa und letztendlich der Sowjetunion selbst ein Ende bereitete. Die westlichen Regierungen wollten mit einer unmittelbaren Reduktion ihrer Verteidigungsausgaben ihre „Friedensdividenden" einstreichen, wurden daran aber durch den Ausbruch eines neuen Kriegs im Persischen Golf gehindert. Saddam Husseins ohnehin schlechter Ruf als Stratege erlitt einen weiteren Einbruch, als er am 2. August 1990 in Kuwait einmarschierte. Er tat dies in dem Glauben, dass

Amerika – und mit ihm die Welt – nicht eingreifen würden. Ein böser Fehler. Präsident George Bush und die Großbritanniens Margaret Thatcher fürchteten, dass sich der Konflikt auf Saudi-Arabien ausweiten könnte und sandten Truppen zu dessen Schutz. In einer Schlüsselrolle sorgten die *Eisenhower* und *Independence* für Luftunterstützung. Sollte Saddam je vorgehabt haben, in Saudi-Arabien einzumarschieren, wurde er eines Besseren belehrt, und er stand einer massiven Front der Alliierten gegenüber, die ihn aus Kuwait werfen wollten. Sechs Träger wurden in das Gebiet entsandt: *Saratoga*, *America*, *JFK* und *Theodore Roosevelt* bezogen Stellung im Roten Meer, *Ranger* und *Midway* stießen in den Golf selbst vor.

Die Operation zur Befreiung Kuwaits begann in der Nacht vom 16. auf den 17. Januar 1991 mit massiven Luftangriffen auf Ziele

im Irak. Mit Fortdauer der Fliegereinsätze kam den Trägern immer größere Bedeutung zu. Die Attacken ihrer Maschinen richteten sich nicht nur gegen Bodenziele in Kuwait und dem Irak, im Verband mit Westland-Lynx-Helikoptern britischer Schiffe und den Jaguars der RAF dezimierte man auch die irakische Marine. Die Intruder und die Corsair setzten dabei erstmals die AGM-84E SLAM (Stand-off Land Attack Missile) höchst erfolgreich gegen eine Vielzahl von Zielen ein – und die Welt wurde Zeuge, da einige Bilder des Zielsuchsystems ihren Weg in die Fernsehkanäle fanden. Zwei F/A-18 bewiesen ihre Vielseitigkeit, als sie, mit vier 907-kg-Bomben beladen, zwei irakische Flugzeuge abschossen und den Zielanflug fortsetzten.

Obwohl im Golfkrieg die US Air Force die Hauptrolle spielte, blieb der Beitrag der Träger und ihrer Flugzeuge wichtig. Angesichts

UNTEN: F-14 Tomcats aufgereiht auf der *John F. Kennedy*. Die Flugzeuge gehören zur VF-32 „Swordsmen": Zwei Flugzeuge des Geschwaders waren 1989 für die Zerstörung von zwei libyschen MiG-23 verantwortlich.

der Bodenoffensive, die am 24. März begann und nur 100 Stunden dauerte, brach die Armee Saddam Husseins auseinander. Seine Behauptung, einen überwältigenden Erfolg erzielt zu haben, scheint eine etwas eigenwillige Darstellung der Ereignisse. Saddams Weigerung, sich den UNO-Beschlüssen zu beugen, führte zur Einrichtung von Flugverbotszonen, die zum Zeitpunkt der Drucklegung noch immer aufrecht sind. Die trägergestützten US-Flugzeuge hatten das Ihre geleistet, auch in Vergeltungsschlägen gegen SAM-Rampen und andere Waffenbasen.

DIE WELT NACH DEM GOLFKRIEG

Nach dem Ende des Golfkriegs sah sich die US-Trägerflotte einer neuerlichen schweren Belastung ihres Budgets ausgesetzt. Innerhalb von 10 Jahren hatten sich Träger und Bordflugzeuge entscheidend verändert. Die A-7, welche am Golfkrieg mit zwei Einheiten beteiligt war, wurde 1991 eingezogen. Die Produktion der F-14D, mit neuen Triebwerken und besserer Avionik, wurde derart gedrosselt, dass nur drei Geschwader voll ausgerüstet werden konnten, von denen eines zur F-14B (die zumindest die besseren Triebwerke hatte) zurückwechseln musste. Um den Einsatzbereich der Tomcats zu vergrößern, wurden die Luft-Boden-Waffen verbessert. Die F-14B und F-14D mit der LANTIRN-Zieleinrichtung werden unter die besten

Kampfjäger der NATO gereiht. Der A-12-Stealthbomber wurde aufgrund der Kostenexplosion eingestellt. Pläne, die A-6 aufzurüsten, wurden aufgegeben und das Flugzeug Ende der 90er-Jahre eingezogen. Diese Änderungen bedeuteten eine völlig neue Zusammenstellung der Luftgruppen. Anstatt 80 Flugzeuge hatten die US-Supercarrier 2001 üblicherweise ein Geschwader mit etwa 14 Tomcats und drei Einheiten mit F/A18C an Bord. Die Reduktion der F/A-18-Kräfte führte dazu, dass sich zunehmend auch Einheiten des US-Marinecorps auf den Trägern einschifften. Die S-3-Viking-Flotte wurde von der U-Boot-Abwehr abgezogen und fliegt nun, sehr zum Leidwesen der Mannschaften, mit „Buddy"-Auftankausrüstung ausgestattet, als Tankflugzeug. Zur Zeit der Drucklegung dieses Buches gibt es Gerüchte, dass die S-3-Einheiten als nächstes gekürzt werden sollen.

Auch die Trägerflotte wurde nach dem Golfkrieg einer grundlegenden Reorganisation unterzogen. Die *Midway* wurde endgültig abgezogen (die *Coral Sea* war mit Fertigstellung von CVN-72 außer Dienst gestellt worden). Zwischen 1993 und 1996 folgten ihnen die Träger *Forrestal*, *Saratoga*, *Ranger* und *America*. Die *Independence* blieb noch einige Zeit in Japan, wurde dort 1998 von der *Kitty Hawk* ersetzt und abgezogen. Anstelle der konventionell betrie-

UNTEN: Die *Carl Vinson* wurde als dritter Träger der *Nimitz*-Klasse 1982 in Dienst gestellt. Sie wurde nach dem Kongressabgeordneten Carl Vinson benannt. Er war ein glühender Verfechter der Belange der Navy und der erste Namensgeber eines Schiffs der US-Navy, der dessen Jungfernfahrt selbst erleben konnte. Die Flugzeuge der *Vinson* nahmen 1998 an der Operation „Desert Fox" teil und flogen Luftangriffe über dem Irak, um die Flugverbotszonen zu sichern.

benen Träger wurden mehr Schiffe der *Nimitz*-Klasse in Dienst gestellt – CVN-72 (*Abraham Lincoln*) war bereits 1989 zur Flotte gestoßen, aber im Golf noch nicht einsatzbereit. CVN-73 (*George Washington*) wurde 1992, CVN-74 (*John C. Stennis*) 1995, CVN-75 1998 (*Harry Truman*) abgenommen. Im Jahr 2002 stieß die USS *Ronald Reagan* zur Flotte, ein weiterer Träger ist geplant. Die 15 Träger der Reagan-Ära wurden auf 12 reduziert, davon neun mit Nuklearantrieb.

DIE ZUKUNFT DER SUPERCARRIER

Debatten über Träger im 21. Jahrhundert führten zu Überlegungen, CVN-77 (noch namenlos) als Entwicklungsmodell für Typ CVX, die zukünftigen Träger der US-Navy, zu bauen. Wenn die CVX-Carrier einsatzbereit sind, werden sie wahrscheinlich ein neues, elektromagnetisches Hochleistungs-Startsystem (EMALS) haben, das wohl weiterhin als Katapult bezeichnet werden wird. Computer und neue Technologien werden die Bemannung der Schiffe verkleinern, den Automationsgrad erhöhen. Was aus den Luftgruppen wird, ist schwerer vorherzusehen. Bis 2008 soll die F-14 vollständig durch die F/A-18E und F/A-18F Super Hornet ersetzt sein, wie der Name sagt, Weiterentwicklungen der F/A-18 Hornet. Kritiker meinen allerdings, dass dies ein völlig neues Flugzeug wird, das nur wie eine etwas größere F/A-18 aussieht und im Luftkampf keinesfalls ein adäquater Ersatz für die F-14D und F/A-18C sei. Aber Tests und die ersten Versuche bei operativen Einheiten lassen darauf schließen, dass die neuen Flugzeuge ihren Aufgaben ausreichend gewachsen sind. Zusätzlich sollen die Träger ab 2008 den Lockheed F-35 Joint-Strike-Fighter an Bord nehmen. Als Ersatz für die betagte EA-6B Prowler sollte die F/A-18F in einer Version für die elektronische Kriegsführung kommen. Die E-2 Hawkeye wird noch nach ihrem 50. Geburtstag gute Dienste leisten, wenn auch dermaßen mit Radar und Elektronik bestückt, wie man es zur Zeit ihrer Entwicklung nur in Science-Fiction-Filmen sah.

Die amerikanische Trägerflotte ist im Umbruch, doch eines ist klar: Hochleistungsträger sind ein eindrucksvolles und bewährtes Mittel, die Macht Amerikas (gegebenenfalls) weltweit zu demonstrieren. Dafür wurden sie gebaut und sie erfüllen diese Aufgabe bravourös. Die teuren Supercarrier haben den USA eine Sonderstellung verliehen: Sie können den Einflussbereich ihrer Luftkampftruppen überallhin ausdehnen, ohne auf Gastnationen angewiesen zu sein. Wegen der hohen Kosten werden die Hochleistungsträger allerdings nur von Amerika eingesetzt. Andere Nationen mussten bescheidenere Lösungen finden, um mit Flugzeugen vom Meer aus zu operieren.

OBEN: Die Grumman E-2 Hawkeye ersetzte 1964 die E-1 Tracer als Flugzeug zur luftgestützten Frühwarnung. Die Maschine wurde ständig aufgerüstet und blieb so auf dem neuesten Stand militärischer Technik. Sie wird noch einige Jahre ein fixer Bestandteil der Luftgruppen auf US-Trägern bleiben. Auch die französische Marine hat den Typ für die Verwendung an Bord der *Charles de Gaulle* angekauft.

ACHTES KAPITEL

TRÄGER IN ENGLAND UND FRANKREICH

Ende der 50er-, Anfang der 60er-Jahre erkannte man, dass die Träger der Royal Navy zu klein wurden. Im selben Maß wie die Abmessungen der Flugzeuge zur Aufnahme von mehr Avionik und schwereren Waffen nahmen die Anforderungen an die Träger zu.

SCHWERERE FLUGZEUGE BRAUCHTEN größere Katapulte, um adäquat beschleunigen zu können, alle britischen Träger waren im Nachteil. Nur die *Eagle* und *Ark Royal* kamen als Träger für die F-4 Phantom in Frage, zu deren Kauf sich die Royal Navy 1964 entschlossen hatte. (Auch die *Victorious* war als Plattform in Betracht gezogen worden.) *Albion* und *Bulwark* wurden zu „Kommandoträgern", sie nahmen keine Flugzeuge mehr an Bord, sondern Transporthelikopter für ihre neue „Kriegslast" von bis zu 900 Royal Marines. Die *Hermes* blieb im Dienst, aber ihre Luftgruppe zählte kaum mehr als 20 Maschinen. Als die Blackburn Buccaneer zum wichtigsten Kampfbomber der Royal Navy wurde, konnte die *Hermes* nur sieben oder acht davon, gemeinsam mit einer Jägergruppe aus De Havilland Sea Vixens

LINKS: Eine Dassault Rafale M startet zu einem Testflug. Unter Tragflächen und Rumpf trägt sie vier MICA-Luft-Luft-Raketen mittlerer Reichweite und an den Flügelspitzen zwei infrarot-gesteuerte Matra 550 Magic. Die Rafale soll in französischem Dienst die Super Etendard ersetzten und die Leistungsfähigkeit der französischen Flotte steigern.

sowie Fairey-Gannet-Frühwarnmaschinen (AEW) und Helikopter an Bord nehmen. Der Träger *Centaur*, erhielt keine Buccaneers, er hatte weiter Sea Vixens und Supermarine Scimitars an Bord.

Obwohl die *Ark Royal* und die *Eagle* als Träger für die Phantom galten, musste das Flugzeug modifiziert werden, um von Deck starten zu können: Der Bugradträger wurde um 102 cm verlängert, der steilere Anstellwinkel sollte den Auftrieb beim Start verbessern. Rolls-Royce-Spey-Triebwerke (mit größerer Nennleistung beim Start) ersetzten die J79 amerikanischer F-4. Die Umrüstung war schwierig und teuer. Das Problem zu kleiner Träger war bereits bei der Bestellung der Phantom bekannt, aber die Royal Navy hatte gehofft, bis zu fünf Träger der Klasse CVA-01 á 53.848 t beschaffen zu können. Im Juli 1963 kündigte das Ministry of Defence den Bau des Trägers CVA-01 (*Queen Elizabeth*) an. Er würde 36 Buccaneers und Phantoms, AEW-Flugzeuge und Helikopter zur U-Boot-Abwehr an Bord nehmen können. Das Schiff war umstritten. Nach einigen fetten Jahren war Großbritanniens Wirtschaft ein-

mal mehr in Schwierigkeiten, einmal mehr wurden Verteidigungsausgaben gekürzt. Zur selben Zeit, als die Royal Navy einen neuen Träger benötigte, hatte die Royal Air Force dringlichen Bedarf an einem neuen Kampfflugzeug und wollte keinesfalls eine Variante der nicht überschalltauglichen Buccaneer der Navy. Die RAF hoffte auf den Ankauf der TSR 2. Dieses überlegene Flugzeug musste der amerikanischen F-111 weichen, die angeblich billiger war. Dennoch überstieg der Kauf der F-111 und einer Flotte von CVA-01 die Möglichkeiten Großbritanniens. 1966 wurde CVA-01 storniert und die Entscheidung getroffen, die Träger bis Anfang der 70er-Jahre außer Dienst zu stellen. Zwei Jahre später traf die F-111 dasselbe Los, die Regierung erklärte, England würde kaum Einsätze außerhalb der NATO durchführen und es gäbe kein vorstellbares Szenario – etwa einen amphibischen Angriff Tausende Meilen abseits von Europa –, bei dem Bedarf für Flugzeugträger bestünde.

Der Abbau der Trägerflotte ging schnell vor sich. Die *Centaur* musste als erste gehen, sie wurde 1966 zum Depotschiff. Im

UNTEN: Die *Ark Royal* auf Patrouille. Obwohl die *Invincible*-Klasse erfolgreich gewesen ist, sind ihre Träger mit einer Fluggruppe von maximal 20 Maschinen zu klein. Großbritanniens Strategic Defence Review aus 1998 bestätigt, dass die drei Träger der *Invincible*-Klasse etwa ab 2012 durch zwei größere Träger mit 40 bis 50 Flugzeugen ersetzt werden sollen.

British Aerospace Sea Harrier

nächsten Jahr brach bei Umbauarbeiten ein kleiner Brand auf der *Victorious* aus, die Regierung erklärte, sie würde abgeschrieben und verschrottet werden. Die *Hermes* wurde zum Kommandoträger umgerüstet, wodurch die *Albion* 1972 abgewrackt wurde. Dies war keineswegs alles – auf Regierungsbeschluss sollte auch die *Eagle* nicht für den Einsatz der Phantoms umgerüstet werden, es sei zu teuer (und das, obwohl die Royal Navy die Flugzeuge auf diesem Träger getestet hatte). Die Entscheidung war eindeutig fragwürdig, aber die *Eagle* wurde 1972 ausgeschieden, auch wenn die neue konservative Regierung beschloss, die *Ark Royal* am Leben zu erhalten. Die Jägereinheit der *Ark Royal*, No. 892 Squadron, schmückte die Flossen ihrer Phantom mit einem großen „Omega", um darauf hinzuweisen, dass dies die letzten Tragflächenflugzeuge der Royal Navy waren. Sie konnten es nicht wissen, aber sie lagen falsch.

SENKRECHTSTARTER

Die Idee eines Flugzeugs, das senkrecht starten und landen könnte, war für viele Konstrukteure und einige ranghohe Offiziere faszinierend. Solche Flugzeuge würden Rollfelder verzichtbar machen, ein nicht zuletzt deswegen attraktiver Gedanke, weil damit bevorzugte Ziele feindlicher Angriffe wegfielen. Die Vision eines Senkrechtstar-

ters (vertical take off and landing – VTOL) klang gut, war aber schwer umzusetzen. Die Lösung kam mit einem Versuchsflugzeug Hawkers, der P.1127. Der Schub seiner Rolls-Royce-Pegasus-Triebwerke konnte durch Umlenkdüsen gerichtet werden. Anfang der 60er Jahre hoffte man, dass diese Technologie zum P.1154 Überschall-VTOL-Kampfflugzeug führen würde, aber das gemeinsame Projekt von Royal Navy und RAF wurde eingestellt, man erkannte, dass nicht nur leicht unterschiedliche Varianten der P.1154 benötigt werden würden, sondern zwei gänzlich andere Maschinen. Stattdessen kaufte die Royal Navy die Phantom, die RAF entschied sich für eine operative Version der P.1127, die Harrier genannt wurde. 1969 kam die erste Harrier mit dem No 1. Sqn in den Dienst der RAF, sechs Jahre, nachdem eine P.1127 erfolgreich an Deck der *Ark Royal* erprobt worden war.

Die Royal Navy bereitete sich mittlerweile auf ein Leben ohne Träger vor. Eine Future Fleet Working Party untersuchte, wie eine Flotte ohne Träger funktionieren sollte. Das ziemlich lapidare Ergebnis der Arbeitsgruppe: Einer Flotte ohne Träger würden diese fehlen. Hinter dem erschreckenden Schluss standen rationale, gesunde Gedanken: AEW-Flugzeuge wären nach wie vor zum Schutz der Flotte nötig. Zwar wären Jäger durch schiffsgestützte Raketen ersetzbar, AEW-Maschinen aber ungleich bessere Frühwarn-

OBEN: Eine britische Aerospace Sea Harrier FA.Mk 2, wie sie bei Kampfgeschwadern der HMS *Invincible* und der *Illustrious* Dienst tut. Die Sea Harrier wurde von britischen Streitkräften bei Aktionen über Ex-Jugoslawien intensivst eingesetzt.

RECHTS: Ein SH-3 Sea King setzt bei einer Übung im Jahr 1988 Personal an Deck eines Zerstörers ab. Die Sea King war der wichtigste Helikopter, welcher ab Mitte der 60er-Jahre auf US-Trägern zur U-Boot-Abwehr eingesetzt wurde, berühmt wurde sie aber vor allem durch die Bergung amerikanischer Astronauten nach deren Landung auf See. Der Sea King wurde teilweise durch SH-60 Sea Hawk ersetzt, auch diese stammte von Sikorsky.

systeme als Oberflächen-Radar. Auch wäre für die Flotte die Fähigkeit unverzichtbar, Feindaufklärer abzuwehren (Erinnerungen an die FW 200 Condor waren noch nicht verblasst). Die Arbeitsgruppe war konsterniert, sie hatte die falschen Antworten gegeben. Aber die Logik ihrer Schlüsse blieb.

VOM DECKKREUZER ZUM TRÄGER

Als CVA-01 entworfen wurde, entwickelte man auch zwei neue Klassen von Begleitschiffen. Der Typ-82-Zerstörer sollte zur Luftabwehr eingesetzt werden, ein neuer Helikopterkreuzer einige Sea King Helikopter zur U-Boot-Abwehr an Bord haben. Nur ein Typ 82 wurde gebaut (HMS *Bristol*), der Entwurf durch den kleineren Typ 42 ersetzt. Andererseits wuchs der Helikopterkreuzer, denn bald vertraten viele höhere Marineoffiziere die Ansicht, dass man damit auch noch anderes Gerät als Hubschrauber zum Einsatz bringen könnte. Der Entwurf reifte, die Abmessungen des Schiffes wuchsen. Ursprünglich war 1967 ein Schiff geplant, das sechs Sea-King-Helikopter in einem Deckhangar befördern sollte. Auf diese Art transportierten Zerstörer und andere Schiffe ihre einzelnen Helikopter. Dann sollte die Zahl der Sea Kings auf neun im Hangar und drei weitere auf Deck erhöht werden. Dafür musste der Hangar in den Rumpf verlegt werden, zwei Flugzeugaufzüge und ein Flugdeck, welches auffallend an das von Flugzeugträgern erinnerte (wenn auch ohne Katapult und Fangleinen), wurden benötigt. Der Decktyp erhielt den Namen „through

deck" (Durchgangsdeck), der Schiffstyp hieß „Troug Deck"-Kreuzer. Zyniker verballhornten dies zu „See Through"-Kreuzer („durchsichtig"), die Absicht der Navy, VTOL-Flugzeuge einzusetzen, war zu offensichtlich.

Die Sache der neuen Träger (obwohl die Navy diese Bezeichnung tunlichst vermied) begann in Schwung zu kommen. Die Harrier hatte sich im Einsatz bei der RAF bewährt, insbesondere, wenn sie mit kurzer Rollbahn und nicht vertikal gestartet wurde, da dies höhere Waffenlasten erlaubte. So wurde der Harrier vom VTOL- zum VSTOL-Flugzeug (vertical and short take off and landing). 1973 plädierte Ltd. Cdr. Doug Taylor in einer Untersuchung (eigentlich eine Abschlussarbeit für die University of Southampton) für die Verwendung einer Rampe, um VSTOL-Flugzeugen beim Start mehr Auftrieb zu geben. Die Navy veröffentlichte 1972 eine Ausschreibung für ein VSTOL-Flugzeug und bestellte 1973 das erste Schiff, die HMS *Invincible*. 1975 wurde das schlecht gehütete Geheimnis um die neuen „Kreuzer" aufgedeckt, da die Royal Navy ankündigte, eine Marineversionen der Harrier, die mit Radar ausgerüstete Sea Harrier, kaufen zu wollen und sie als Langstreckenjäger einzusetzen. Taylors „Sprungschanze" ergänzte 1977 den Entwurf. Die *Invincible* wurde 1980 in Dienst gestellt, zu dieser Zeit waren zwei weitere Träger in Planung. Sie sollten ursprünglich *Illustrious* und *Indomitable* genannt werden, aber die Zuneigung der Öffentlichkeit zur alten *Ark Royal* (vor allem, nachdem die BBC-Serie „Sailor" die

Seher in ihren Bann geschlagen hatte) hatte zur Folge, dass der dritte Träger, der Mitte der 80er-Jahre in Dienst gestellt werden sollte, *Ark Royal* getauft werden sollte.

WEITERE EINSCHNITTE

Ende 1978 wurde die alte *Ark Royal* außer Dienst gestellt, England war ohne konventionellen Flugzeugträger. Die *Hermes* und die *Bulwark* taten nach wie vor als Kommando- und U-Boot-Abwehrträger Dienst. 1979 führte ein weiteres Sparpaket (nach der Wahl Maggie Thatchers) dazu, dass die *Bulwark* in die Reserve versetzt wurde. Dies war erst der Anfang. 1981 schlitterte Großbritannien wieder in eine Finanzkrise, eine Prüfung von Verteidigungsminister John Nott brachte bittere Ergebnisse. Wie Nott 20 Jahre später bei einer Konferenz des British Joint Services Command und des Staff College sagte, hatte er keine Chance. Er konnte unmöglich das Budget der British Army kürzen, ohne die Streitkräfte in Deutschland zu reduzieren: Am Höhepunkt des Kalten Krieges undenkbar. Die RAF war mitten in einem neuen Ausrüstungsprogramm und für die NATO doppelt wichtig. Die Einheiten in Deutschland mussten einer möglichen Invasion des Warschauer Pakts begegnen können und Großbritannien selbst starke Luftstreitkräfte bereit halten, um als „unsinkbarer Flugzeugträger" aus den USA kommende Verstärkungen für die Central Front verteilen zu können (Nott war klar, für dieses Szenario verfügte er keinesfalls über

ausreichende Luftverteidigung). So war es politisch unmöglich, bei der RAF den Sparstift anzusetzen, die Navy hatte Opfer zu bringen. Nott bedauerte zwar die Maßnahmen, aber die RN war der einzige Dienst, bei dem nennenswerte Einsparungen denkbar waren. Laut Notts These musste die Royal Navy nur noch zur U-Boot-Abwehr im Ostatlantik eingesetzt werden, daher war die Zahl der Träger reduzierbar. Die *Hermes* war abzuziehen, sobald die HMS *Illustrious* den Dienst aufgenommen hätte (1982/Anfang 1983). Der erste der neuen Träger, *Invincible*, sollte an Australien gehen (dort suchte man Ersatz für den einzigen Träger, HMAS *Melbourne*, der sein Leben 1948 als HMS *Majestic* begonnen hatte). Der Verkauf der *Invincible* war für 1985 vorgesehen, sobald die neue *Ark Royal* (später *Ark Royal V*, zur Unterscheidung von Nummer vier, die 1978 eingezogen wurde) einsatzfähig war. Zusätzlich waren auch die beiden Schiffe für amphibische Landung, *Fearless* und *Intrepid*, abzustoßen und ältere Schiffe, vor allem aus der Reserve-Flotte, auszumustern. Das Sparpaket sorgte für politischen Aufruhr. Navyminister Keith Speed trat zurück, Admiräle gingen in den Ruhestand, politische Gegner und Verteidigungsstrategen schlossen sich im Kampf gegen Notts Maßnahmen zusammen. Aber Nott erhielt auch Unterstützung – einige Beobachter sahen angesichts Großbritanniens schwindender Bedeutung in der Welt kaum noch Bedarf an Trägern. Andere gingen weiter und sprachen der Sea Harrier

UNTEN: Fern der Heimat: Eine Sea Harrier FRS.1 der HMS *Illustrious* (No. 800 Squadron) an Deck der USS *Eisenhower*. Im Hintergrund eine A-6 Intruder und eine F-14 Tomcat. Die Sea Harrier war eine absolute Neuerung bei Trägerflugzeugen: STVOL-Flugzeuge kamen ohne Fangdrähte wie jenen, den die Maschine eben überrollt, aus. Sie folgen dem Spruch: „Besser erst stoppen, dann landen, und nicht landen und dann versuchen, stehen zu bleiben!".

Dassault Super Entendard

(1980 in Dienst gestellt) geringen militärischen Wert zu und behaupteten, dass diese nur der Vorwand wäre, die Existenz an sich unnützer Flugzeugträger zu rechtfertigen. Man gestand ein, dass ihre VSTOL-Eigenschaften eindrucksvolle Vorstellungen ermöglichten, doch diese seien kaum von Bedeutung. Die Entscheidung, das Eispatrouillenschiff *Endurance* aus dem Südatlantik abzuziehen, das im Gebiet der Falklands und South Georgia operierte, heizte die Debatte weiter an. Argentinien erhob seit langem immer wieder Anspruch auf die Falklands und man fürchtete, der Abzug der *Endurance* würe von der Junta in Buenos Aires in ihrem Sinn interpretiert werden.

INVASION

Der Streit um die Hoheit über die Falklands hat tiefgehende Wurzeln und belastete schon immer die Beziehungen zwischen Argentinien und England. Das Foreign und das Commonwealth Office hatten mehrmals versucht, die Sache beizulegen, aber der unerbittliche Widerstand der Bewohner der Inseln gegen jeden Plan, der die Souveränität an Argentinien übertragen, oder auch nur den Anschein davon erweckt hätte, brachte alle Bemühungen zum Scheitern. 1982 war Argentinien in ernsten Schwierigkeiten. Die herrschende Militärjunta stützte sich auf rücksichtslose Repressionen (Folter und das „Verschwinden" von Gegnern war alltäglich) und sah darin die einzige politische Perspektive. Sie war kein Geschenk für die Volkswirtschaft, das Land litt unter galoppierender Inflation, die tagtäglich zunahm. Da die britische Regierung kaum Interesse an den Falklands zu haben schien, schlug der Oberkommandierende der argentinischen Marine, Admiral Jorge Anaya, die Invasion der Inseln vor. Präsident General Leopoldo

Veinticinco de Mayo

Wasserverdrängung:	20.218 Tonnen (bei voller Beladung)	**Antrieb:**	Dampfturbinen an zwei Wellen
Größte Länge:	211,28 m (gesamt)	**Geschwindigkeit:**	24 Knoten
Größte Breite:	24,38 m	**Bewaffnung:**	zwölf 40-mm-Kanonen
Tiefgang:	6,55 m	**Besatzung:**	1.500
		Flugzeuge:	21

RECHTS: Die HMS *Ark Royal* in den späten 80er-Jahren, mit der gesamten Luftgruppe an Deck. Am Bug und im Zentrum: 8 Sea Harrier FRS 1 der No. 801 Squadron, gemeinsam mit den Sea King AEW 2 der No. 849 Squadron. Am Heck Sea-King-HAS-5-Helikopter zur U-Boot-Abwehr. Am Bug zu erkennen: Werfer für die Sea-Dart-Boden-Luft-Raketen und ein 20-mm-Phalanx-Nahkampf-Waffensystem (CIWS). Mittlerweile entfernte man den Sea-Dart-Werfer, um das Deck verlängern zu können und Platz für die Harrier GR 7 der RAF zu schaffen.

der Briten, aber sie besaß einen potenziell beeindruckenden Aktivposten: ihren eigenen Flugzeugträger, die *Vienticinco de Mayo*. Diese hatte ihre Karriere als HMS *Venerable* begonnen und wurde 1948 an die königlich-niederländische Marine verkauft, bei der sie als HMNS *Karel Doorman* diente. 1968 stellten sie die Niederlande außer Dienst und verkaufte sie an Argentinien. Im Vergleich zu jüngeren Trägern waren ihre Möglichkeiten begrenzt, aber die *Vienticinco de Mayo* hatte eine Luftgruppe von Skyhawks und Dassault Super Etendard, letztere mit Exocet-Anti-Schiff-Raketen an Bord.

Um dieser Bedrohung zu begegnen, musste die Royal Navy auf der Fahrt zu den Falklands ihre Sea Harriers erheblich verbessern. Die USA stimmten einem Zugriff auf NATO-Bestände und dem Einsatz der hoch-

entwickelten AIM-9L Sidewinder zu, um bei der Sea Harrier ältere AIM-9G-Modelle zu ersetzen. Daher mussten ihre Bordcomputer mit neuer Software aufgerüstet und ein spezielles Softwarepaket für loft-bombing installiert werden. Die Sea Harriers waren nicht für den Einsatz von BL.755-Cluster-bomben und den Abschuss von 51-mm-Raketen freigegeben gewesen. Innerhalb einer Woche waren alle Upgrades durchgeführt, die Schlagkraft der kleinen Streitmacht dramatisch erhöht.

Den ersten 20 auf diesen Standard hochgerüsteten Sea Harriers folgten am 27. April 1982 weitere acht Flugzeuge aus anderer Quelle (darunter Testflugzeuge), die mit der neu aufgestellten No. 809 Squadron zur Insel Ascension flogen und dort an Bord des Handelsschiffes *Atlantic Conveyor* gingen. Zwar bestand nun die Sea-Harrier-Gruppe

Giuseppe Garibaldi

Die *Garibaldi* bedeutete eine gewaltige Änderung für die italienische Marine, mit ihr erhielt das Land erstmals einen Flugzeugträger. Die *Garibaldi*, ein typischer STOVL-Träger, stellte eine kostengünstige Alternative zu den riesigen, atomar betriebenen Hochleistungsträger der US-Navy dar.

Als Teil ihrer Defensivbewaffnung trägt die *Garibaldi* drei Türme mit 40-mm-Zwillings-Kanonen. Sie können sowohl gegen Flugzeuge als auch gegen Ziele über Wasser eingesetzt werden. Jede feuert 300 Schuss pro Minute, die 40-mm-Geschosse haben eine Reichweite von 12,5 km.

Der Otomat-TESEO-Werfer. Im Unterschied zu anderen Trägern hat die *Garibaldi* mit ihren Oberflächen-Raketen auch Schiffen einiges an Feuerkraft entgegenzusetzen. Der Otomat ist eine Koproduktion mit Frankreich. Die Mk 2 hat einen 210-kg-Sprengkopf und eine Reichweite von 160 km.

Der bevorzugte Helikopter der italienischen Marine zur U-Boot-Abwehr, der SH-3H, verstärkte die Einheiten ab 1968 und wurde bis 1987 ausgeliefert. Der SH-3H kann gegen U-Boote und Schiffe eingesetzt werden, hier trägt er Marte-Raketen.

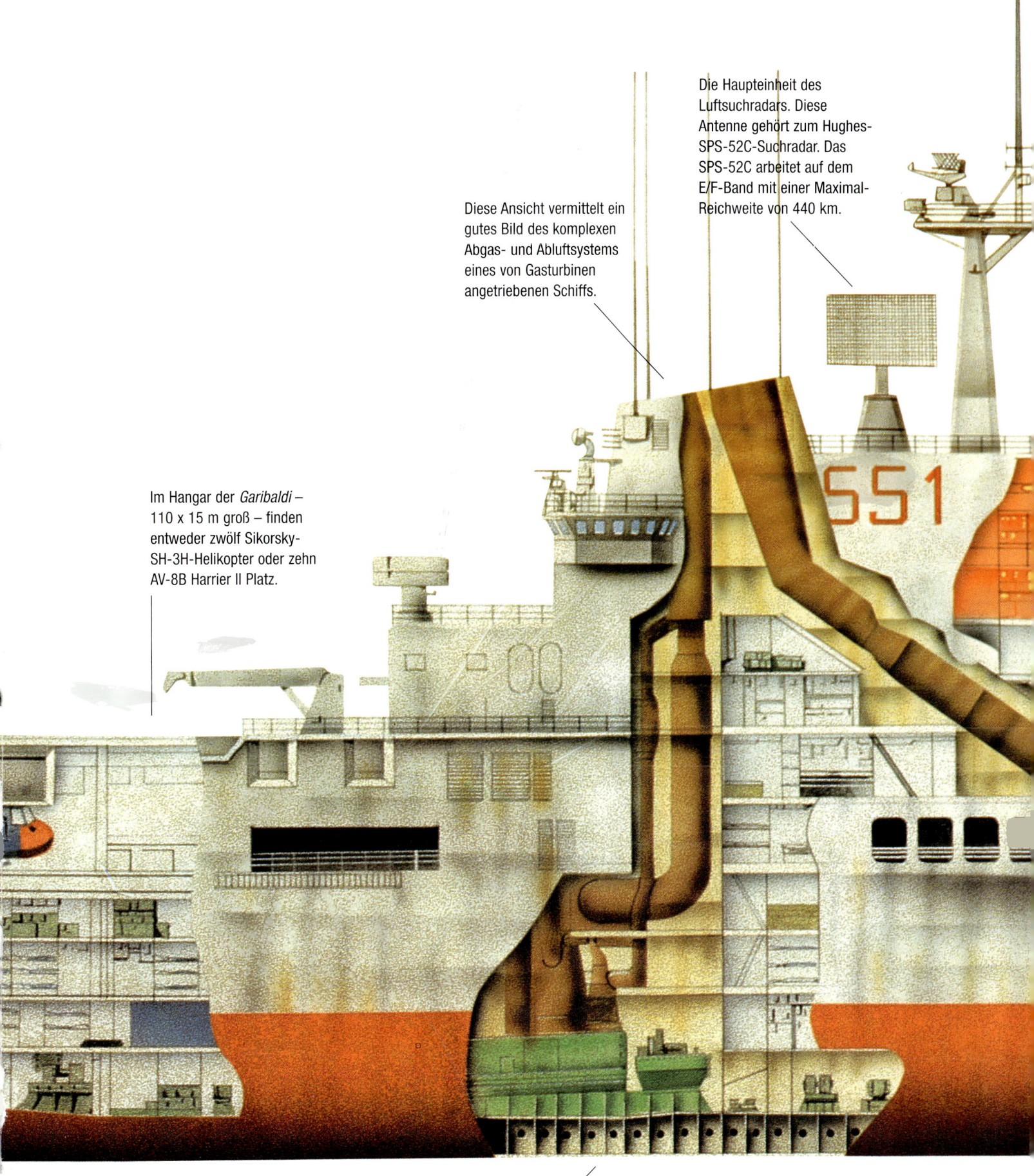

Die Haupteinheit des Luftsuchradars. Diese Antenne gehört zum Hughes-SPS-52C-Suchradar. Das SPS-52C arbeitet auf dem E/F-Band mit einer Maximal-Reichweite von 440 km.

Diese Ansicht vermittelt ein gutes Bild des komplexen Abgas- und Abluftsystems eines von Gasturbinen angetriebenen Schiffs.

Im Hangar der Garibaldi – 110 x 15 m groß – finden entweder zwölf Sikorsky-SH-3H-Helikopter oder zehn AV-8B Harrier II Platz.

Die Garibaldi wird von vier Fiat/GE LM 2500 Gasturbinen mit einer Leistung von 60.000 kW (81.000 PS) angetrieben un erreicht eine Höchstgeschwindichkeit von 30 Knoten.

Galtieri war schnell überzeugt. Nachdem eine Gruppe verrotteter Handelsschiffe illegal auf South Georgia gelandet war und die argentinische Fahne aufgepflanzt hatte, begannen die argentinischen Streitkräfte am 2. April 1982 die Invasion. Galtieri war überzeugt, dass eine Reaktion ausbleiben würde. Die faschistische Regierung Argentiniens verstand sich als „Bollwerk gegen den Kommunismus" und hatte daher ein gutes Verhältnis zu den USA. Nach Galtieris Annahme würden die USA den Briten schon erklären, dass man in dieser Sache nichts machen könne, und Argentinien hätte damit sein Ziel, die Falklands für sich zu erobern, erreicht. Und selbst wenn die Briten militärisch antworten wollten, grübelte der Juntachef, was könnten sie schon tun? Zur Rückeroberung der Falklands müsste die Royal Navy nahezu um die halbe Welt fahren und einen amphibischen Angriff in großer Entfernung von freundlichen Häfen starten, in Reichweite argentinischer Flugzeuge und mit weit weniger leistungsfähigen Luftstreitkräften als deren Mirage. Galtieri und die Junta schlossen, dass das Vereinigte Königreich gezwungenermaßen die von ihnen geschaffenen Fakten akzeptieren werde. Welch krasse Fehleinschätzung. Als Argentiniens Junta noch den Erfolg der Invasion feierte, stellte Großbritannien eine Task Force zur Rückeroberung der Inseln auf. Im Zentrum der Eingreiftruppe standen die HMS *Hermes* (nun für Sea Harriers umgerüstet) und die *Invincible*. Sie verließen Portsmouth am 5, April 1982, vor ihnen lag ein Krieg, den niemand erwartet hatte, und in dem Träger absolut notwendig waren.

VSTOL BEWÄHRT SICH: DER FALKLANDKRIEG

Die Luftgruppen der Träger waren gänzlich anders zusammengesetzt, als man zu jener Zeit geplant hatte, als VSTOL-Träger erstmals zur Diskussion gestanden waren. Sie waren nicht für die U-Boot-Arbeit optimiert, stattdessen hatten *Hermes* und *Invincible* Sea Harriers an Bord, um der Flotte Luftschutz geben zu können. Die *Hermes*, das größere der beiden Schiffe, beförderte 12 Sea Harrier der No. 800 Sqn, verstärkt durch die No. 899 Sqn, eine Ausbildungseinheit. Neun Sea Kings der No. 826 Squadron waren für die U-Boot-Abwehr an Bord, neun Sea King HC 4 der No. 846. Sqn sollten als Transporter für die Marines dienen. Auf der *Invincible* fuhren acht Sea Harriers der No. 801 Sqn und elf Sea Kings der No. 820 Sqn. Am 14. April gelangte die Vorhut der Task Force in Reichweite von South Georgia, der Befehl zur Operation „Paraquet" zur Rückeroberung der Insel wurde gegeben. Die Aktion verlief gut, am Abend des 26. April war South Georgia wieder in britischer Hand. Die übrige Task Force hielt auf die Falklands zu und bereitete sich auf eben jene Art von Operation vor, die britische Politiker dezidiert ausgeschlossen hatten, als sie CVA 01 stornierten und in den 70er Jahren die Trägerflotte praktisch auflösten. Sobald die Träger in Reichweite der Inseln waren, proklamierten die Briten eine Total Exclusion Zone (TEZ) um die Falklands, in der jede argentinische Einheit angegriffen würde.

Zwar waren die Schiffe der argentinischen Marine im Allgemeinen weit älter als jene

aus 28 Maschinen, das war aber so gut wie alles, was die Royal Navy hatte: Bis April 1982 waren nur 30 Sea Harriers gebaut worden. Verluste schienen unausweichlich, sodass die Flotte ohne Luftschutz blieb. Daher wurden einige Harrier der GR 3 Force der RAF der Task Force zugeteilt, abgestellt von der No. 1 Squadron. Während die Piloten für den Einsatz auf Trägern trainierten, modifizierte man die Flugzeuge für den Einsatz mit Sidewinder-Raketen zur Verteidigung. Auch die Avionik musste adaptiert werden, vor allem durch den Einbau von Transpondern, die eine klare Identifizierung der Maschinen durch das Radar der Träger sicherstellten. Das erste Harrier-Kontingent der RAF flog Anfang Mai 1982 zur Insel Ascension, zu diesem Zeitpunkt stand die Sea Harrier bereits im Kampf.

ERSTER ZUSAMMENSTOSS

Am 21. April kam es zum ersten Kontakt zwischen Sea Harrier und argentinischen Kräften, eine Boeing 707 der argentinischen Luftwaffe wurde bei dem Versuch, die Task Force zu beschatten, abgefangen. Die Sea Harriers eskortierten den Eindringling und gewannen nicht unerhebliche Erfahrung, bis zum Abschluss eine Nachricht an Buenos Aires abgesetzt wurde: Der nächste „Beschatter" würde abgeschossen. Es gab keine weiteren Zwischenfälle.

Am 1. Mai 1982 griff ein einzelner Vulcan Bomber der RAF das Flugfeld von Port Stanley an. Obwohl die Zielerfassungssysteme der Vulcan veraltet und für den Einsatz von Atomwaffen entwickelt worden waren (wo Genauigkeit weniger zählt!), schlug eine Bombe in die Rollbahn und behinderte die

Einsätze (allerdings waren die Schäden schnell repariert). Um 7:48 Uhr Ortszeit folgte ein Angriff von zwölf Sea Harriers. Neun Flugzeuge griffen den Flughafen von Port Stanley an, die anderen drei das Rollfeld von Goose Green. Die ersten vier Flugzeuge belegten Flak-Stellungen um Port Stanley mit je drei 454-kg-Bomben, die übrigen folgten mit einem Dutzend Splitterbomben und drei weiteren 454-kg-Bomben.

Am frühen Nachmittag kam es zu einer Serie ergebnisloser Begegnungen zwischen Sea Harriers und argentinischen Flugzeugen, bis zwei Harriers auf Fliegerabwehrpatrouille, geflogen von Flt. Lt. Paul Barton und Lt. Steve Thomas, von der HMS *Glamorgan* auf zwei Mirages aufmerksam gemacht wurden. Thomas stellte Radarkontakt mit den Mirages her und übernahm die Führung. Die Formationen flogen mit hoher Geschwindigkeit aufeinander zu. Die britischen Piloten registrierten, dass die Mirages sehr nah beieinander blieben und vermuteten sofort eine Falle – zu ihrer Überraschung gab es aber keine weiteren Feindflugzeuge. Die Sea Harriers griffen an, Barton gab auf gut Glück einen Feuerstoß aus seinen Kanonen ab. Er richtete nichts aus, aber nach wenigen Sekunden erfassten seine Sidewinder den Feind. Er betätigte den Auslöser und nach vier Sekunden traf seine Rakete eine Mirage und riss sie in Stücke. Thomas wandte sich danach der zweiten Mirage zu und feuerte eine Rakete ab. Er sah, wie diese der Mirage in die Wolken folgte, konnte aber nicht ausmachen, ob sein Ziel zerstört worden war. Nach dem Krieg erfuhr er, dass es dem Piloten gelungen war, nach Stanley zurückzukehren, nur um dort von einer nervösen

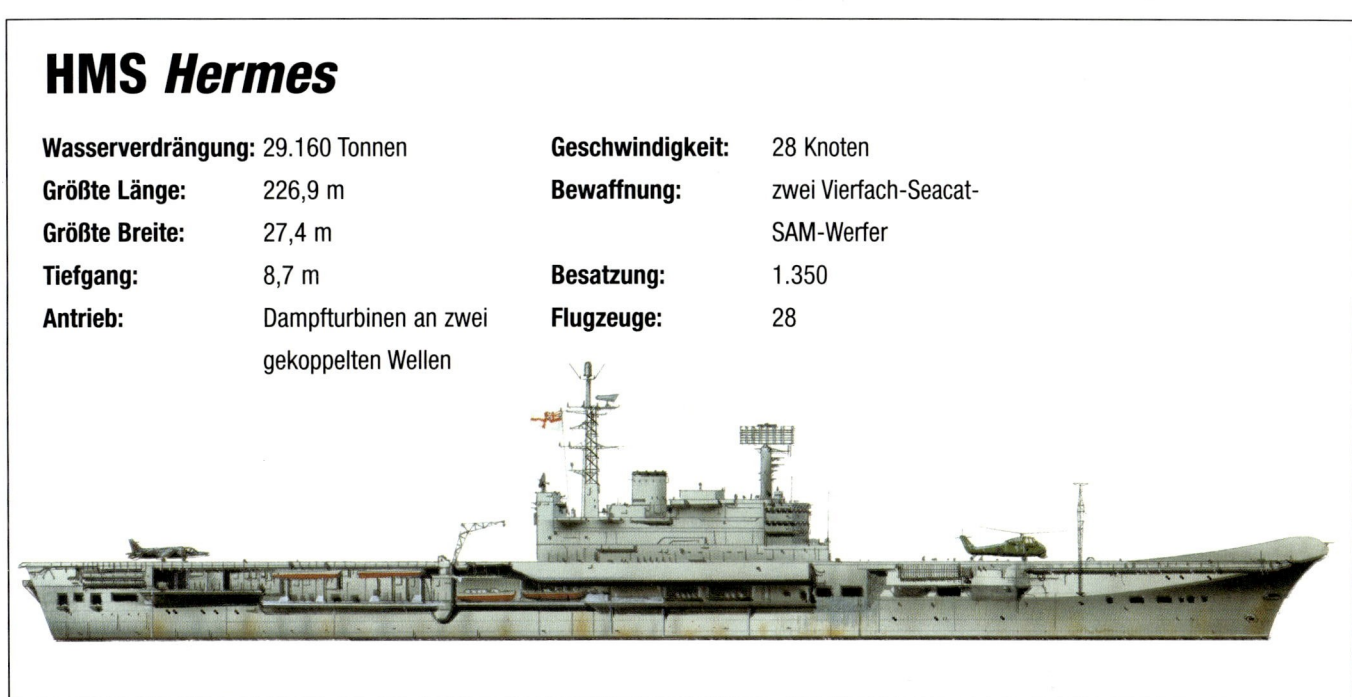

HMS *Hermes*

Wasserverdrängung:	29.160 Tonnen	**Geschwindigkeit:**	28 Knoten
Größte Länge:	226,9 m	**Bewaffnung:**	zwei Vierfach-Seacat-SAM-Werfer
Größte Breite:	27,4 m		
Tiefgang:	8,7 m	**Besatzung:**	1.350
Antrieb:	Dampfturbinen an zwei gekoppelten Wellen	**Flugzeuge:**	28

TECHNNISCHE DATEN		Geschwindigkeit:	30 Knoten
Giuseppe Garibaldi		Bewaffnung:	sechs Otomat-SSM-Werfer,
Wasserverdrängung:	14.070 Tonnen (voll beladen)		zwei Albatros-SAM-Achtfach-Werfer,
Größte Länge:	180 m		drei 40-mm-Zwillings-Kanonen,
Größte Breite:	33,4 m		sechs 325-mm-Torpedorohre
Tiefgang:	6,7 m	Besatzung:	825
Antrieb:	vier Gasturbinen an zwei Wellen	Flugzeuge:	16–18

LINKS: Ein TAV-8B Harrier II der italienischen Marine an Bord der *Giuseppe Garibaldi*. Die Italiener setzen die mit Radar ausgerüstete AV-8B Plus als ihr wichtigstes Kampfflugzeug ein, während die TAV-8B (ohne Radar) als Umschulungs- und Fortbildungstrainer verwendet wird. Die TAV-8B besitzt zwar Tragflächenstationen, aber es ist nicht vorgesehen, sie im Kampf einzusetzen.

Obwohl der Einsatz einer so hochwertigen Waffe wie einem Träger für Offensivpatrouillen gegen U-Boote unwahrscheinlich ist, trägt die *Garibaldi* auch ein Raytheon-DE-1160-Niederfrequenz-Sonar.

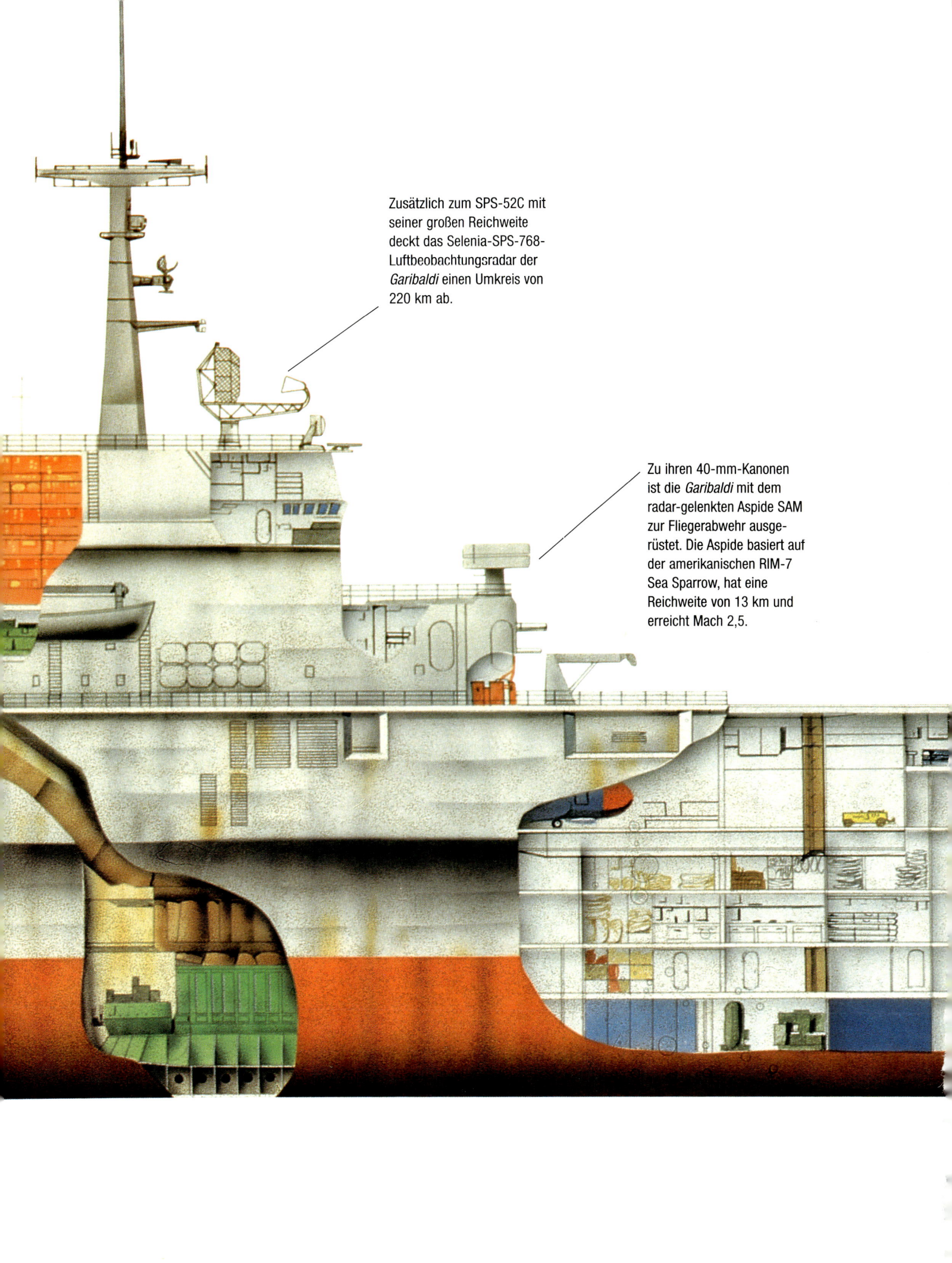

Zusätzlich zum SPS-52C mit seiner großen Reichweite deckt das Selenia-SPS-768-Luftbeobachtungsradar der *Garibaldi* einen Umkreis von 220 km ab.

Zu ihren 40-mm-Kanonen ist die *Garibaldi* mit dem radar-gelenkten Aspide SAM zur Fliegerabwehr ausgerüstet. Die Aspide basiert auf der amerikanischen RIM-7 Sea Sparrow, hat eine Reichweite von 13 km und erreicht Mach 2,5.

RECHTS: Die HMS *Hermes* als Kommandoträger: An Deck vier Sea King HC 4 und drei Wessex-HU 5-Transporthelikopter. Die beiden kleinen, auf den hinteren Landepunkten erkennbaren Helikopter sind Westland Gazelles der Royal Marines Air Squadron. Auf dieser Aufnahme der *Hermes* ist zwar keine Sea Harrier zu sehen, aber mehr als nur deutlich die Sprungschanze, welche ihren Einsatz ermöglicht. Die *Hermes* wurde 1985, als die HMS *Ark Royal* abgenommen wurde, außer Dienst gestellt und später an Indien verkauft.

Flakmannschaft mit einem britischen Flugzeug verwechselt, abgeschossen und getötet zu werden. Als sich der 1. Mai neigte, war nicht nur die Mirage zerstört worden, Flt. Lt. Tony Penfold hatte einen argentinischen IAI-Dagger-Jagdbomber abgeschossen, Lt. Alan Curtiss einen Canberra-Bomber zerstört.

Nach der Attacke der Vulcan und den Anfangserfolgen der Sea Harrier befürchteten die Argentinier einen Angriff auf das Mutterland und zogen ihre Mirages zur Verteidigung zurück, sodass die weit weniger geeigneten Skyhawks und Daggers der Gnade der Sea Harrier ausgeliefert waren.

Am 4. Mai 1982 erlitt die Sea Harrier ihren ersten Verlust, Lt. Nick Taylor wurde bei einem Bombenangriff auf Goose Green von einem direkten Flak-Treffer getötet. Zwei Tage später gingen zwei Sea Harriers mit ihren Piloten während einer Patrouille bei Schlechtwetter nach einem nur knapp verhinderten Zusammenstoß verloren. Bis zum 21. Mai, als die die Briten bei San Carlos landeten, gab es keine weiteren Luftkämpfe. Zwei Skyhawks wurden von den Lt. Cdrs. Mike Blissett und Neil Thomas abgeschossen, im Lauf des Tages zwei Daggers vom Kommandanten der No. 801 Sqn, Lt-Cdr. Nigel „Sharkey" Ward, und Steve Thomas zerstört. Ähnlich verliefen zukünftige Begegnungen: Am 8. Juni verbuchte Flt. Lt. Dave Morgan zwei Skyhawks, Flügelmann Lt. David Smith eine dritte: Dies war der letzte

Luftkampf des Kriegs, bevor Argentinien am 14. Juni 1982 unterlag.

Zwar verlor die Royal Navy durch argentinische Luftangriffe einige Schiffe, aber ohne Zweifel haben die Träger und ihre Sea Harriers einen wichtigen Beitrag zur Rückeroberung der Falklands geleistet. Die 28 Sea Harriers flogen über 1.100 Combat Air Patrouilles (CAP) und 90 Einsätze zur Unterstützung von Angriffen. Sie feuerten 26 Sidewinders sowie eine unbekannte Menge Munition aus den 30-mm-Kanonen ab und zerstörten 21 Flugzeuge, ohne eine eigene Maschine im Luftkampf zu verlieren. Der überwältigende Erfolg der Sea Harrier hatte zur Folge, dass die GR 3 der RAF nicht für Luftkämpfe, sondern zur Unterstützung der Bodentruppen bei deren Vormarsch auf Port Stanley eingesetzt werden konnten.

LEHREN AUS DEM FALKLANDKRIEG

Falkland war ein Erfolg, allerdings ein knapper. Offensichtlich war der Bedarf der Task Force an Frühwarnflugzeugen, für diese Aufgabe adaptierte man eine Versionen des Sea-King-Helikopters mit Radar. Überdies lag der Erfolg der Sea Harrier vor allem im Geschick ihrer Piloten, ihre Avionik war recht mager. Die geringe Größe der Sea Harrier bedeutete, dass ihre Bewaffnung eher schwach war, so hatte sie lediglich zwei Sidewinders. Dieses Problem lösten man kurz nach dem Krieg durch Einführung von Zwillings-Raketenrampen. Auf Zeit gesehen war jedoch die Ausrüstung mit verbessertem Radar und radargesteuerten Waffen mit größerer Reichweite unverzichtbar. Das würde jedoch nicht allzu schnell geschehen.

DAS SCHICKSAL DER VSTOL-TRÄGER NACH FALKLAND

Der Erfolg der Sea Harrier ermutigte nicht nur die Royal Navy. Die indische Marine ersetzte die veraltete Hawker Sea Hawk an Bord ihres Trägers INS *Vikrant* (früher HMS *Hercules*) durch die Sea Harrier, das neue Flugzeug stand ab 1983 im Einsatz. Die *Vikrant* konnte, anders als die Schiffe der RN, auch konventionelle Flugzeuge einsetzen, daher nahm sie ab 1987 die Breguet Alizé für die U-Boot-Abwehr an Bord. Die spanische Marine setzte begeistert eine amerikanische Version der Harrier, die AV-8A, auf ihrem alten Träger *Délado* ein, der seine Karriere als leichter amerikanischer Carrier namens *Cabot* im Zweiten Weltkrieg begonnen hatte. Die Einsätze der AV-8 (bei den Spaniern: Matador) führte zum Kauf eines neuen Schiffes, der *Príncipe de Asturias*. Auch die Italiener stellten einen Träger für VSTOL-Flugzeuge in Dienst, die *Giuseppe Garibaldi*. Die Spanier ersetzten bald ihre Matadors durch die AV-8B-Version der Harrier, die Italiener bestellten die mit Radar ausgerüstet AV-8B Plus (zuerst musste ein Gesetz von 1922, das der Marine den Einsatz von Flugzeugen untersagte, aufgehoben werden). Die Schiffe gaben diesen Nationen die Möglichkeit, Luftstreitkräfte zur See einzusetzen, allerdings blieben Stimmen, die einen diesbezüglichen Bedarf Italiens und Spaniens in Frage stellten, keineswegs aus.

Der Bedarf der Royal Navy stand jedoch außer Zweifel und die britische Trägerflotte wurde zwischen 1980 und 1990 reorganisiert. Die *Hermes* wurde 1986 abgezogen und an Indien verkauft: Als *Viraat* diente sie

HMS *Invincible (1982)*

Wasserverdrängung:	19.812 Tonnen	**Antrieb:**	Gasturbinen an zwei 2 Wellen
	(bei voller Beladung)	**Geschwindigkeit:**	28 Knoten
Größte Länge:	206,6 m	**Bewaffnung:**	ein Sea-Dart-SAM-Werfer
Größte Breite:	27,5 m	**Besatzung:**	1.320
Tiefgang:	7,3 m	**Flugzeuge:**	21

an der Seite der *Vikrant*, bis letztere 1996 außer Dienst gestellt wurde. Der Verkauf der *Invincible* an Australien wurde rückgängig gemacht (die Marine Australiens zog die *Melbourne* 1986 ohne Nachfolger zurück). Im Juni 1982 folgte der *Invincible* die *Illustrious* – die Werftarbeiter hatten sich angestrengt, um sie weit vor dem geplanten Termin fertig stellen zu können –, 1985 die fünfte *Ark Royal* (*Ark Royal* V). 1995 führte das Modernisierungsprogramm der Sea Harrier zur Einführung der Sea Harrier FA 2. Die FA 2 hatte modernstes Blue-Vixen-Radar, das gegen jedes vergleichbare Radar der Welt bestehen konnte, und bis zu vier aktiv-radargesteuerte AIM-120-Raketen. Seit dem Ende des Kalten Kriegs, kommen die Träger (zwei von ihnen sind immer einsatzbereit) immer

Clemenceau

Wasserverdrängung:	31.496 Tonnen	**Geschwindigkeit:**	33 Knoten
Größte Länge:	265 m	**Bewaffnung:**	acht 100-mm-Geschütze
Größte Breite:	31,7 m	**Besatzung:**	1.338
Tiefgang:	8,6 m	**Flugzeuge:**	40
Antrieb:	Dampfturbinen an zwei gekoppelten Wellen		

häufiger zum Einsatz. Ihre Luftgruppen wurden durch Verwendung von GR 7 der RAF verstärkt, diese britische Version der AV-8B dient als Kampfflugzeug. Die größeren Tragflächen der GR 7 erlauben höhere Waffenlasten, sodass die Sea Harrier im Wesentlichen nur noch für Luftkämpfe ausgerüstet wird, obwohl man sie nach wie vor mit Bomben bestücken kann. Aber wenn auch die Royal Navy ihre VSTOL-Träger intensivst nutzt, ist keineswegs jede nationale Marine davon überzeugt, dass sie mehr leisten als konventionelle Schiffe.

FRANKREICH, BRASILIEN UND ARGENTINIEN

Die französischen Marine ersetzte Anfang der 60er-Jahre ihre früheren Schiffe, die nur Flugzeuge mit Kolbenmotoren verwenden konnten, durch zwei neue Träger. Für die

Clémenceau und die *Foch* fehlten anfangs geeignete Flugzeuge, bis sich die Aeronavale (die französischen Marineflieger) zum Ankauf der Dassault Etendard entschloss. Die Etendard war nach einer Spezifikation der NATO als landgestützter Jäger entworfen worden, hatte die Ausschreibung jedoch verloren. Trotzdem fand die Aeronavale, dass sie exakt ihrem Bedarf entspräche. Als Jäger wählte man eine Version der F-8 Crusader, die Breguet Alizé und der Aerospatiale-Super-Frelon-Helikopter übernahmen U-Boot-Abwehr und maritime Aufklärung. In der ersten Zeit ihres aktiven Deinsts kamen die *Foch* und die *Clémenceau* kaum zum Einsatz. Eine Mitte der 70er Jahre bestellte, verbesserte Version der Etendard, die Super Etendard (auch an Argentinien verkauft), kam Ende des Jahrzehnts in Dienst, nachdem die Träger überholt worden waren.

UNTEN: Im Dezember 2000 wurden die ersten beiden Dassault Rafale M an die Aéronavale geliefert, von dem neuen Flugzeug sollen jedes Monat zwei Maschinen in Dienst gestellt werden. Die Rafale soll im französischen Marinedienst die zurückgezogenen Crusader sowie die Super Etendard ersetzen.

Dassault Rafale

1983 griffen Super Etendards der *Clémenceau* syrische Geschützstellungen an, die auf französische Friedenstruppen im Libanon geschossen hatten. 1990, zur Zeit des Golfkriegs, waren beide Träger reif, durch atombetriebene ersetzt zu werden, darauf sollten Dassault-Rafale-Angriffsjäger und Grumman-E-2-Hawkeye-Frühwarnflugzeuge zum Einsatz kommen. Aufgrund der hohen Kosten wurde jedoch der Auftrag für einen der Träger storniert, der zweite, die *Charles de Gaulle*, erst mit zehnjähriger Verzögerung in Dienst gestellt. Als die *de Gaulle* zur Flotte stieß, erkannte man, dass das Flugdeck zu klein war um die Hawkeyes sicher einsetzen zu können, überdies hatte sie penliche Probleme mit Antrieb und Schrauben. Zu allem Überfluss war auch die Rafale noch nicht einsatzbereit. Die Super Etendards blieben in Dienst, während die ehrwürdigen Crusaders Ende 2000 abgezogen wurden. Sobald man die Probleme gelöst hat, verspricht die *de Gaulle* aber zu einer flexiblen Plattform für französische Militäreinsätze zu werden: 1999 verdeutlichte der Kosovokrieg, dass Gastnationen oft nur widerwillig die Stationierung landgestützter Flugzeuge gestatten, dies an Bedingungen knüpfen oder gar verwehren, Träger leiden nicht unter solchen Beschränkungen.

Die *Foch* und die *Clémenceau* wurden vom Dienst abgezogen, erstere an Brasilien verkauft. So hatte auch die brasilianische Marine die Möglichkeit, Kampfflugzeuge einzusetzen, sie erwarb gebrauchte A-4 Skyhawks. Damit endete zum Teil eine amüsante Situation: Nachdem Argentinien die *Vienticinco de Mayo* in die Reserve versetzt hatte (obwohl der Träger theoretisch schnell zu reaktivieren wäre), besaß einige Zeit Brasilien einen Träger (die *Foch*, jetzt *Sao Paulo*, ersetzte die *Minas Gerais*, auch einen gebrauchten, britischen leichten Träger) ohne Flugzeuge, Argentiniens Kampfflugzeuge hatten keinen Träger. Es ist wahrscheinlich, dass die argentinischen Marineflugzeuge einige Zeit nur von Küstenbasen aus starten können, außer man entschließt sich, gemeinsam mit Brasilien ins Manöver zu ziehen.

DIE ZUKUNFT

Obwohl die Kosten der Träger ständig steigen, sind neben den USA auch einige andere Seemächte bereit, sie zu tragen. Thailand stellte seinen ersten Träger Ende der 90er-Jahre mit gebrauchten spanischen AV-8 in Dienst, Indien kaufte von Russland einen Träger, der jedoch niemals wirklich einsatzbereit war. Russland hat STOBAR-Schiffe („short take off and barrier assisted recovery") mit einer Marineversion der MiG-29 „Fulcrum" in Gebrauch. Darin drückt sich die Vorliebe für größere Schiffe mit mehr Flugzeugen, fähig zu erheblich mehr Angriffsflügen, aus.

RECHTS: Eine mit dem Computer erstellte Ansicht des Lockheed Martin F-35 Joint Strike Fighter. Der JSF soll für US Air Force, Marine Corps und US-Navy gebaut werden. Die Royal Navy will das Flugzeug als Nachfolger der Sea Harrier kaufen. Für das Marine Corps ist sowohl eine konventionelle, als auch eine VSTOL-Version (Senkrechtstarter) geplant. Der JSF soll ab 2008 in Dienst gestellt werden, Lieferungen an Großbritannien werden erst in der Mitte des zweiten Jahrzehnts des 21. Jahrhunderts erfolgen, wenn zwei neue Träger in Dienst gestellt werden.

Die Royal Navy kam zu einem ähnlichen Schluss: Zwar soll die *Invincible*-Klasse bis zur zweiten Dekade des 21. Jahrhunderts in Dienst bleiben, dann aber durch weit größere Schiffe - bisher noch ohne Namen, aber als CV(F) oder Future Aircraft Carrier bezeichnet - ersetzt werden, die bis zu 50 Kampfflugzeugen Platz bieten. Auf diesem Träger soll der Lockheed-F-35-Joint-Strike-Fighter eingesetzt werden, wobei zur Zeit der Drucklegung dieses Buchs die Entscheidung noch offen war, ob short take off/ vertical landing (STOVL) oder konventionelle Varianten eingesetzt werden. Der Entschluss zum Bau solcher Schiffe verdeutlicht die Ansicht, dass der Nutzen von Flugzeugträgern, in einer Zeit reich an „Konflikten niederer Intensität" weiter zunehmen wird, da landgestützte Einsätze oft aus politischen Gründen oder mangels technischer Voraussetzungen unmöglich sein werden. Träger bieten auch die Möglichkeit, zusätzliche Flugzeuge in einen Kampf zu senden, ohne Flugplätze an Land zu überlasten. Britische und französische Träger stellen nach wie vor wichtige zusätzliche Kampfflugzeuge, selbst ohne die Kapazität amerikanischer Supercarrier mit 70 oder 80 Maschinen.

Aber man muss sich in Erinnerung rufen: Träger sind keineswegs perfekt. Sie sind teuer und für Feinde ein attraktives Ziel, das von anderen, wiederum sehr teuren Schiffen verteidigt werden muss. Trägergestützte Maschinen sind häufig von landgestützten Tankflugzeugen abhängig. Träger können nur kleine Tankflugzeuge mit beschränkter Kapazität an Bord nehmen. Trotz dieser Nachteile ist die durch Träger geschaffene strategische Flexibilität enorm, was Seestreitkräfte, bei welchen sie im Einsatz sind, zu schätzen wissen.

Was wohl Eugene Ely von all dem gehalten hätte? Als er 1910 zu seinem Pionierflug startete, wäre die Erwähnung von Schiffen, die bis 80 Flugzeuge an Bord hätten, als absurd abgetan worden. Die Vorstellung, das manche davon das Zehnfache (und mehr) des Gewichts von Elys Maschine als Bombenlast befördern könnten, hätte man belacht, jeden Hinweis, dass einige Flugzeuge senkrecht landen und starten würden, als verrückt abgetan. Und doch ist es das, wozu Elys Flug führte. Ja, Träger und ihre Flugzeuge sind teuer, aber sie bleiben für jene Nationen, die ihren Preis zahlen können, essenzielle Mittel militärischer Strategie.

OBEN: Der Prototyp der F/A-18F Super Hornet landet, während erster Tests zur See, an Bord der USS John C. Stennis. Die Super Hornet ist eine erheblich größere Weiterentwicklung der F/A-18. Die F/A-18E und F/A-18F sollen im Juni 2002 mit der VFA-115 „Eagles" erstmals an Bord von Trägern Dienst tun.

INDEX

BILDNACHWEIS

Philip Jarrett: 42, 104.
TRH Pictures: 6-7, 8, 9, 11, 13, 16, 18, 22 (US Navy), 23, 25, 26-27, 29, 30-31, 33, 35, 36, 37, 41, 46, 47, 48, 49, 50-51, 52 (US Navy), 53 (USNA), 54, 55 (USNA), 57 (US Navy), 58, 59, 61 (USNA), 62, 63, 64-65, 66, 71 (beide), 74 (US Navy), 75, 77, 80, 81, 82 (beide), 84, 86-87, 90, 94, 95 (beide), 99, 100, 101, 106, 107, 108-109, 110, 111, 112, 114, 116, 119, 120 (US Navy), 123, 126, 127, 130, 131, 132-133 (US Navy), 135 (US Navy), 143 (US Navy), 145, 147, 150, 151 (Mike Roberts), 152 (US Navy), 153 (US Navy), 154-155 (Dassault), 156 (Royal Navy), 158 (E. Nevill), 159 (US Navy), 162 (Royal Navy), 166 (US Navy), 168 (Royal Navy), 170, 172, 173 (McDonnell Douglas).
Aufrisszeichnungen und Illustrationen: Aerospace Publishing Ltd